science is beautiful

botanical life

under the microscope

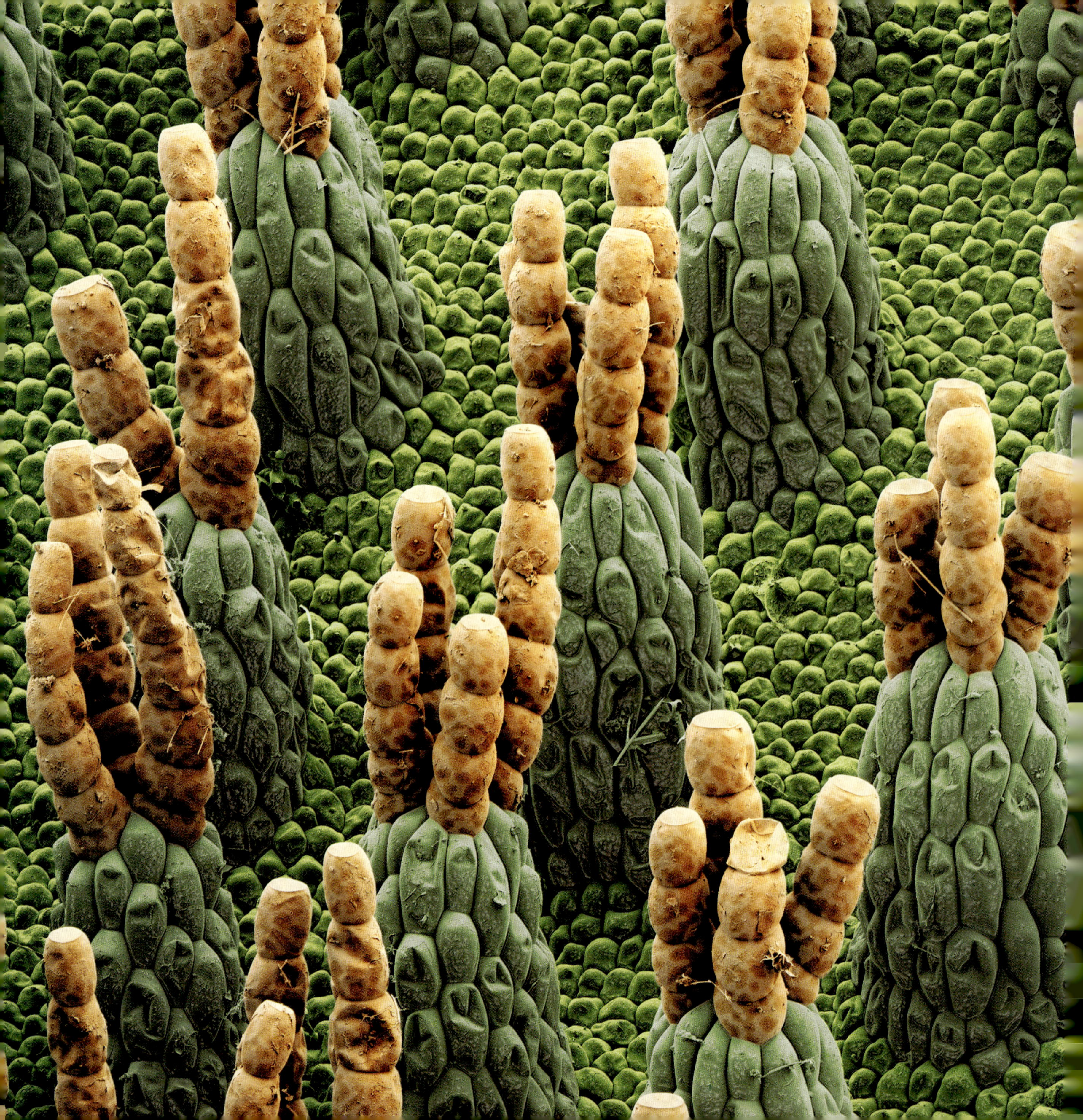

世界で一番美しい 植物のミクロ図鑑

コリン・ソルター 著
世波貴子 訳

X-Knowledge

Science is Beautiful: Botanical Life
By Colin Salter
First published in the United Kingdom in 2018 by Batsford,
an imprint of Pavilion Books Company Limited

Japanese translation rights arranged with Pavilion Books Company
Limited, London through Tuttle-Mori Agency , Inc., Tokyo

日本版デザイン：米倉英弘（細山田デザイン事務所）
DTP：佐野加代子

翻訳協力：トランネット、高橋由美子

Reproduction by Mission, Hong Kong
Printed by 1010 Printing International Ltd, China

前ページ 水生シダの表面（走査型電子顕微鏡写真）

アカウキクサ属の水生シダは、土に根を下ろさない浮遊植物だ。根は土に張るのでなく、この写真で見える円錐形の細胞から、あらゆる方向へ伸びる。根は、水から栄養分を吸い上げる。種子によってではなく、成長して小さな断片に分かれることで増えていく。大気中の窒素を固定（訳注：空気中の気体状窒素を、アンモニア、硝酸塩などの窒素化合物に変えること）することができるので、インドでは水田の肥料として活用されている（70倍、表示画面幅10cm）

㊨ チコリの花粉粒（走査型電子顕微鏡写真）

花粉は植物ごとに特徴があり、植物学者は花粉を顕微鏡で観察することで、植物の分類や同定を行っている。この同定法は、法医学者、考古学者、古生物学者が、特によく用いるものだ。花粉は、種子を作る植物種の雄によって作られる。相手となる植物の子房を見つけると、花粉は精細胞を作る。自家受精を行う植物もあり、その場合には花粉は同じ花の子房につく。（1500倍、表示画面幅10cm）

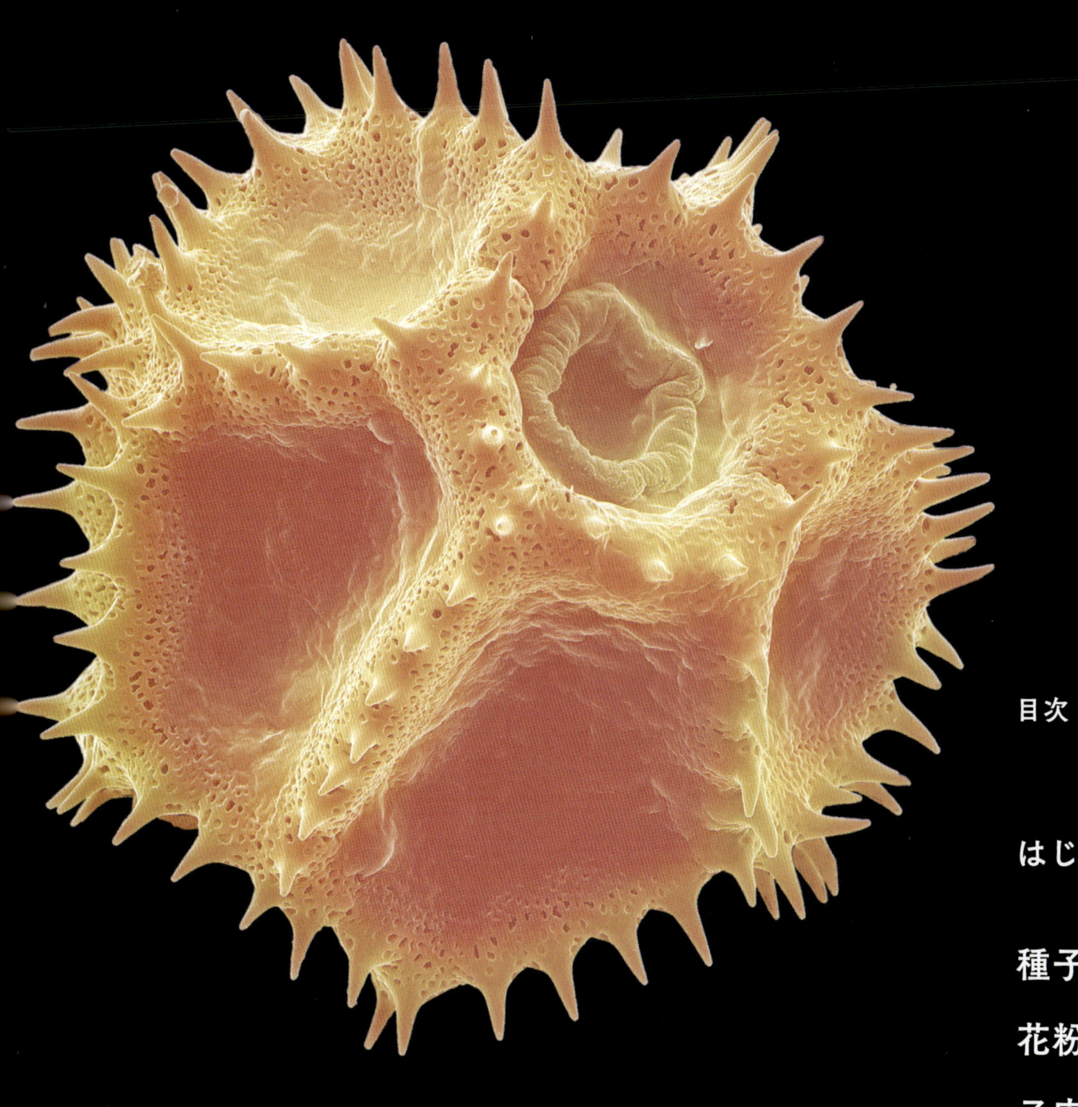

目次

はじめに 6

種子 10

花粉 46

子実体 78

樹木と葉 98

花 126

野菜 158

果実 180

索引 190

写真クレジット 192

Introduction
はじめに

このシリーズの最初の2巻、『Science is Beautiful: The Human Body under the Microscope』と『世界で一番美しい病原体と薬のミクロ図鑑』では、人間の体がどのようにはたらいているか、病気になるとはどういうことか、そしてそれをどう治すのか、について詳しく紹介した。私たちが生きているしくみは、見事なまでに複雑な機械のようなものだ。私たちの体が自らを維持し、修復する能力は驚くべきもので、体がそれを行えなくなったときに処置を施すための専門的な医療技術もまた素晴らしい。

この巻では、植物たちの世界に目を移してみよう。私たちとは違うが、同じくらい複雑な生き物たちが繁栄する世界だ。私たちはみな*Homo sapiens*（ホモ・サピエンス）という1つの種に属していて、25万年以上もの間、この種として存在してきた。植物は、私たちより古くから存在していて、先史時代の森林は大気中から炭素を吸収し、呼吸できる気体を作り出してくれたので、人間やその他の種が今のように進化したのだ。植物は、私たちの、そして植物自身にとっての環境を調整している。植物によって世界は平衡が保たれているので、身近な湿地であれ遠くの熱帯雨林であれ、植物の生育地を破壊すれば私たちに危険をもたらすことになる。

植物から受けている恩恵は、呼吸に必要な空気（酸素）だけではない。試行錯誤の結果、あるいはおそらく本能的に、我々の祖先はどの植物がよい食物か、治療効果があるのか、小屋や衣服などを作るのに役立つのかを見つけ出してきた。キャベツヤシの長く幅広い葉は、屋根を葺くのに最適だし、さらにこれらを縫い合わせて儀式用のドレスを作る文化もある。パイナップルの棘のある葉は、紙作りに使われてきたし、マレー半島のつる植物であるトウ属（*Calamus*）の茎は、ラタンとしても知られ、鞭打ち刑から家具まであらゆることに使われている。

植物と医学

『Science is Beautiful』シリーズの既刊でも、植物の医学への利用については触れている。多くの動物が、病気にかかったときにどの植物を食べるべきかを本能的に知っていて、進化途上の人類も、無意識に同じような知識をもっていたことには疑いがない。植物は最初の薬局だった、そしてハーブ療法は医学の始まりで、先史時代から19世紀に到るまで治療法の中心であり続けた。

現代の製薬業界は、ハーブ薬が並ぶ薬棚の時代からははるかに進んだ医薬品を開発している。大部分は合成によって製造されたものだが、伝統医学で処方されるいくつかの植物は、その病気の治療に非常に適した成分を含むことが、化学的な分析で示されつつある。抗炎症薬のアスピリンは、よく知られているように、ヤナギの木の葉や樹皮から分離された物質を基にして合成されたものだ。あのひっそりとしたタンポポも、血圧を下げたり炎症を抑制し、また利尿効果のある薬剤成分を含んでいる。がん細胞の増殖やアルツハイマー病の進行を遅らせるタンポポの作用を確かめる研究が、今行われているところだ。

今のところ、標準的な治療において、薬草はほとんど片隅に追いやられている。数十億ドル規模の製薬会社は、自社製品よりも手に入りやすく価格も安い薬草療法の利用を推奨しようとはしない。科学時代の社会的な圧力も、植物に基づいた治療を排除する方に向かっている。例えば、嗜好品として、あるいは宗教的な大麻の使用を罰しようとする動きは、その医学的な利点の研究を遅らせてきた。しかし、大麻は痛みや吐き気、多発性硬化症などの神経症状に効果があることが示されている。

食品や飲料としての植物

今日私たちが食べている果物や野菜、穀物は、すべて数千年間にわたる栽培化、つまり野生の植物をただ採集するのではなく、農民が畝を作って種を撒き、一番大きい、あるいは食べやすい種を選んで交配し、より生産性の高い種を作り出すという過程によって作り出された。

そして今、私たちはより一層収穫を増やすために、植物の遺伝子組み換えを行うようになっている。その開発にはいまだ議論がある。人間が「神のようなふるまい」をして、自然の進化でも数千年以上かかっていたであろう新種を、あっという間に作っているのだ。そのようにして作られた生き物を自然界に放つことがもたらす結果を、私たちは完全には理解していないのかもしれない。しかしこれは、需要に応えることなのだ。世界人口が増加するのに伴って、地球上で人間の住む土地がますます広がっているために、農地はどんどん少なくなっている。食料はもっと必要なのに、それを育てる土地は減っているのだ。実際に、農地、果樹園、温室は、とにかく生産性を上げなければいけない。おそらくはGM（遺伝子組み換え）作物の導入への反動として、キッチンの出窓のハーブ鉢であれ、都会の空き地での無許可栽培であれ、「自分で育てよう」という機運が再燃しつつある。自分で育てることができないのなら、その代わりを探し回るのも人気になりつつある。食べられる野生種をちゃんと見分けることができるようになりさえすれば。例えば、おいしいノラニンジン（*Daucus carota*）には命に関わる毒はないが、ドクニンジン（*Canium maculatum*）ととてもよく似ているという確かな知識があれば、法律で保護されているものでない限り、いつでも採りに行ける。

植物の生き方

食品や医薬品、あるいは素材になっていようといまいと、私たちが植物の世界に感謝すべきことは多くある。このような実用的な使い道以上に、私たちはまた、庭に置いて純粋に美を愛でるために、植物を栽培化してきたのである。では、このことを植物の目線で見てみよう。植物が利用価値や魅力をもつことは、人間の利益になるためではない。植物は、他のすべての生物と同じように、生き延びること、そして種を永続させること、この2つのことだけを念頭に置いて進化してきた。植物は、生存を賭けたこの2つの課題にどうやって取り組んできたのか。本書ではその見事さを紹介している。

大部分の植物は、根と葉のおかげで生存していられる。根は、自らが育つ土の中から、あるいは水生シダであるアカウキクサ属の場合には自分が漂っている水から、水分やいくつかの栄養素を吸い上げている。根からは、細胞でできた水路が特別な通路をなしてつながっていて、必要な場所にまで水を持ち上げて運ぶ。例えばタンポポでは、これはそれほど賢いようには見えないかもしれないが、セコイア（別名カリフォルニアレッドウッド）がおよそ380フィート（116メートル）の高さにある一番高い枝にまで、必要な水を運ぶことを想像してほしい。葉が植物の健康と成長のための役割を果たせるように、養分を届けなければならない。葉は、葉緑体と呼ばれる素晴らしい器官をもっていて、光合成を行っている。光合成とは、太陽の光を利用し、大気中から炭素を取り出して利用価値の高い炭水化物に変えることで、炭水化物は水とは別の管を通って植物の体全体に運ばれ、成長に役立っている。

葉と根が植物の健康と成長を維持する一方、種を永続させるのは花の役目である。花は植物の生殖器官で、雄花または雌花、あるいは両性花がある。花こそ、確実に授粉し、種子を散布するために自然が編み出した、最も驚くべき多様性に満ちた技だ。花は、精細胞を作り出す花粉と卵細胞を作り出す子房とが、何とかしてうまく出会うようにしなければならない。しばしば昆虫たちに援助を求め、花の正しい部分に適切な花粉媒介者を引き寄せるために、形、色、香り、蜜、そして人の目には見えない印まで、あらゆる方法を駆使する。

種子の散布

受精卵が種子になると、花の次の仕事はその種子をできる限り遠く広く散布することだ。植物は動けないので、将来の子孫を運ぶためには、突風や通り過ぎる動物、流れる水のような、より機動性のある他の力に頼ることになる。種子をちょうどよい場所まで連れて行くために、種子はパラシュートや引っかけるためのフック、ばねを使ったり、あるいは単に重力に任せることもある。また、動物を引きつけて食べてもらえるような果実を作り、消化されない種子が、やがて糞に混じって排泄されるようにすることもある。

種子散布の最も独創的、それも運任せの方法は、カップのような形をしたチャダイゴケ（英名Bird's nest mushroom）類のキノコに違いない。巣のように見える傘の部分には、胞子の詰まった小さなコイン型のカプセルが入っていて、それらを散布するために、キノコは、重い雨粒がちょうどいい角度でカップに落下してくる、ほとんどありそうにない偶然に頼っている。これが起きて十分な力がかかると、雨粒はカプセルを横へはじき飛ばし、空中を跳んだカプセルは最大で3フィート（1m）も離れたところに落ちる。おはじきをはじいてカップに入れる遊びの、ちょうど逆だ。

これは、インテリジェント・デザインの証拠か、それとも進化という運任せのくじ引きの中でできあがった、常識外れの複雑さの証なのだろうか?　いずれにしても、本書では、植物が日々直面する問題を克服するために編み出してきた、創意あふれる解決法のいくつかについて、植物の外観の下にある姿を見ていく。近寄って見ると、顕微鏡サイズで見た植物の精巧さは、科学的な驚異に満ちた世界である。そして科学もまた、花と同じように美しいのだ。

写真がどうやって撮影されているかについて、簡単に触れておくことにしよう。各写真には、それがどのような顕微鏡写真であるかの説明が添えられている。顕微鏡写真とは、単に顕微鏡で見える細かいところまで撮影された画像ということだが、撮影にはいくつかの異なる方法がある。本書中の写真は、2つの素晴らしい技術のどちらかを用いて撮影されたものである。

光学顕微鏡写真

光学顕微鏡写真は、光学顕微鏡を使って撮影される。これは昔からある顕微鏡で、16世紀に発明され、自然光あるいは人工光の下で見える標本を、レンズで拡大する。光が目標物に当たると、光はその物体の表面で、色や質感、表面の角度に応じて反射する。反射した光は直接、または（この場合は）光学顕微鏡のレンズを通って目に届く。光は、眼球内の光感受性のある細胞に集められる。これらの細胞が集めた情報、つまり形や大きさ、また色や質感に関する情報は脳によって処理されるが、このはたらきは視覚として知られている。光学顕微鏡で見ているのは、多かれ少なかれ人の目が見ているものであり、ただそれを拡大しているだけだ。

目に見えない細かいところを見るために、蛍光も用いられる。生物学的サンプルに含まれる特定の成分は、蛍光性の化学物質で染めることができ、光のうち特定の狭い範囲の波長で照らすと見えるようになる。こうして撮影されるのが蛍光光学顕微鏡写真である。

この顕微鏡は、17世紀後半に科学研究の道具となった。小さなものを見るための、一番簡単で技術レベルも一番低いが、今もコストの低い方法として使われ続けている。発明以来400年間、本質的にはほとんど変わっていない。最大の革新は、標本を観察するために利用される光の種類だ。例えば、生物学的サンプルの背後においた偏光光源は、偏光サングラスと同じように、特定の色と構造のパターンを明らかにすることができる。

電子顕微鏡

20世紀初頭、科学者たちは光学顕微鏡に代わる高度な技術の開発を始めた。最初の電子顕微鏡は1930年代に登場した。これは光線ではなく、電子銃から放射される電子の流れを利用するものだった。レンズの代わりに電磁石を用いるが、これはガラスのレンズが光を曲げるのと同じように電子ビームを曲げることができる。電子ビームの密度が十分大きければ、光だけで見る場合よりも詳細にものを見ることが、初めて可能になった。言い換えれば、肉眼で見えないものも見えるようになったのである。電子顕微鏡には2種類ある。透過型電子顕微鏡（TEM）と走査型電子顕微鏡（SEM）である。名前が示すとおり、TEMから出る電子は、観察する対象を透過する、つまり通り抜ける。試料を通り抜けるので、ステンドグラスを透過する光が色ガラスの影響を受けるのと同じように、電子は試料の影響を受ける。電子の透過がどのような影響を受けるかによって、試料の像が作り出される。ステンドグラスの窓を通り抜けて届いた光が、設計者の意図通りの色とりどりの作品を、私たちに見せるのと全く同じである。TEMの像は試料を挟んだ反対側で、カメラまたは蛍光板でとらえられる。

対照的に、SEMの電子は標本を通過しない。SEMでは、標本を格子状のパターンでスキャンするような電子が放射される。電子は、試料の原子と相互作用を起こし、これに反応して別の電子が放射される。これらの二次電子は、表面の形や組成によって、さまざまな方向へ放射される。これを検出し、二次電子からの情報を、もとの電子スキャンの詳細と結びつけることで、走査型電子顕微鏡像が得られる。

TEMは電子が試料を通り抜けなければならないため、非常に薄い試料でしか使えない。SEMは、はるかに分厚い試料も扱うことができ、得られる像は被写界深度を示すことができる。しかし、TEMは解像度と倍率においてより優れている。想像しがたい数字だが、TEMは幅50ピコメートル（1兆分の50メートル）以下という細かさで観察ができ、倍率は5000万倍以上になる。SEMでは、1ナノメートル(1000ピコメートル)の大きさの物体を細かく「見る」ことができ、倍率は最大で50万倍である。これに対して、普通の光学顕微鏡では約200ナノメートル（TEMの4000倍）より大きいものなら細かく見ることができ、役に立つ歪みのない倍率は最大でも2000倍に過ぎない（TEMの2万5000分の1）。

本書で皆さんがご覧になる顕微鏡写真のほとんどは、色をつけて強調されているが、これはフォールスカラーと呼ばれることもある。これによって、何が示されているかが見やすくなり、より美しくもなる。植物は美しいが、少なくとも内部は本書で見るようなカラフルな芸術作品ではない。しかし、ここにあるのは並外れた複雑さが作り上げた作品であり、生存と繁殖のための目を奪うような技を備えた植物の驚異なのだ。これを見れば、果物や花や野菜を、これまでと同じように眺めることはできなくなるだろう。

Seeds
種子

前ページ **さまざまな花と草の種子**
（走査型電子顕微鏡写真）

種子の形や大きさはさまざまだ。すべての植物が種子を作るわけではなく、種子を作る植物は大きく2つのグループに分けられる。被子植物は花と果実をつける植物で、種子は固い殻の中に入っている。裸子植物（英名“gymnosperms”はギリシャ語で「裸の種子」という意味）には針葉樹が含まれ、種子に固い殻はない。この人工的に着色された画像は、「野草ミックス」として市販されているもので、花や草の種子が含まれている。（200倍、表示画面幅10cm）

上 **カラシナの種子（走査型電子顕微鏡写真）**

子供の頃、初めて植物学に触れたのが、濡らした紙の上でカラシナの種子の芽ばえを育てたことだという人は多い。冷たい空気の中でも簡単に発芽し、地球上のさまざまな温度域で育つ。カラシナの3種類の変種は、すべてアブラナ（Brassica）科に属する。この仲間には、他にキャベツ、ブロッコリー、カリフラワーも含まれる。種子は直径が1mmで、ビタミンやミネラルを多く含み、挽いて粉にしたものを水またはビネガーと混ぜると練り辛子ができる。（25倍、表示画面幅10cm）

右 **ウマゴヤシの棘（走査型電子顕微鏡写真）**

種子は、風に乗ったり動物の消化管に入ったりするなど、飛散のチャンスを広げるためにさまざまな進化を遂げてきた。ウマゴヤシの種子は、鈎状の棘のついた殻に覆われていて、葉を食べようとして近づいてきた動物の毛にくっつく。その動物が別の場所へ移動すると、あちこちで棘をふるい落とすことになり、このウマゴヤシは広い地域に広がることができる。この棘から着想を得たのが、マジックテープだ。（5倍、表示画面幅10cm）

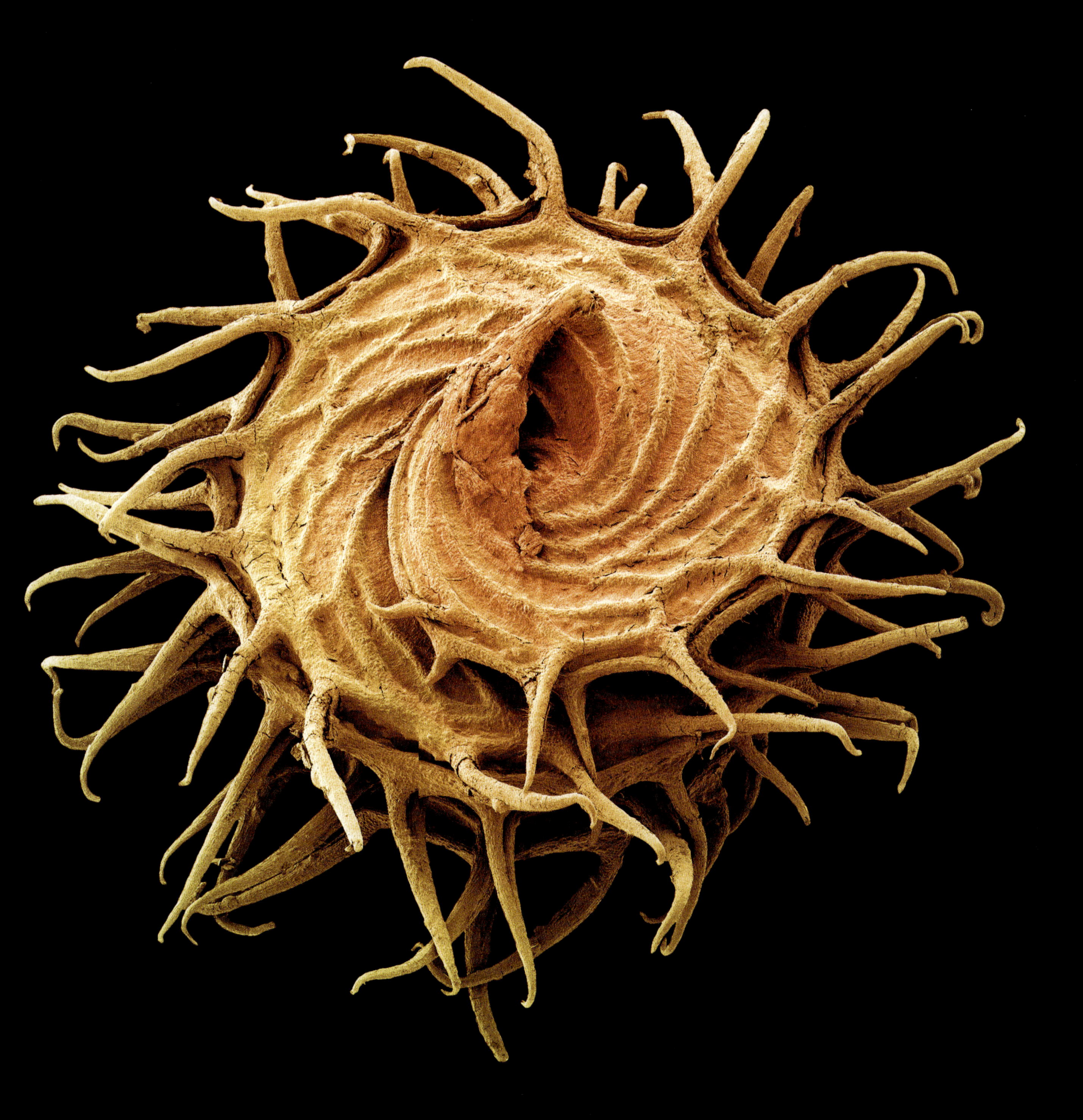

種子ができつつあるケシの子房
（光学顕微鏡写真）

この色彩を強調した写真では、赤い点線が、たくさんあるケシの胎座のうちの1つを裏打ちしている層を示している。この部分に卵細胞（胚珠）があり、ここでケシの花粉と受精する。ここから飛び出している赤い風船のようなものが種子で、保護膜に覆われている（ここでは黄緑色）。これらはやがて裏打ちの層を破り、ケシの果実がいっぱいになって膨らむと、最後には破裂して種子がまき散らされる。（倍率不明）

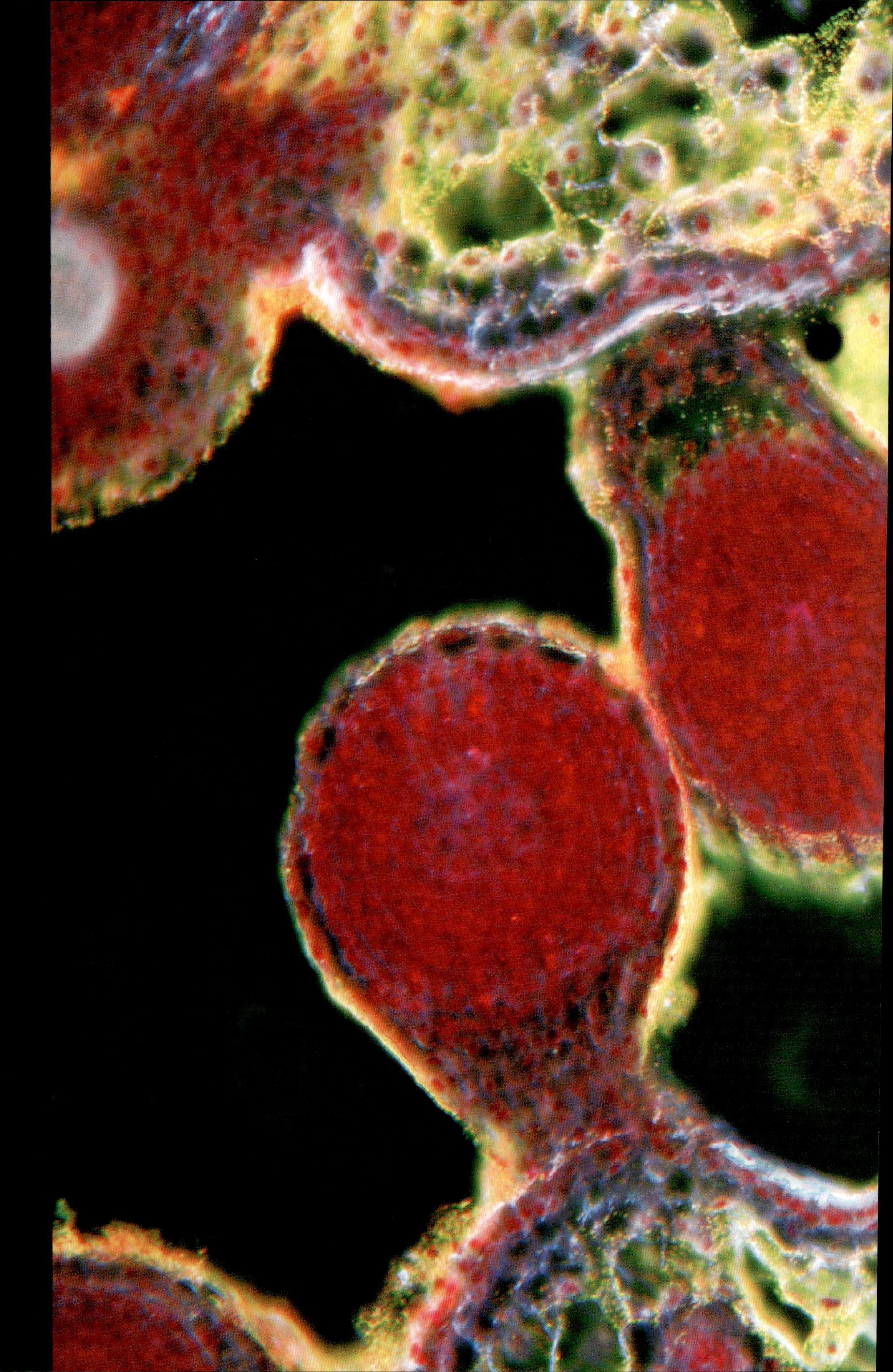

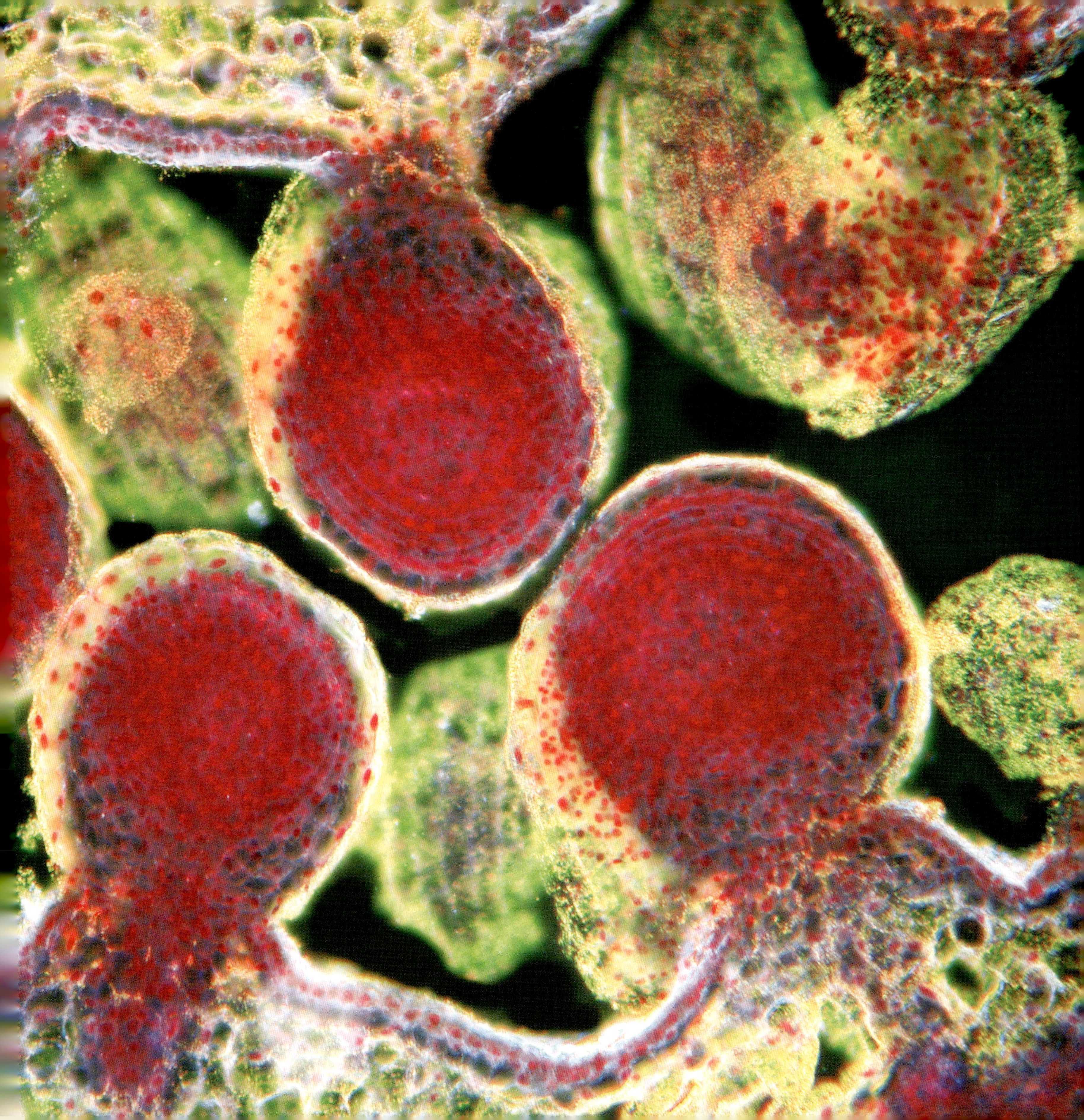

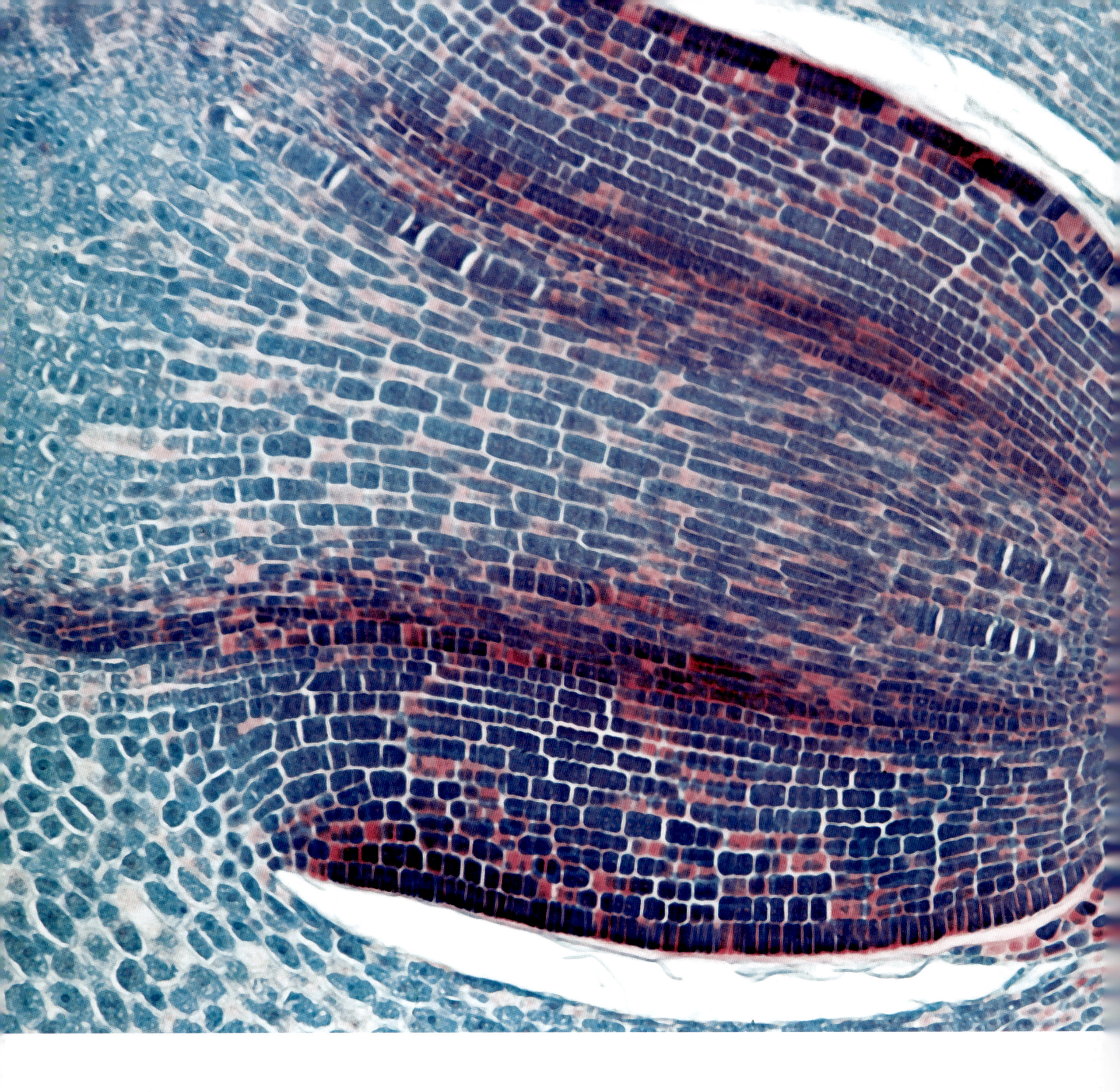

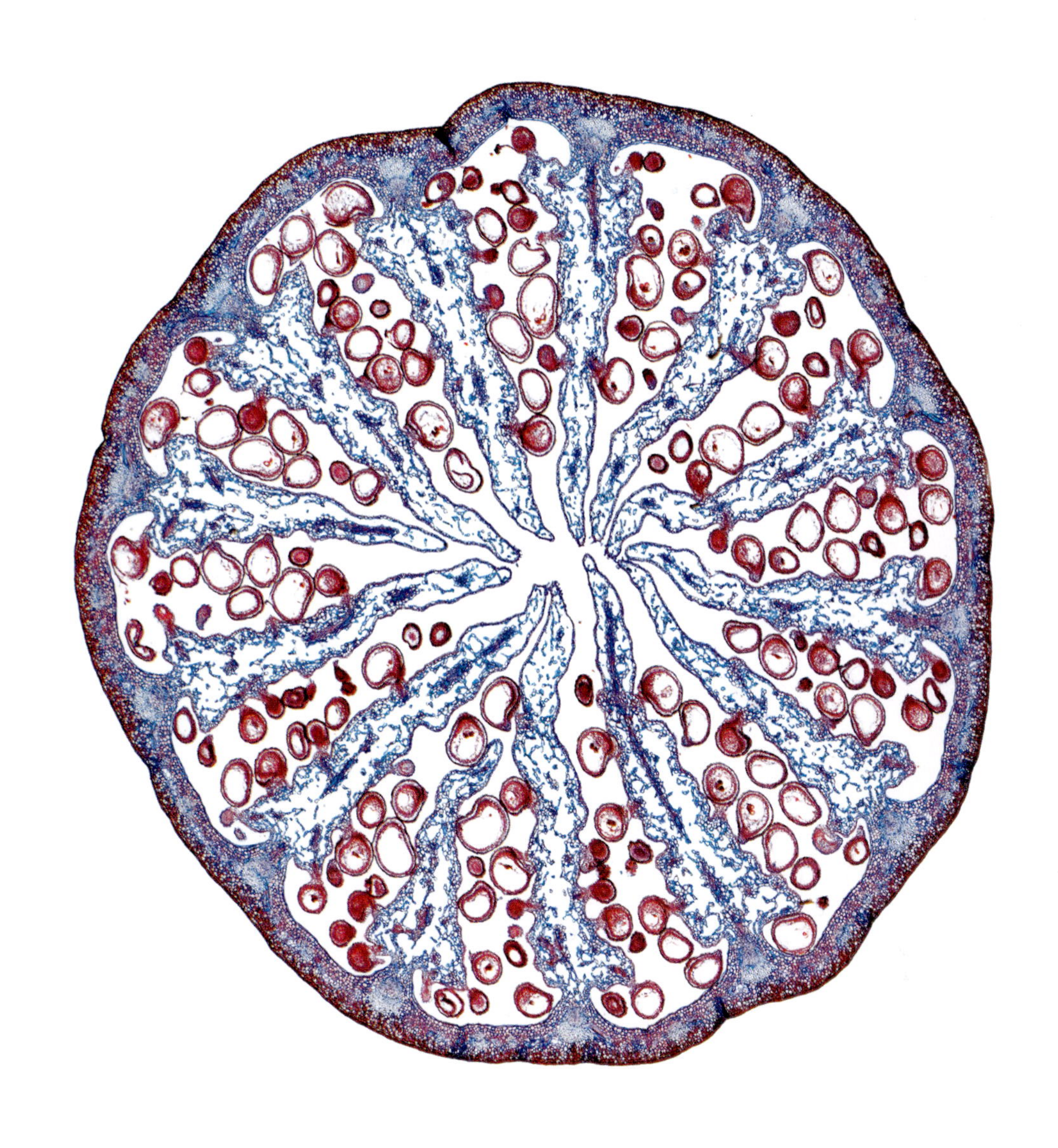

㊧ トウモロコシの種子（光学顕微鏡写真）

発芽のごく初期の、トウモロコシ種子の切断面。右下に幼根が伸びていて、ここからは新しい植物の根が出る。根が出ると、反対方向へ胚軸が膨らんでいき、種子の頭を地上へと押し上げる。ここからは、茎と、胚の中の葉（幼葉と呼ばれる）ができ、最後に第一本葉が育ち始める。（50倍、表示画面幅10cm）

㊤ ケシの果実（光学顕微鏡写真）

この横断面は、ケシの頂部の固い外壁の中で、隔膜と呼ばれる舌状の隔壁が13個、中心に向かって伸びているが、中央部はつながっていない。胎座に裏打ちされたこれらの壁から、ケシの子房が発達する。この写真では赤く丸い部分だ。これらのうちのいくつかの中で、受精した子房が種子になる。新しいケシの胚を養う栄養分となる胚乳を見ることができる。（5倍、表示画面幅10cm）

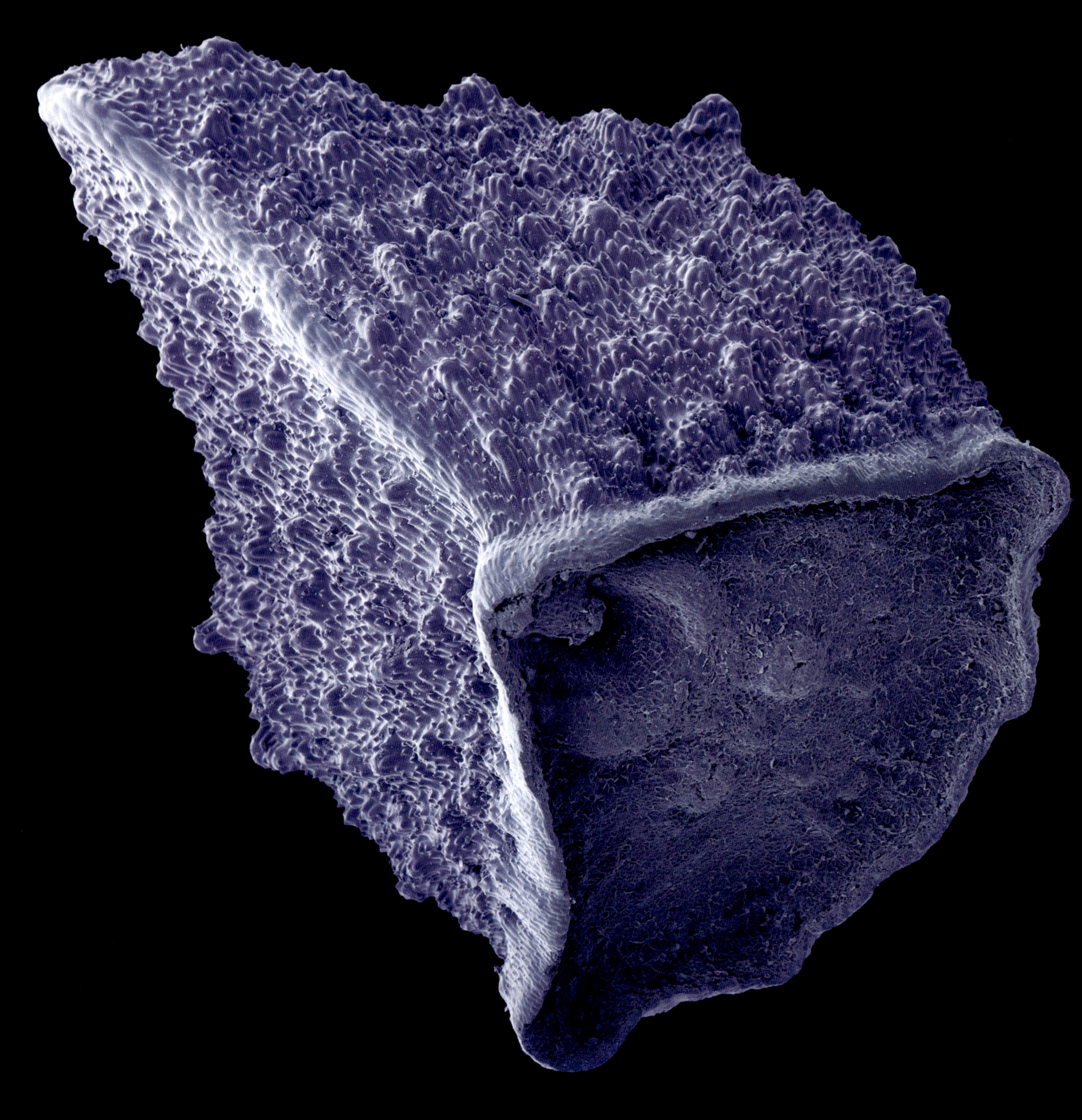

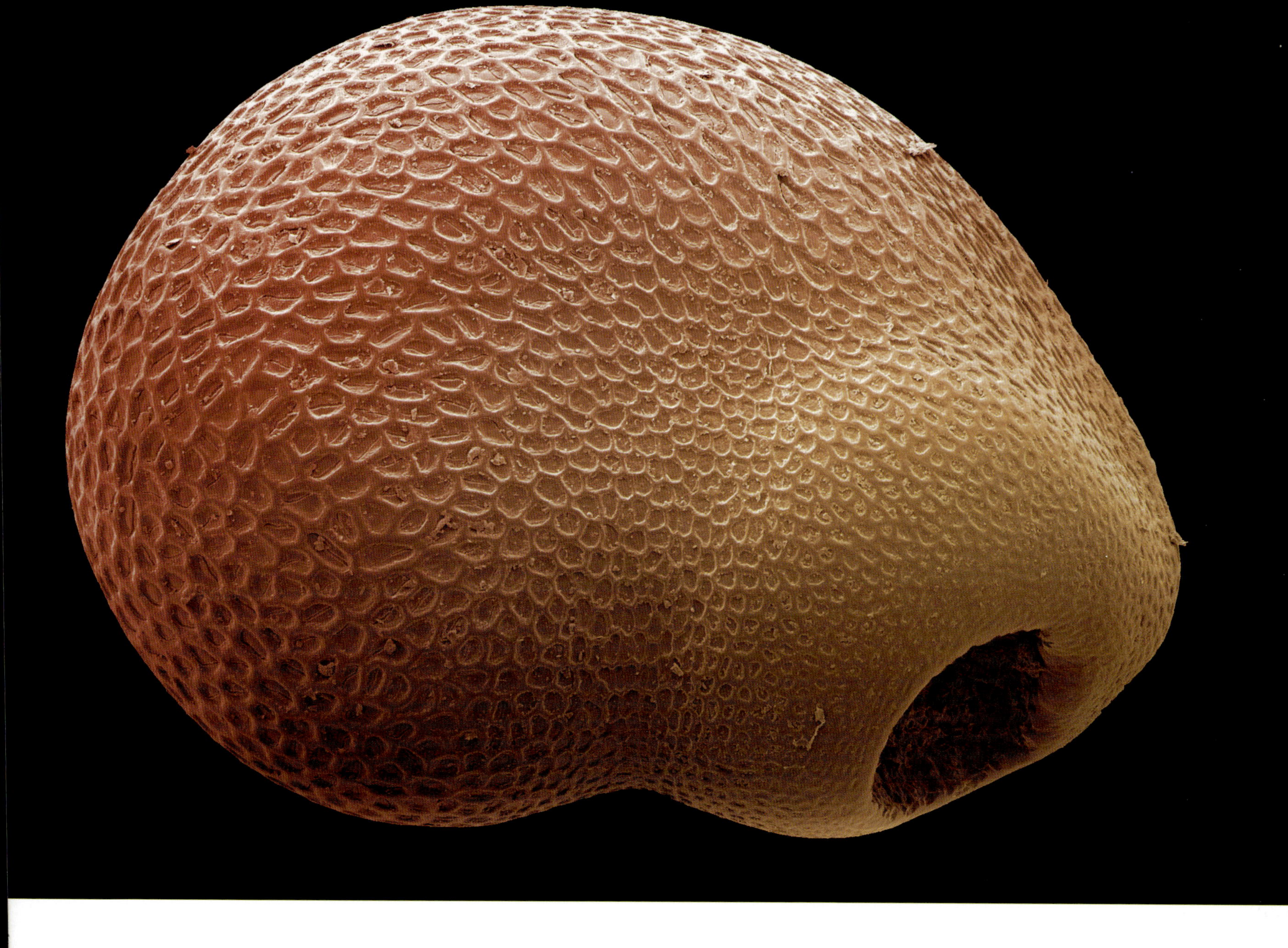

㊧ **ルリジサの種子**（走査型電子顕微鏡写真）

種子には平らなものや丸いものがあり、このルリジサの種子のように、地面に落ちると突き刺さるようにできていると思われるものもある。ルリジサの種子油には、γ-リノレン酸が多く含まれる。この脂肪酸は、メマツヨイグサやクロスグリの油にも含まれている。ハーブ医療では、ルリジサ油は糖尿病、関節リウマチ、心臓病など、幅広い病気に対して使われるが、有効性を示す科学的証拠はほとんどない。(580倍、表示画面幅10cm)

㊤ **サボテンの種子**（走査型電子顕微鏡写真）

サボテンは、サボテン科（Cactaceae）と呼ばれる大きなグループに属する。サボテンのほとんどは、非常に暑くて乾燥した環境によく適応している。例えば、葉は針状に進化し、表面積を小さくして貴重な水分が蒸発するのを防いでいる。種子も保護されていて、花の下部の肉質の茎に深く埋まっている子房からできる。動物に食べられ、その糞に入って広がる。(830倍、表示画面幅10cm)

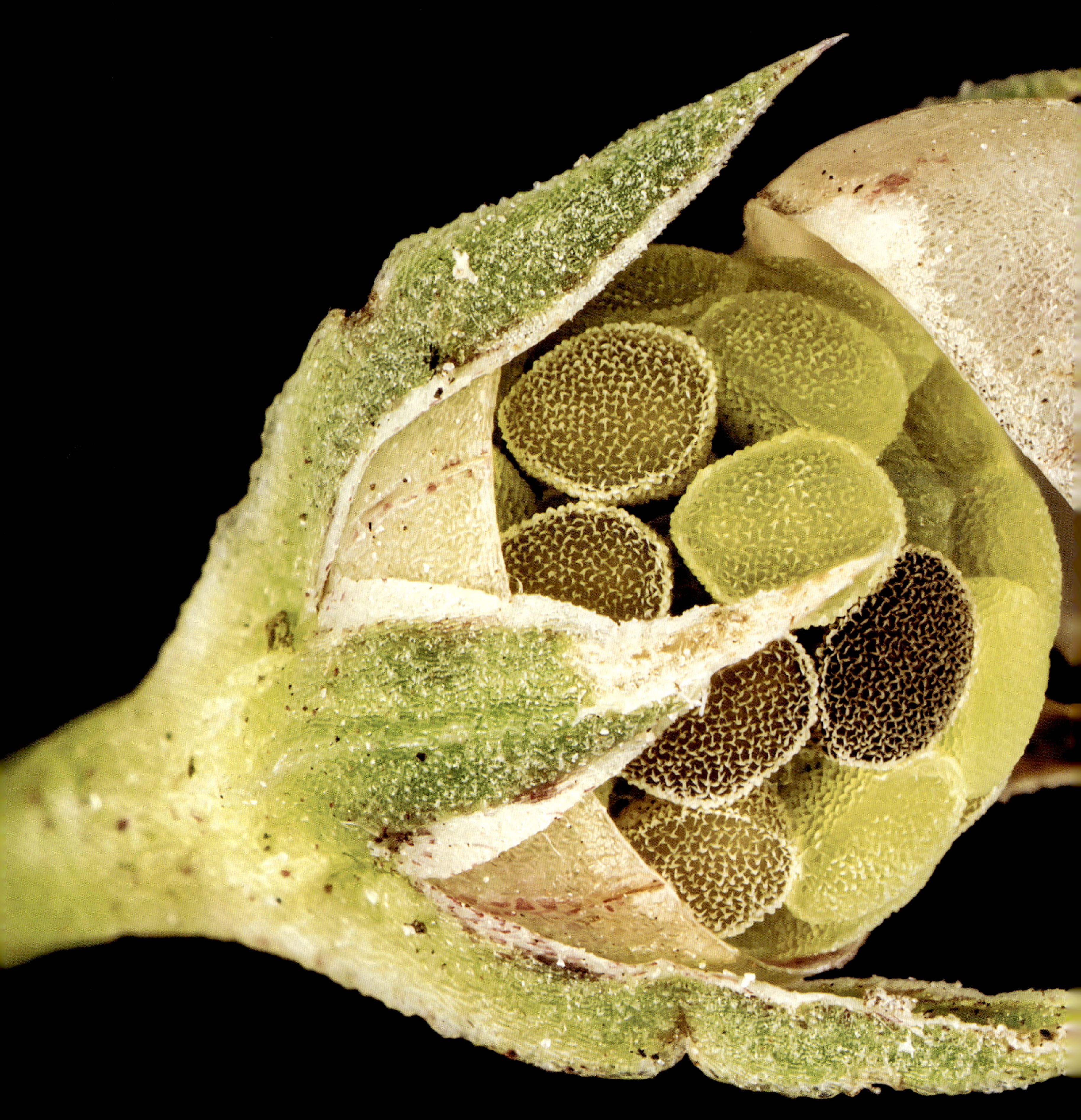

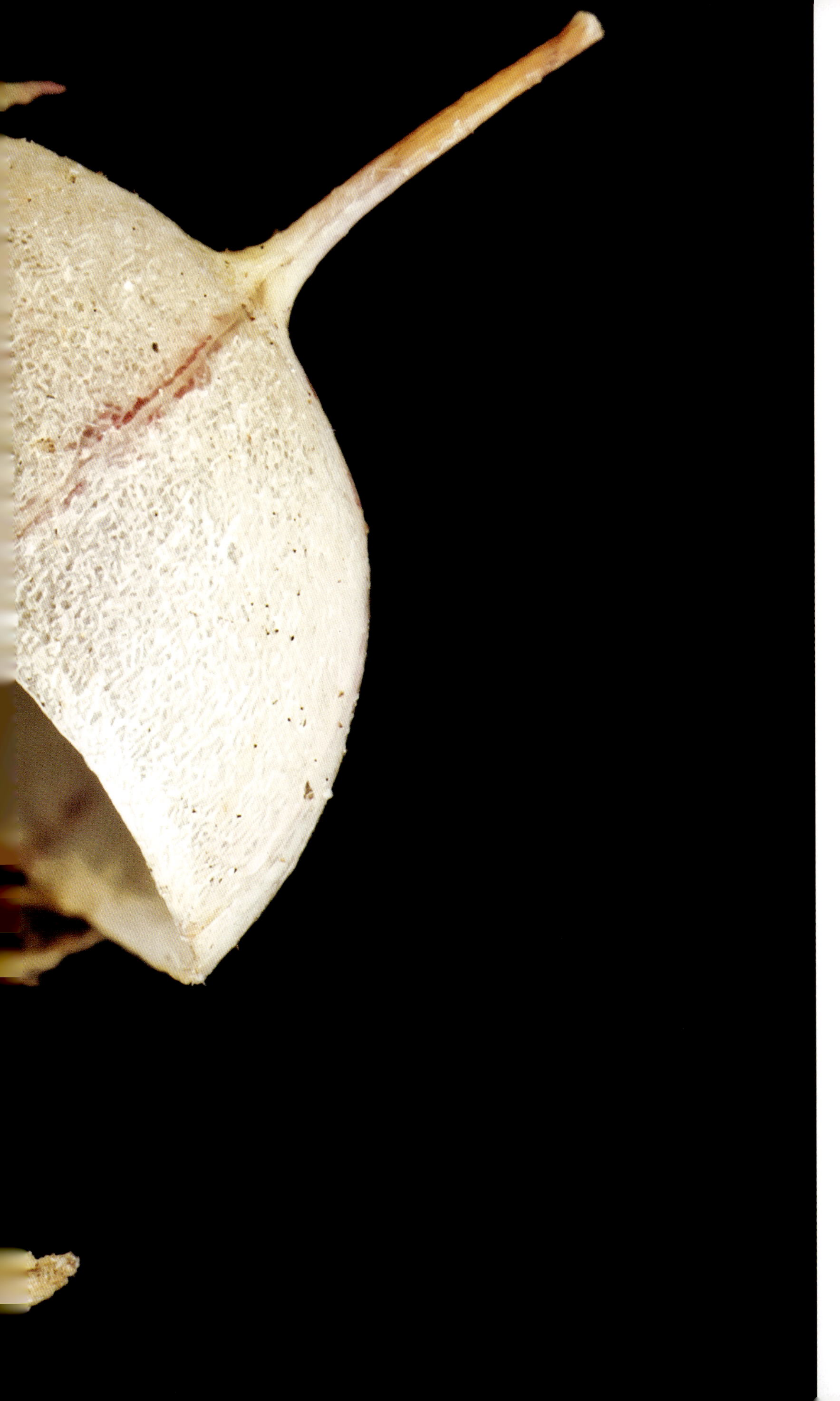

㊧ ルリハコベの種子鞘（光学顕微鏡写真）

アカバナルリハコベは、英語では晴雨計という別名があるように、天候が悪化しそうなときには花弁が閉じる。種子は熟すと、鞘の先端が裏返しになり、開いて中身を地面へと放り出す。名前は「小さなコショウ」という意味で、家畜や人が体内に取り込むと、強い毒性を発揮する。いくらか防虫効果がある。ドイツ語名の*Gauchheil*は「愚か者の治療薬」という意味で、ハーブを利用した伝統医療で精神疾患の治療に使われていたことに由来する。（40倍、表示画面幅10cm）

㊨ **カタバミの種子**（走査型電子顕微鏡写真）

カタバミ（英名 Wood sorrel）は地味な植物で、林床に絨毯のように茂り、同じく英語でソレルと呼ばれるスイバと近縁ではないが味は似ている。花、種子、葉はすべてシュウ酸を含み、食べると、かすかにレモンのような香りがして爽やかである。カタバミ属は世界中でおよそ800種が生育し、南北アメリカの先住民は、食用や薬用として長い間利用してきた。ニュージーランド・ヤムやコロンビアのオカのように、根がカブのような塊根になるものもある。（倍率不明）

㊨ **ハコベの種子粒**（光学顕微鏡写真）

ハコベは、白く星形のかわいらしい花が咲いた後、すぐにたくさんの種子ができることから、ガーデニングや農業では厄介者である。群葉が厚い層をなすまで放っておくと、牧草や作物を覆い尽くしてしまう。しかし、鉄を多く含みサラダにするとおいしいので、これ自体作物にもなる。日本では、1月7日の七草の節句に7種類の草を入れたお粥を食べる伝統があり、これもその決められた素材の1つになっている。（40倍、表示画面幅10cm）

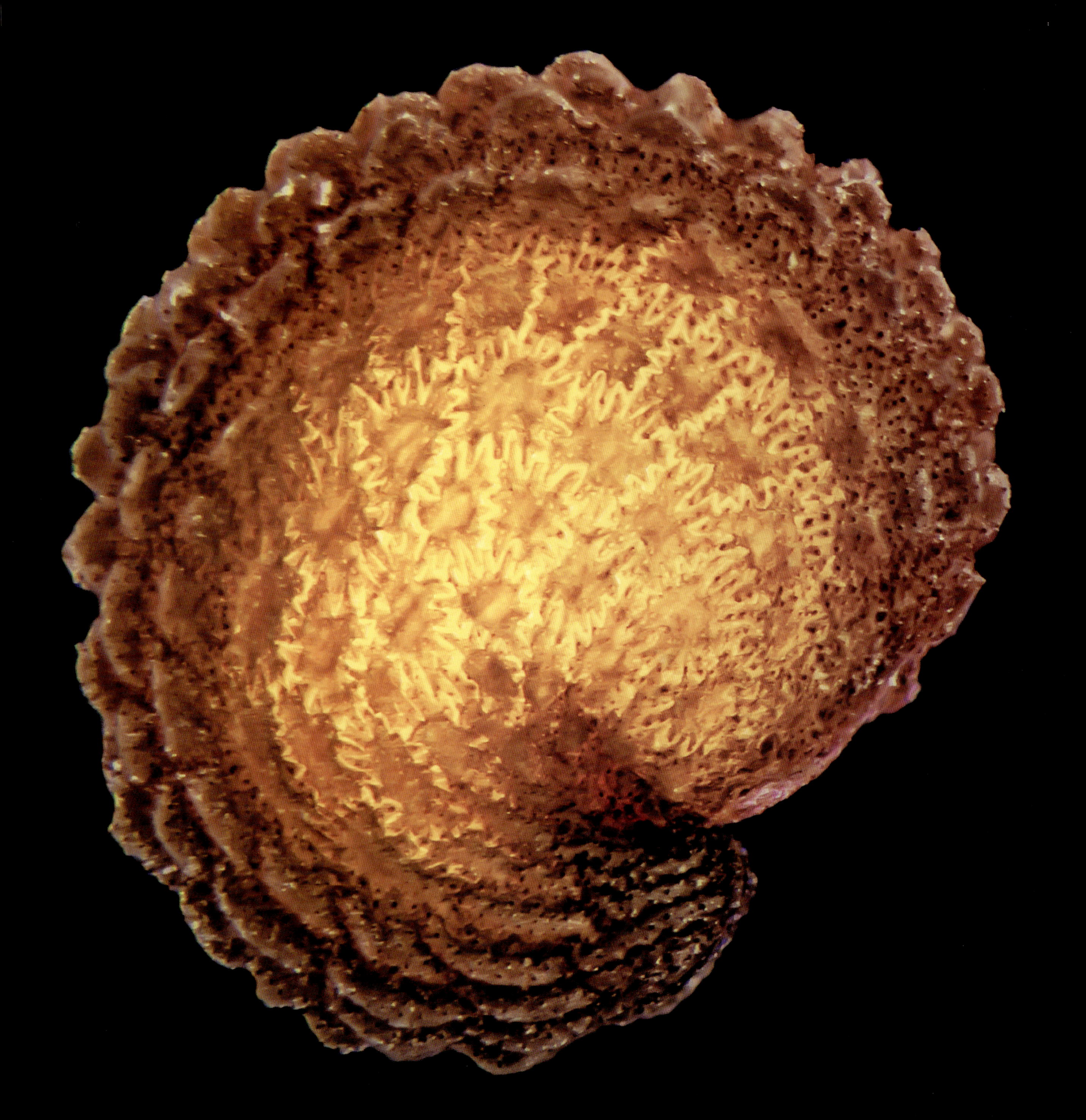

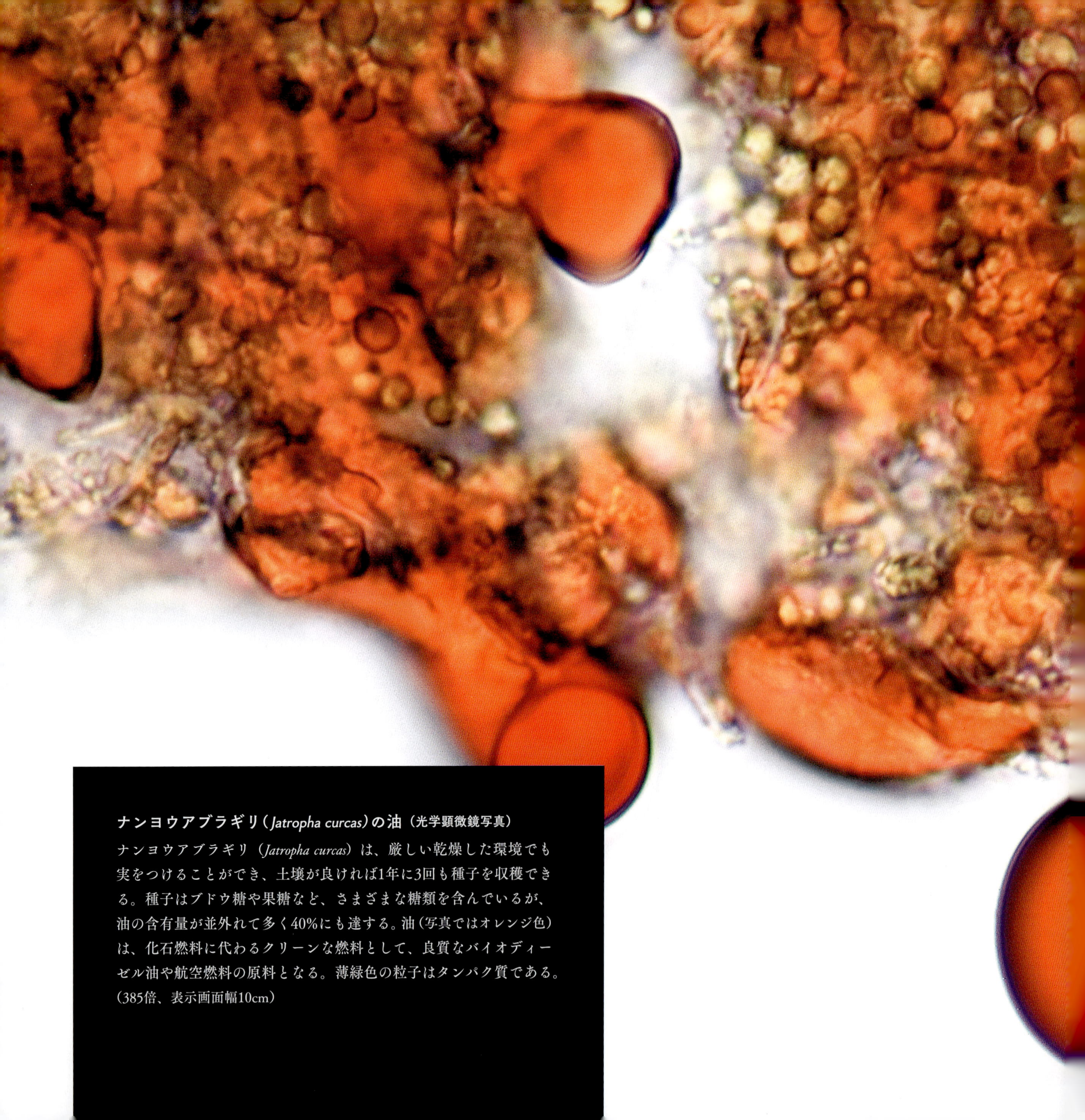

ナンヨウアブラギリ（*Jatropha curcas*）の油（光学顕微鏡写真）

ナンヨウアブラギリ（*Jatropha curcas*）は、厳しい乾燥した環境でも実をつけることができ、土壌が良ければ1年に3回も種子を収穫できる。種子はブドウ糖や果糖など、さまざまな糖類を含んでいるが、油の含有量が並外れて多く40%にも達する。油（写真ではオレンジ色）は、化石燃料に代わるクリーンな燃料として、良質なバイオディーゼル油や航空燃料の原料となる。薄緑色の粒子はタンパク質である。（385倍、表示画面幅10cm）

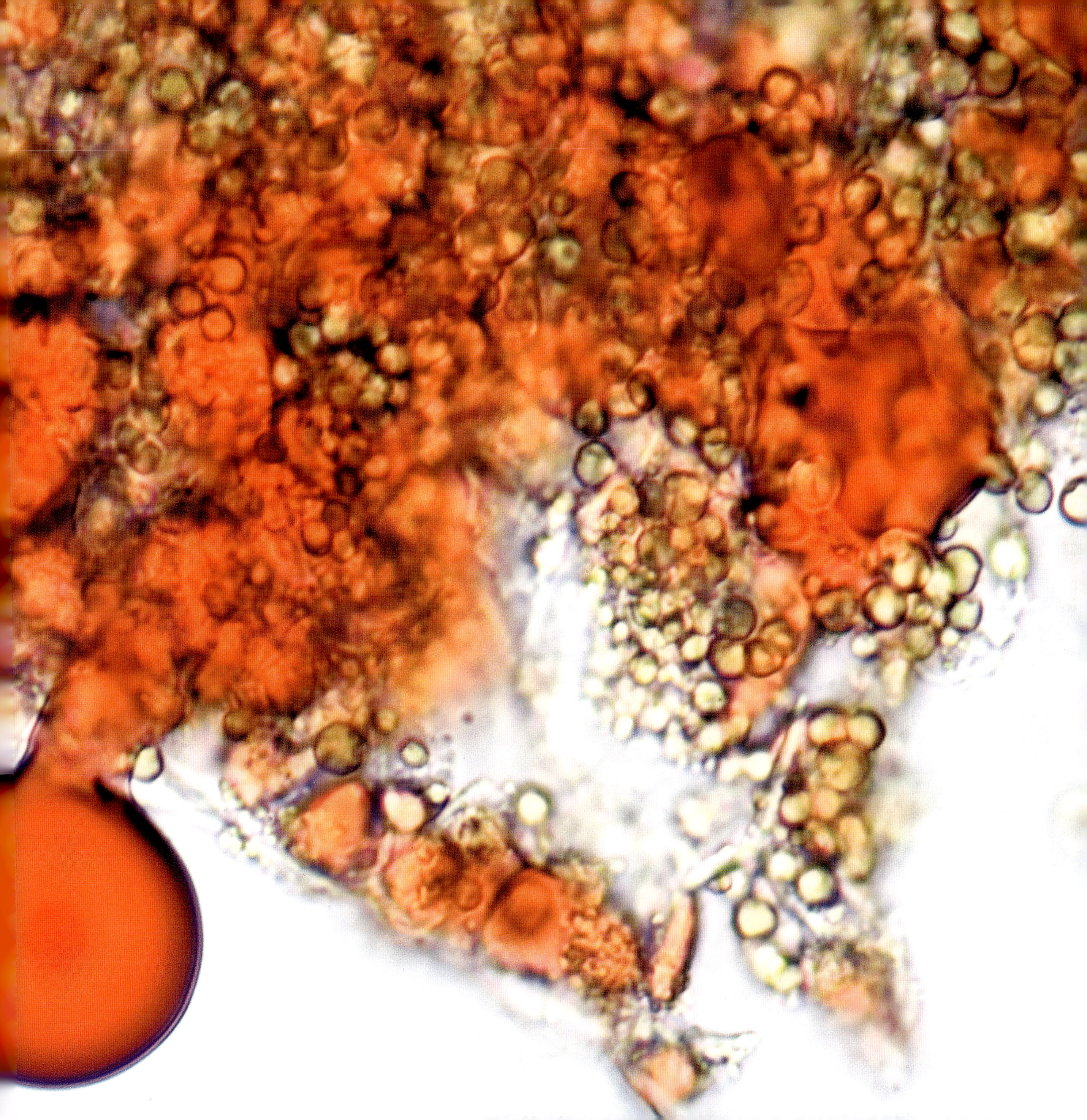

シダの胞子のう（蛍光光学顕微鏡写真）

花や種子を作らないシダは、2段階の生殖サイクルをもつ。無性胞子（この色彩強調画像ではオレンジ色）は、シダの葉状体の裏側にできる器（胞子のう）の中で作られる。胞子のうは頑丈な細胞（緑色）で取り囲まれていて、この細胞は胞子のうを開かせ、成熟した胞子を放出させる。これらの胞子はシダに育つのではなく、小さく、植物学的には単純な植物体（前葉体）になる。これは、シダとは異なり生殖器官をもつ。前葉体内での自家受精によって、シダに育つ細胞ができ、生殖サイクルが完成する。（223倍、表示画面幅10cm）

㊤ ハナビシソウの種子（走査型電子顕微鏡写真）

ケシの種子は、種子の入れ物である実が2つに割れるときに散布される。種子は親植物の周りに撒かれるので、ケシは野原や道端に色鮮やかな集団を作ることになる。この花はカリフォルニアポピーとも呼ばれ、1903年にはカリフォルニアの州花に制定された。ロサンゼルス近くのケシ保護区は、毎年一面のオレンジ色の花で覆われる。抽出物には、弱い鎮静作用がある。（18倍、表示画面幅10cm）

㊨ クロタネソウ（*Nigella*）の種子（走査型電子顕微鏡写真）

*Nigella*はラテン語で「小さく黒い」という意味で、小さく黒い（ここでは着色している）涙型の種子が、この植物の名前の由来になっている。種子は膨らんだ果実の中で育ち、これがすっかり乾くと種子が落ちる。そのため、一年草なのに毎年ずっと同じ場所にあるように見える。種子はいろいろな料理に使われ、刺激のある風味から、「ブラッククミン」や「フェンネルフラワー」など、いくつもの通称をもつ。（1000倍、表示画面幅10cm）

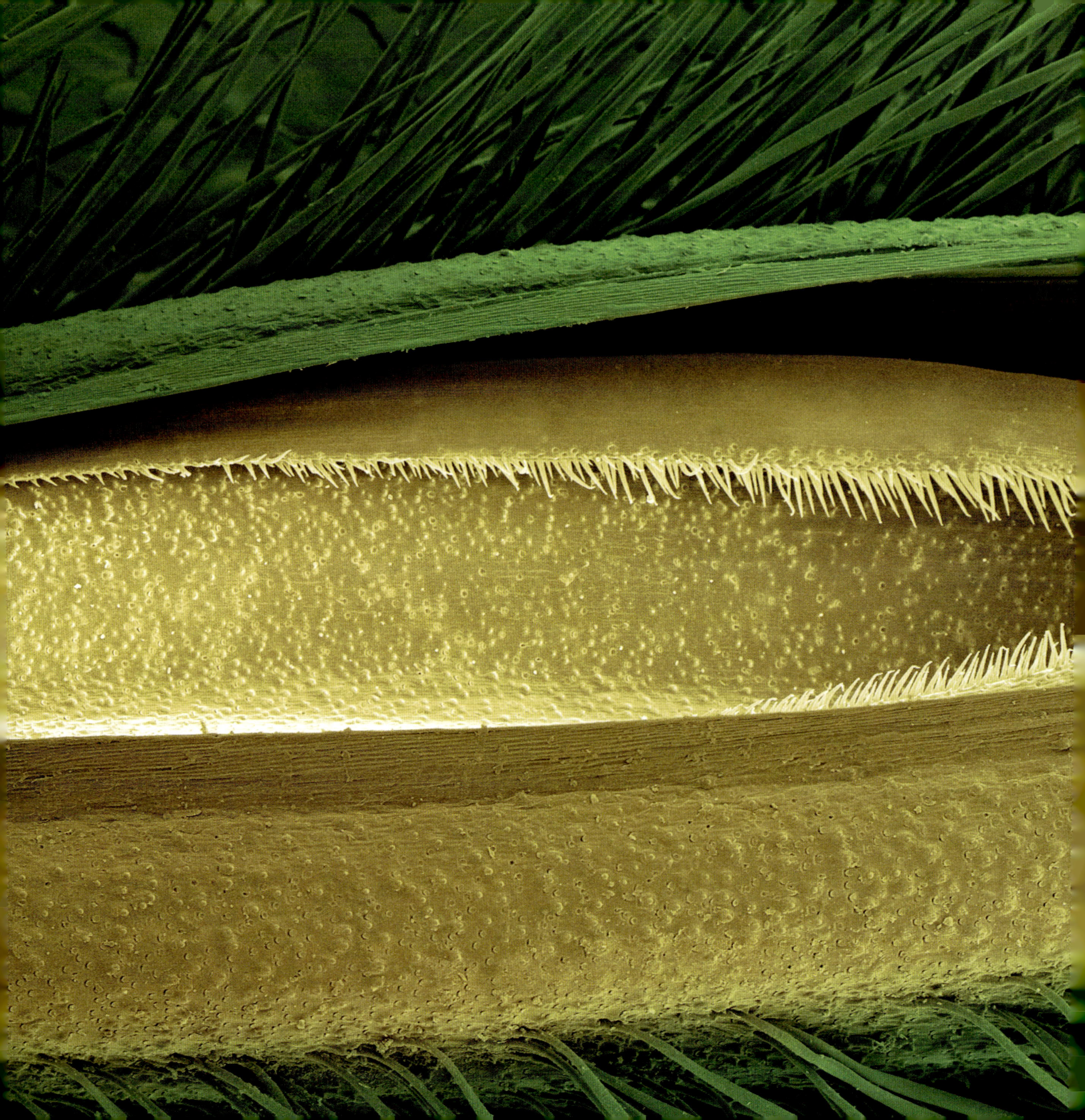

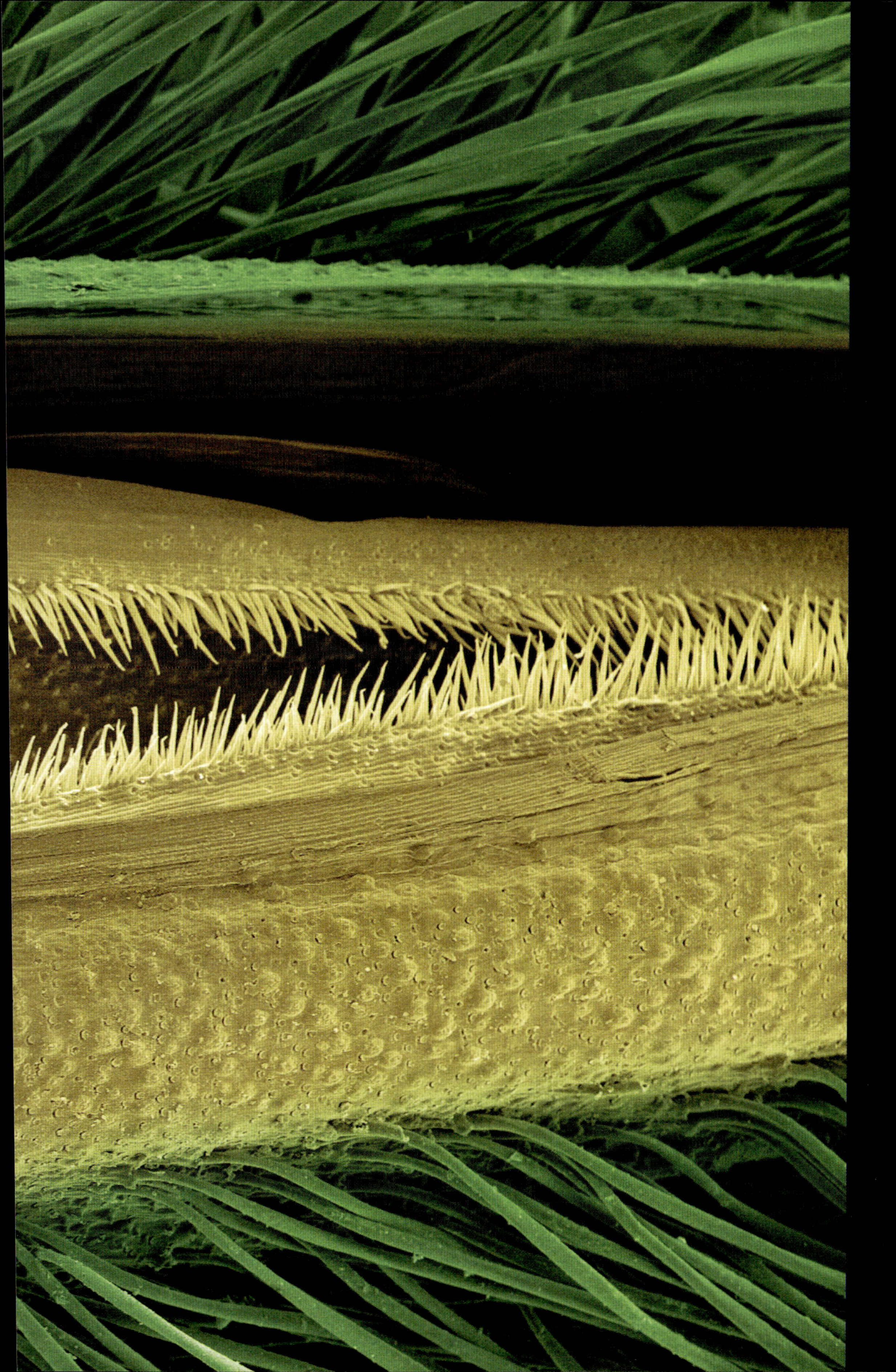

ニレの木の種子（走査型電子顕微鏡写真）

受精したニレの子房で、広がって、小さな種子の入った緑色の薄い円盤状になっている。円盤が集まった房は、木の上で次第に茶色になり、最後には秋の風に揺さぶられて散っていく。表面積はかなり広く、帆のような役割をして、真ん中にある種子を風ができる限り遠くへ運べるようにしている。このような、帆をもっていて風に頼って散布される種子は翼果と呼ばれ、他にセイヨウカジカエデなどがある。（12.5倍、表示画面幅10cm）

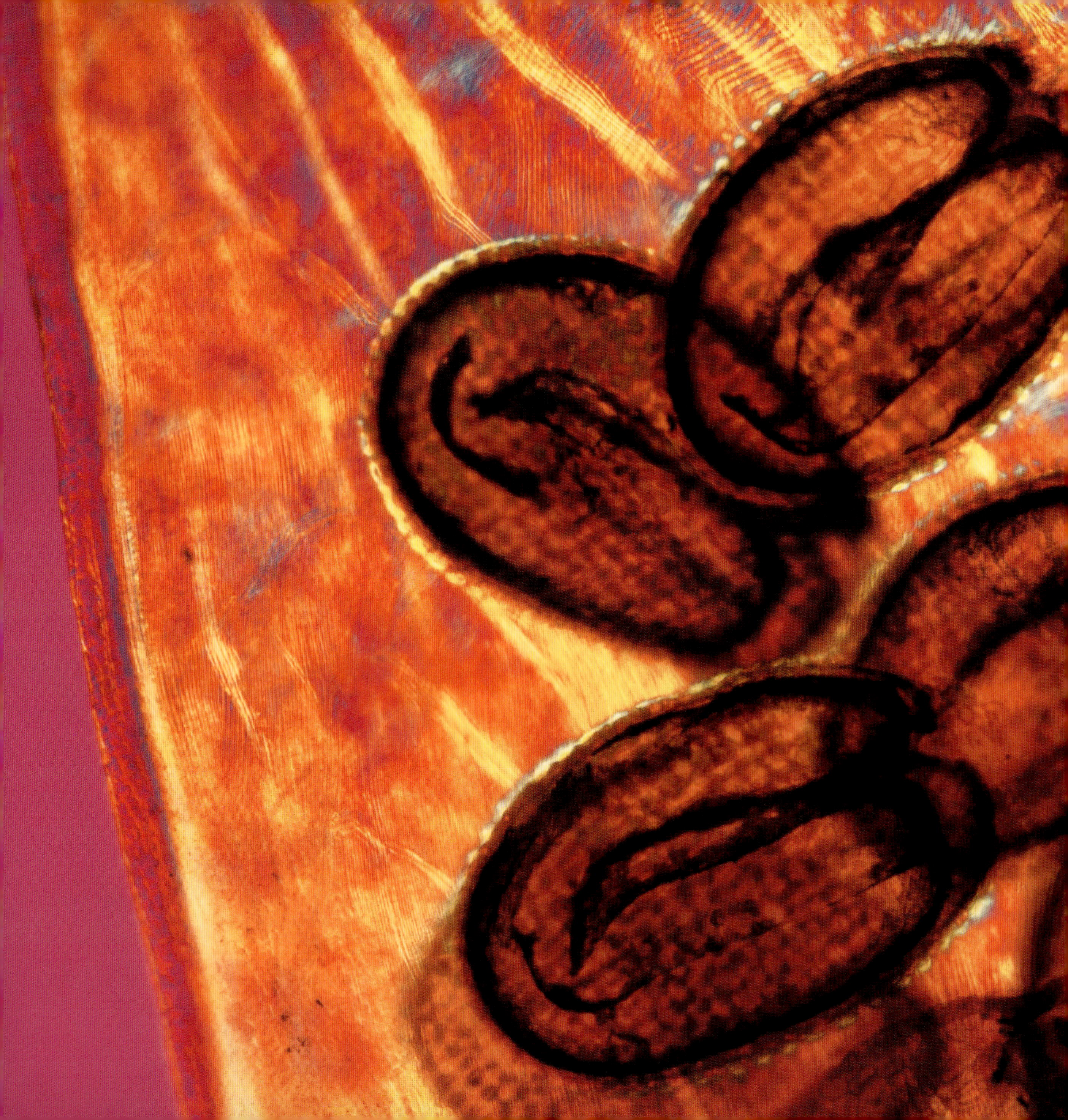

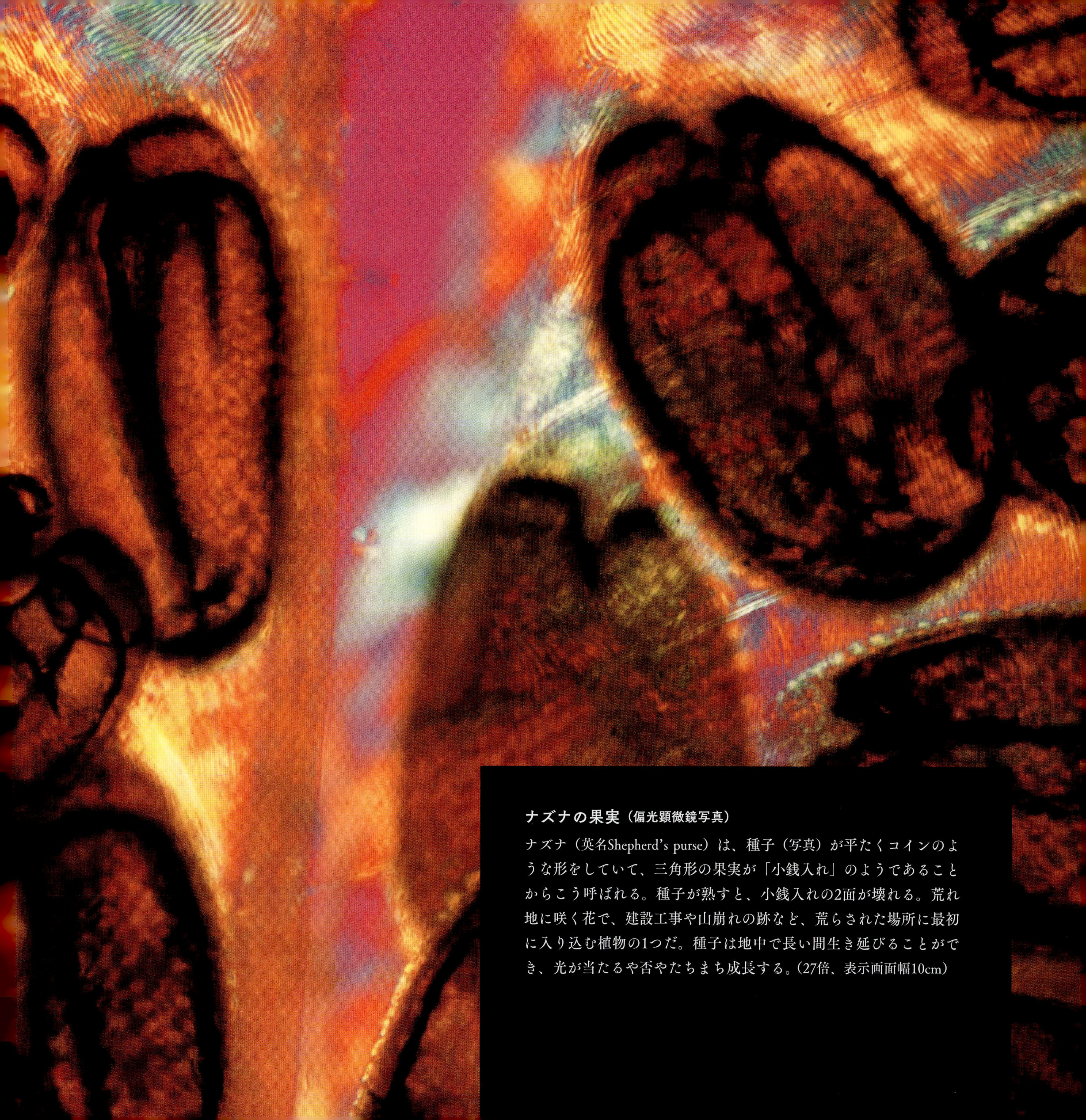

ナズナの果実（偏光顕微鏡写真）

ナズナ（英名Shepherd's purse）は、種子（写真）が平たくコインのような形をしていて、三角形の果実が「小銭入れ」のようであることからこう呼ばれる。種子が熟すと、小銭入れの2面が壊れる。荒れ地に咲く花で、建設工事や山崩れの跡など、荒らされた場所に最初に入り込む植物の1つだ。種子は地中で長い間生き延びることができ、光が当たるや否やたちまち成長する。(27倍、表示画面幅10cm)

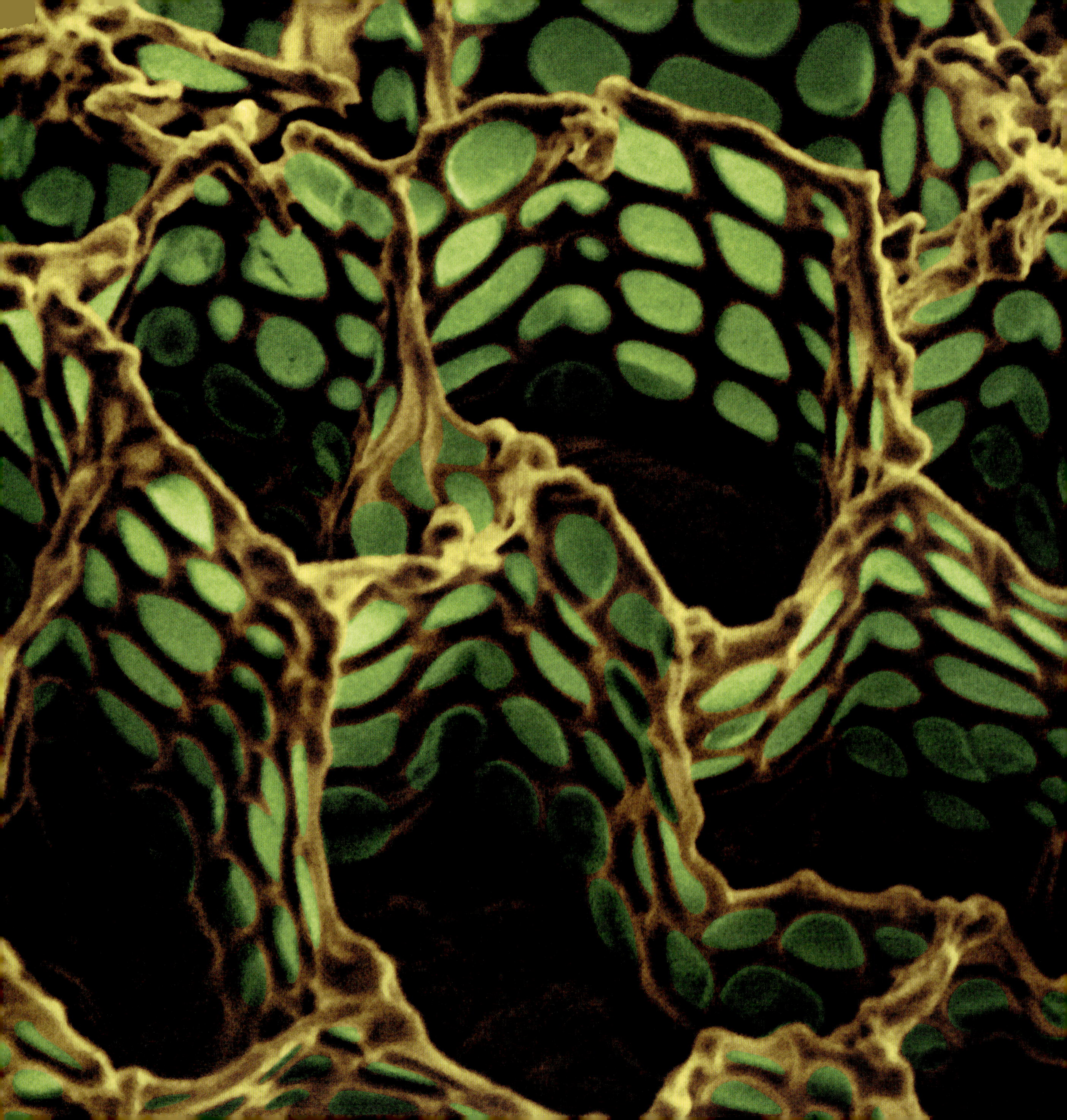

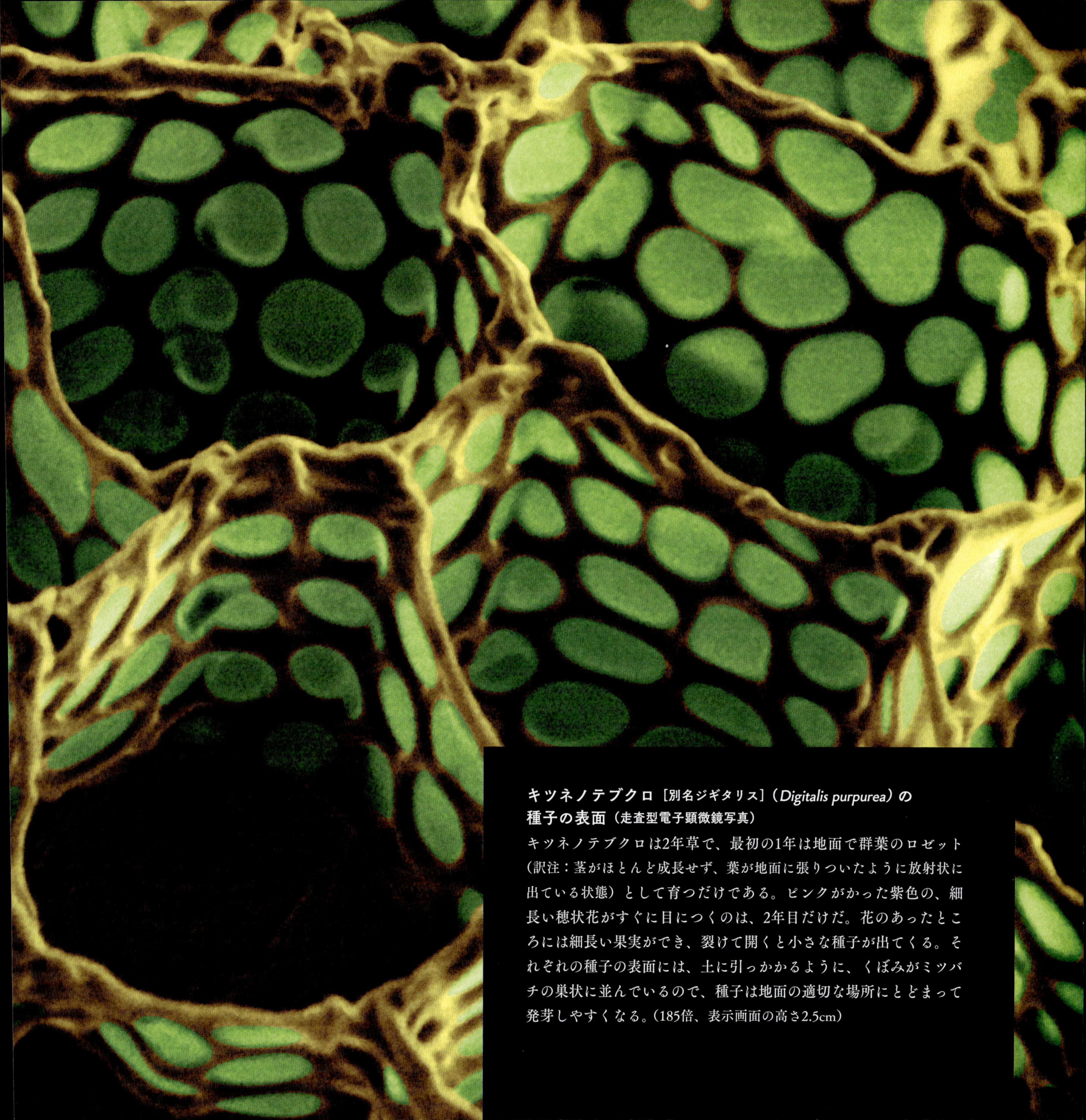

キツネノテブクロ［別名ジギタリス］（*Digitalis purpurea*）**の種子の表面**（走査型電子顕微鏡写真）

キツネノテブクロは2年草で、最初の1年は地面で群葉のロゼット（訳注：茎がほとんど成長せず、葉が地面に張りついたように放射状に出ている状態）として育つだけである。ピンクがかった紫色の、細長い穂状花がすぐに目につくのは、2年目だけだ。花のあったところには細長い果実ができ、裂けて開くと小さな種子が出てくる。それぞれの種子の表面には、土に引っかかるように、くぼみがミツバチの巣状に並んでいるので、種子は地面の適切な場所にとどまって発芽しやすくなる。（185倍、表示画面の高さ2.5cm）

㊤ ノラニンジンの種子粒（光学顕微鏡写真）

ノラニンジンは「アン女王のレース」と呼ばれることもある。白い花が、2フィート（60cm）ほどの高さの茎の先端に房のようにつくので、上から見るとレースで作った輪のように見える。真ん中に赤い花が1つあり、花粉を媒介する昆虫を引き寄せるのだが、これがアン女王が針で指を指したときに流れた血になぞらえられているのだろう。種子が熟してくると、花の頂部はボールのように丸まる。重力や風によって丸まった部分が外れ、種子が散布される。種子は土の中で5年間生き延びることができる。（40倍、表示画面幅10cm）

㊨ セコイアの種子（走査型電子顕微鏡写真）

セコイアの2種は、世界最大の樹木で、幅30フィート（9m）、高さ300フィート（100m）にもなる。これほど高い木にしては、球果は小さく1インチ（2.5cm）ほどの長さだ。球果のそれぞれの鱗片の下には、5個ほどの種子ができ、球果が成熟して開くと落ちる。実生の生存率はとても低いが、大きくなるまで育った樹木は2000年以上も生き、気候変動や自然災害からの回復力は並外れて強い。（55倍、表示画面幅10cm）

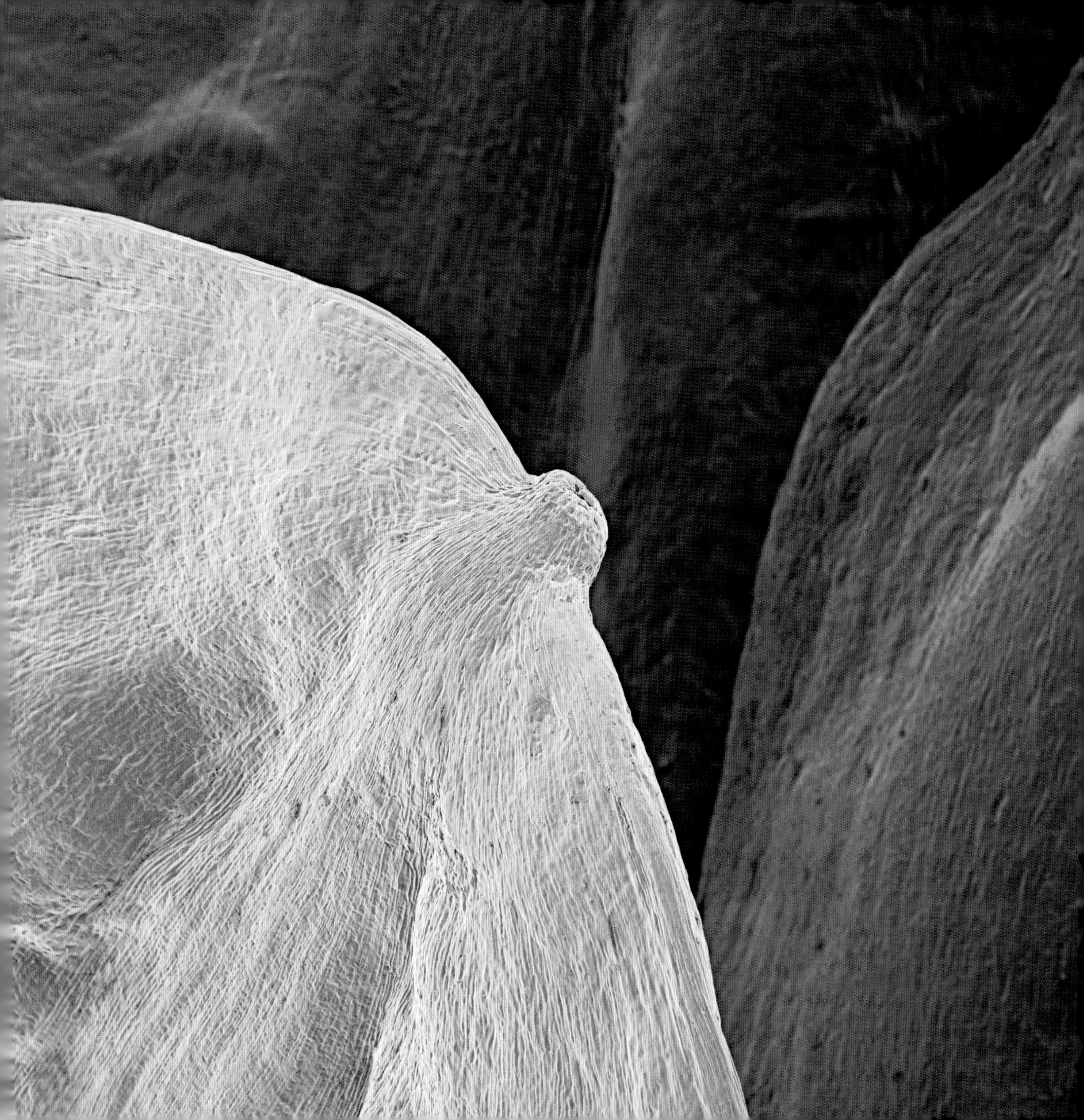

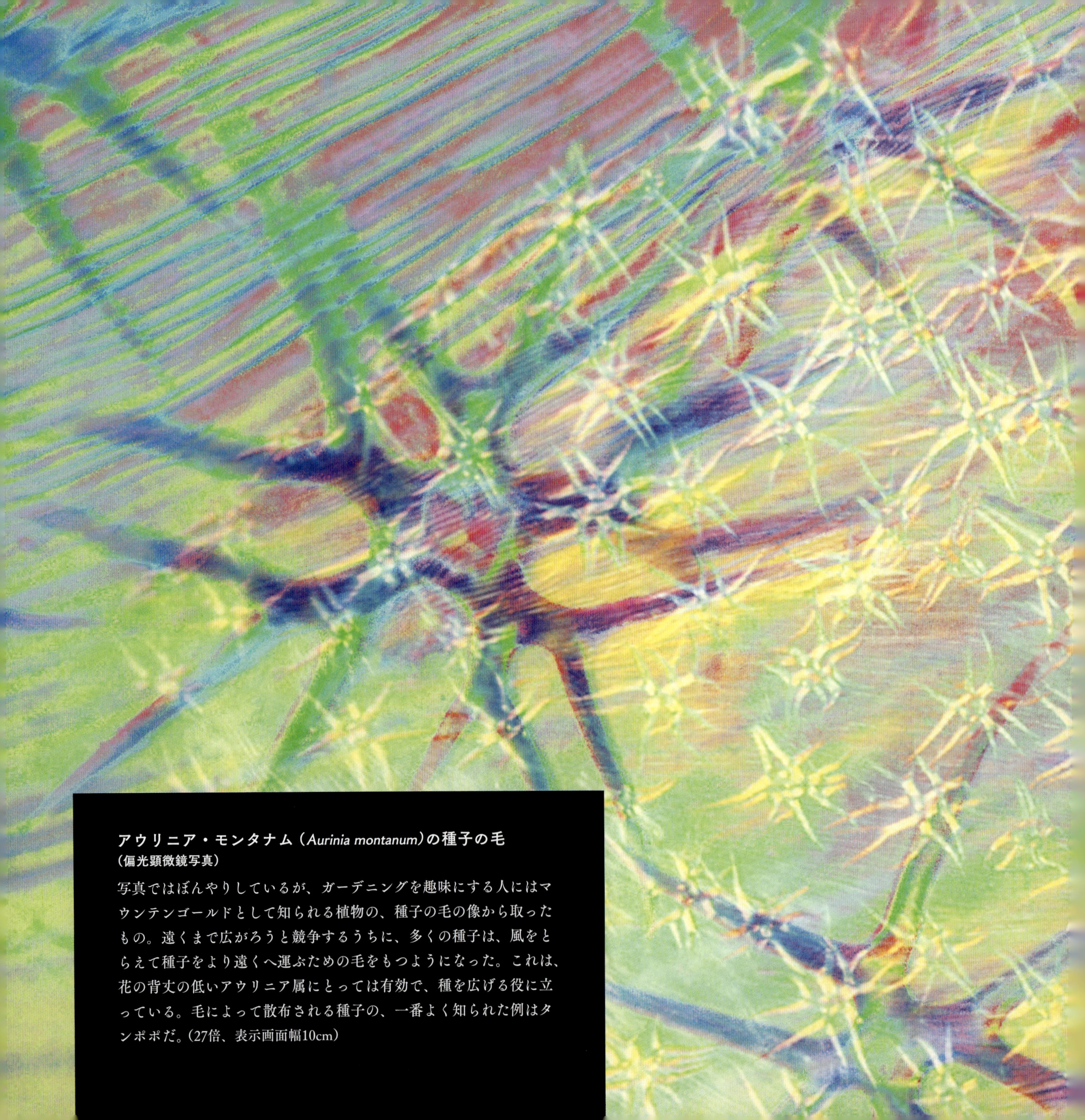

アウリニア・モンタナム（*Aurinia montanum*）の種子の毛
（偏光顕微鏡写真）

写真ではぼんやりしているが、ガーデニングを趣味にする人にはマウンテンゴールドとして知られる植物の、種子の毛の像から取ったもの。遠くまで広がろうと競争するうちに、多くの種子は、風をとらえて種子をより遠くへ運ぶための毛をもつようになった。これは、花の背丈の低いアウリニア属にとっては有効で、種を広げる役に立っている。毛によって散布される種子の、一番よく知られた例はタンポポだ。（27倍、表示画面幅10cm）

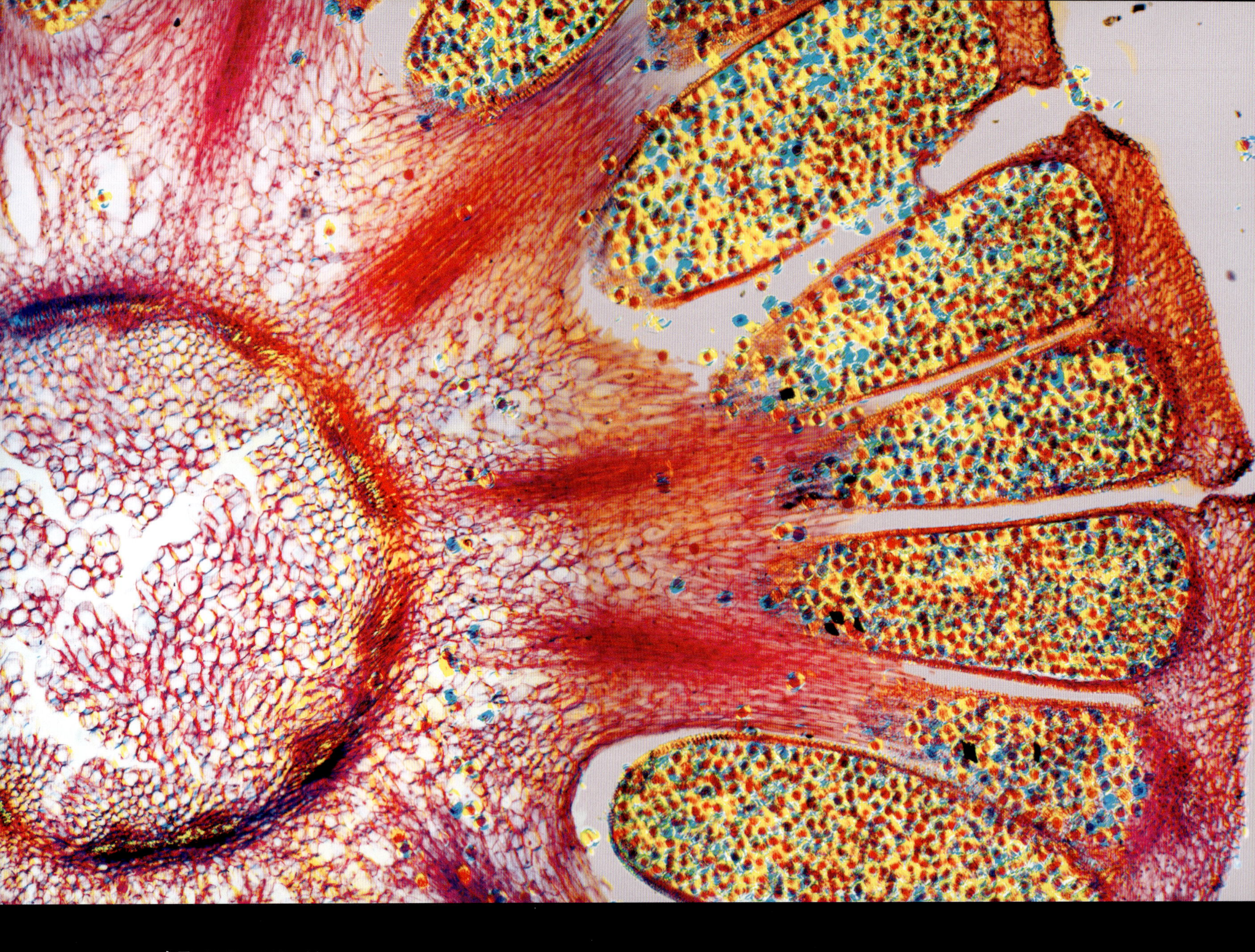

トクサの球果（光学顕微鏡写真）

トクサ科は、1億年以上前にさかのぼる先史時代には多くの属を含む大きな科だったが、現在はトクサ属がたった1つの生き残りで、細胞内には、細胞の大きさを制限していると考えられる珍しい酵素をもつ。ざらざらした茎は、金属製の鍋や釜をきれいにするために使われ、ドイツ語の名前は「ブリキ草」という意味だ。トクサは、種子ではなく胞子で増える。トクサの球果（この写真は横断面）は、中心軸の先端の周りにできるが、これは胞子の袋が入った区画からなる輪が、いくつか積み重なったものだ。（45倍、表示画面幅10cm）

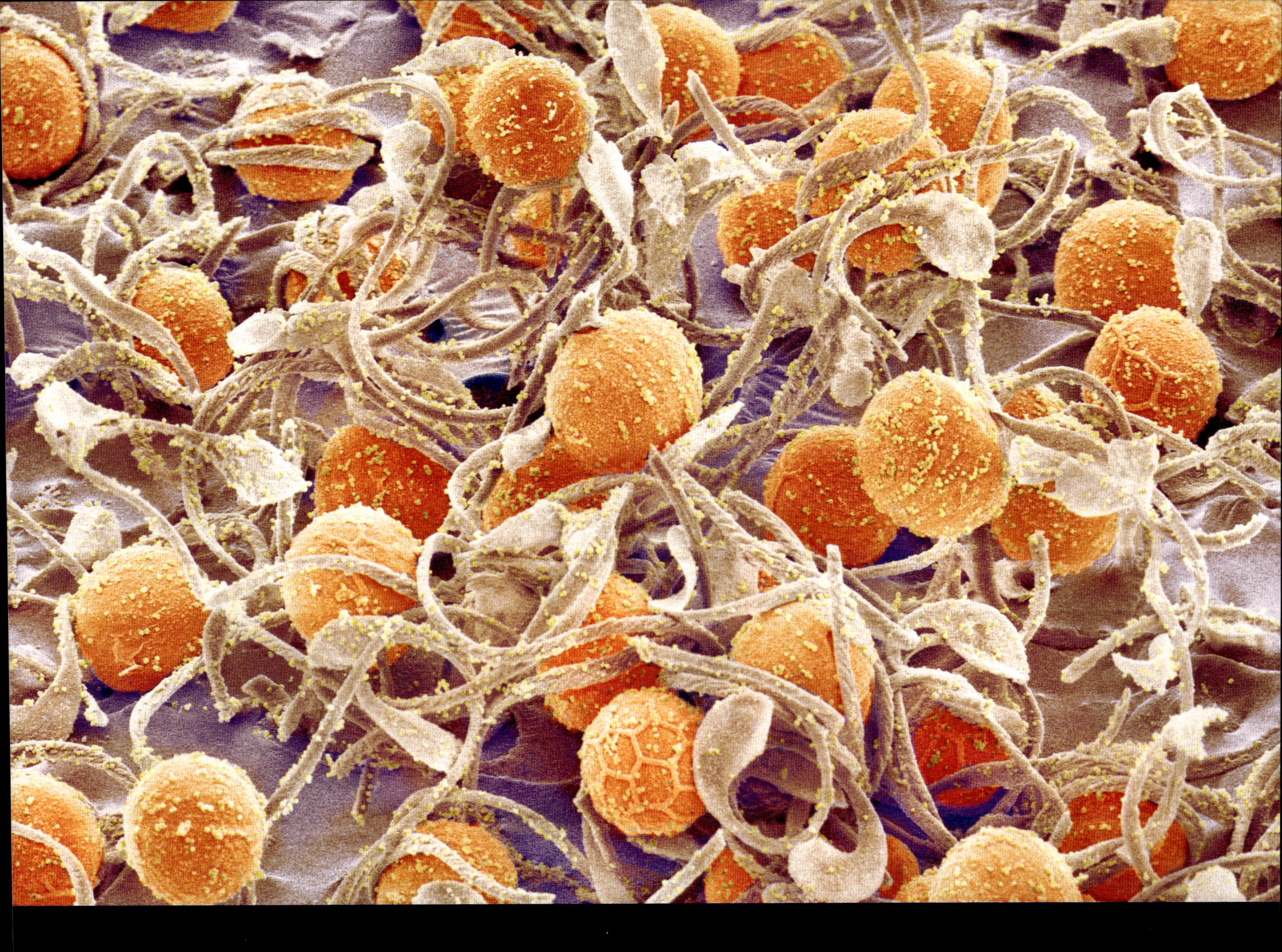

トクサの胞子（走査型電子顕微鏡写真）

先史時代のトクサは樹木のように背が高かったが、今では1m程度にしかならない。それぞれの胞子には、弾糸と呼ばれるコイル状のばねが4本ある。胞子は袋（胞子のう）の中で作られるが、弾糸は湿度によって伸びたり縮んだりすることで、胞子がこの袋を破るの

種子の発芽（走査型電子顕微鏡写真）

典型的な実生の成長の段階を、左から右へ示している。種子から最初に出てくるのは幼根で、この若芽からやがて植物の根ができる。ここでは、2番目の写真の細い毛で、初期の成長のために種子へと栄養分を取り込む。種子がどんな向きになっても、幼根の成長は重力のみによって決まる。最後に、胚の茎（幼芽）が地上に出て、1、2枚の最初の葉（子葉）がつくと光合成の過程が始まる。（5倍、表示画面幅10cm）

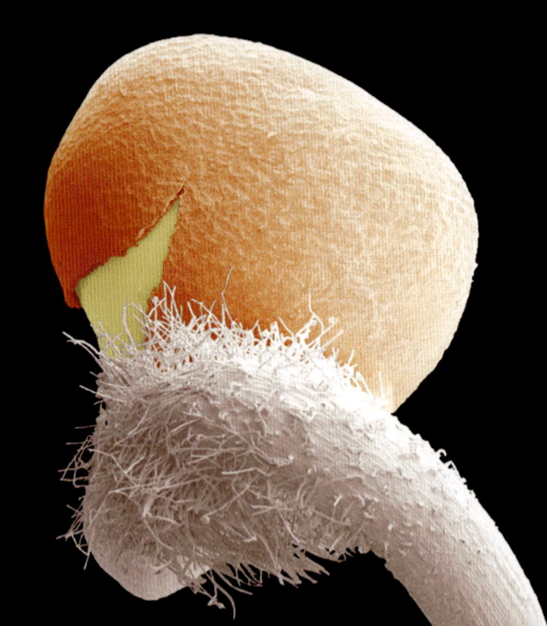

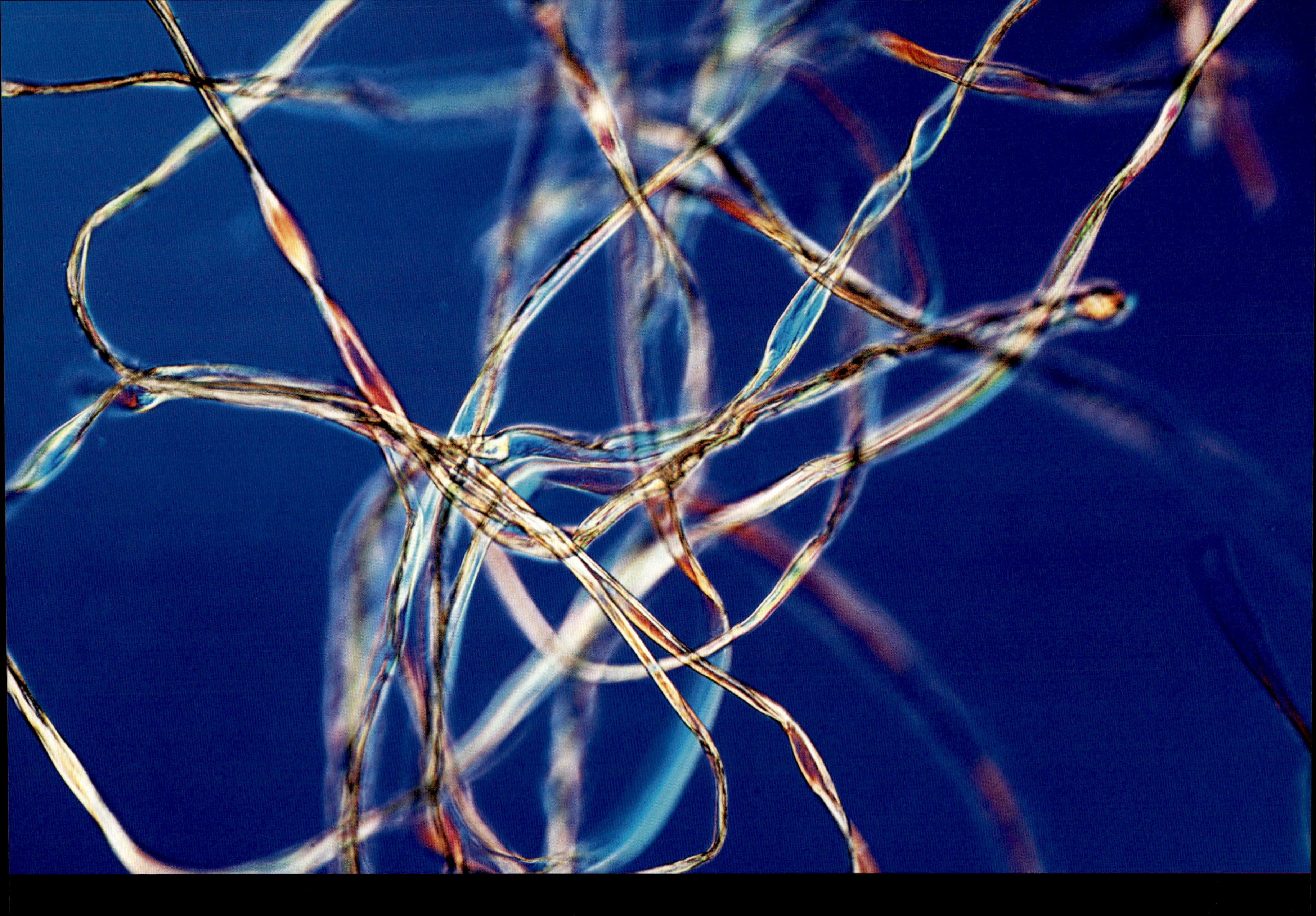

㊤ エジプト綿の繊維（光学顕微鏡写真）

綿糸は、ワタの種子の周りの繭のような柔らかい外皮（朔果）を作っている、白い繊維を紡いだものだ。ほぼすべてセルロースからできていて、紡ぐことで自然の弾力性によって互いに結びつく。エジプト綿は栽培品種である*Gossypium barbadense*から作られているが、実はこれは、普通の綿より長くすべすべした糸を作るペルシャ原産の植物に由来する。この植物の学名のバルバドス（Barbados）は、エジプト綿を初めてヨーロッパに輸出したイギリス植民地である。（75倍、表示画面幅10cm）

㊨ タンポポの冠毛（走査型電子顕微鏡写真）

タンポポも、風に頼って種子を撒く植物の1つだ。頭状花の中の数百個の種子の一つ一つが、小さなパラシュート（冠毛）にくっつけられている。この写真は上から見たもので、放射状の細い毛が見える。冠毛が風に乗ると、種子は花床から引き離される。潜入する兵士のように、種子は冠毛にぶら下がって滑空し、どこか離れた場所にそっと着地する。ガーデニング愛好家にとっては厄介者だが、どの部分も食用になる。（53倍、表示画面幅10cm）

Pollen
花粉

前ページ 単子葉植物と双子葉植物の いろいろな花粉（光学顕微鏡写真）

花粉は、顕花植物の受精に必要な精細胞を作るもので、単子葉植物と双子葉植物という2つのグループに分けられる。単子葉植物の花粉は、表面に溝または穴が1つあるが双子葉植物では3つある。これらの植物の間の違いの多くは、花粉が2つのタイプに分かれることに関係がある。例えば、単子葉植物の実生の茎は、胚の中にできる葉（子葉）が1枚だが、双子葉植物では2枚である。単子葉植物は花の構成部位の数が3の倍数だが、双子葉植物では4または5の倍数だ。（30倍、表示画面幅3.5cm）

㊧ アジアユリの柱頭の詳細画像
（走査型電子顕微鏡写真）

㊨ ユリの花粉（走査型電子顕微鏡写真）

多くの植物は、花粉（雄）と柱頭（雌）が出会うことによって、有性生殖を行う。ユリの花粉には、隆起と凹みの複雑な模様がある（写真左と写真右）が、これは花粉を媒介する昆虫がいないとき、風をとらえて飛散することを助けていると考えられる。雌花のねばねばした柱頭は花粉をつかまえて発芽が始まる。左の写真の白い紐のようなものは、つかまった花粉から、雌の子房に向かって伸びる花粉管だ。（左：418倍、表示画面幅10cm）（右：465倍、表示画面幅10cm）

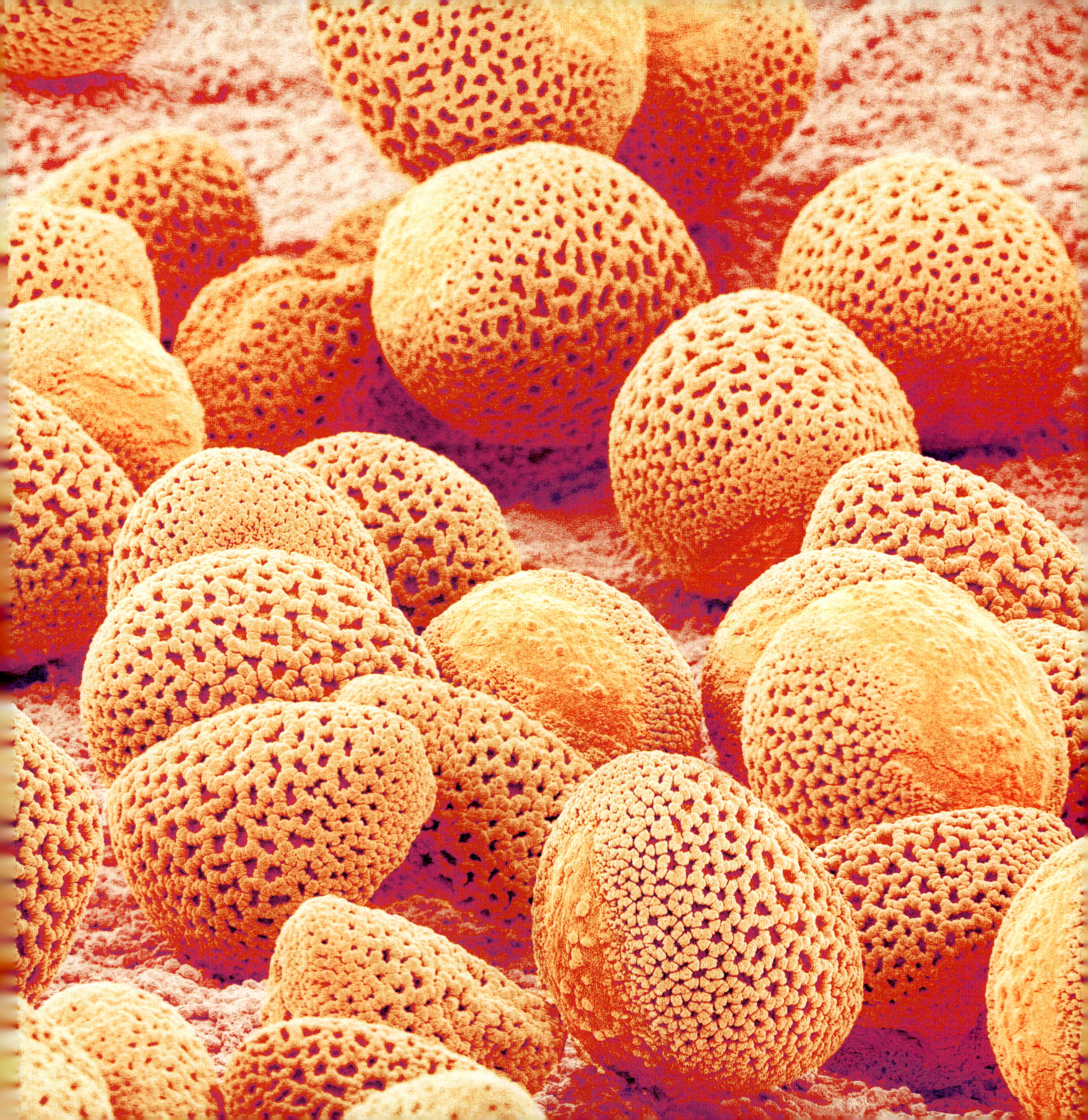

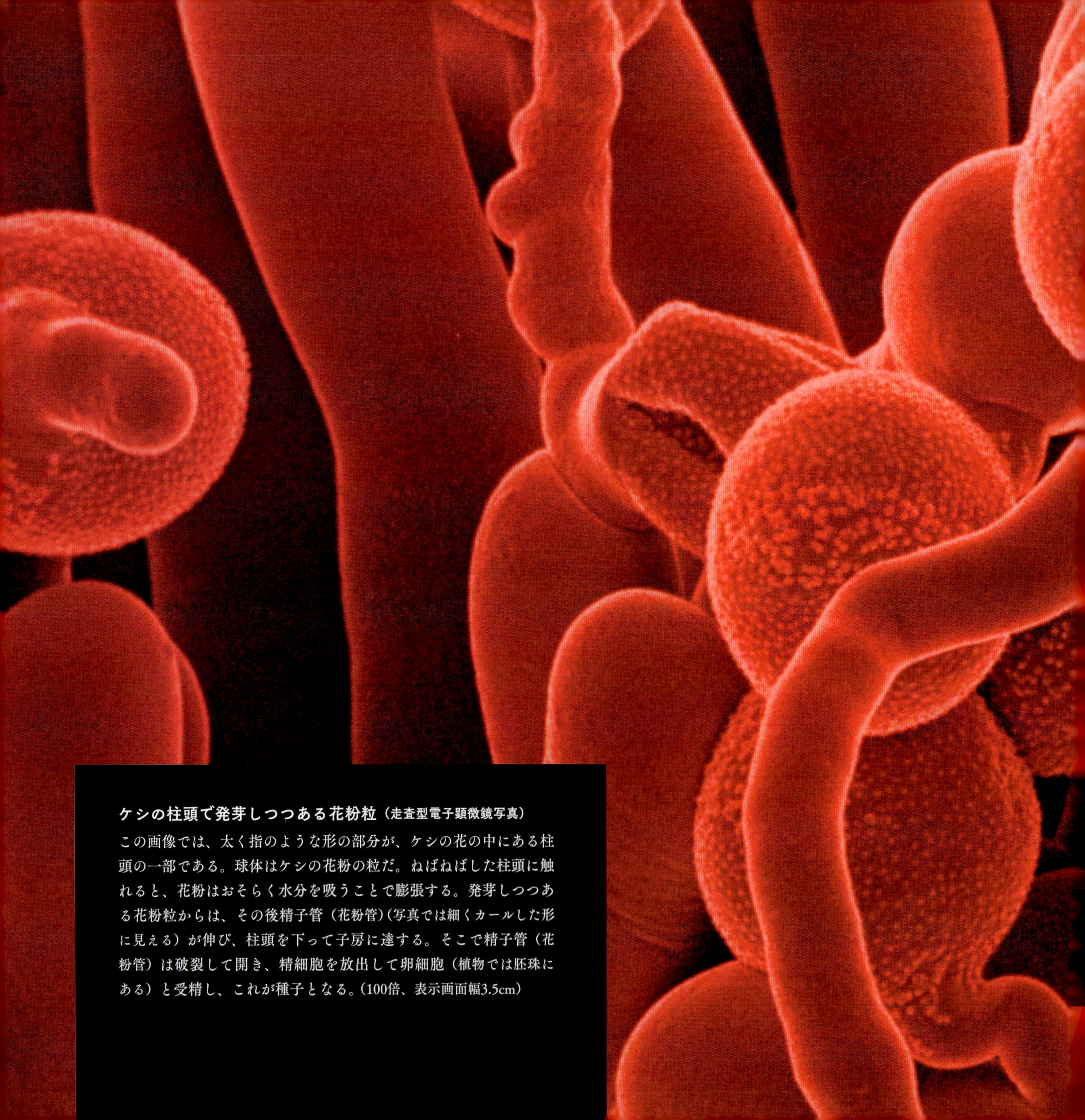

ケシの柱頭で発芽しつつある花粉粒（走査型電子顕微鏡写真）

この画像では、太く指のような形の部分が、ケシの花の中にある柱頭の一部である。球体はケシの花粉の粒だ。ねばねばした柱頭に触れると、花粉はおそらく水分を吸うことで膨張する。発芽しつつある花粉粒からは、その後精子管（花粉管）(写真では細くカールした形に見える）が伸び、柱頭を下って子房に達する。そこで精子管（花粉管）は破裂して開き、精細胞を放出して卵細胞（植物では胚珠にある）と受精し、これが種子となる。(100倍、表示画面幅3.5cm)

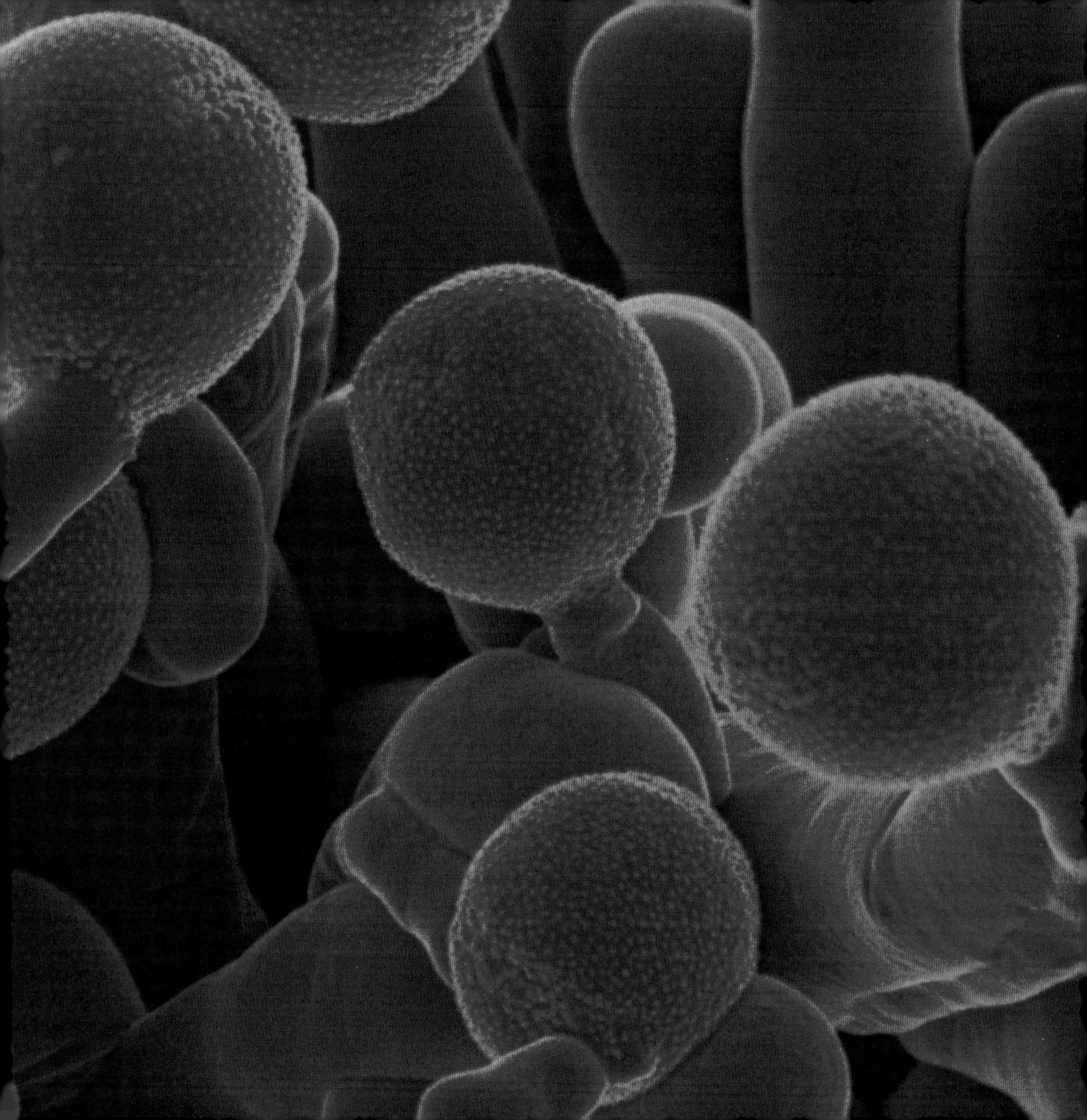

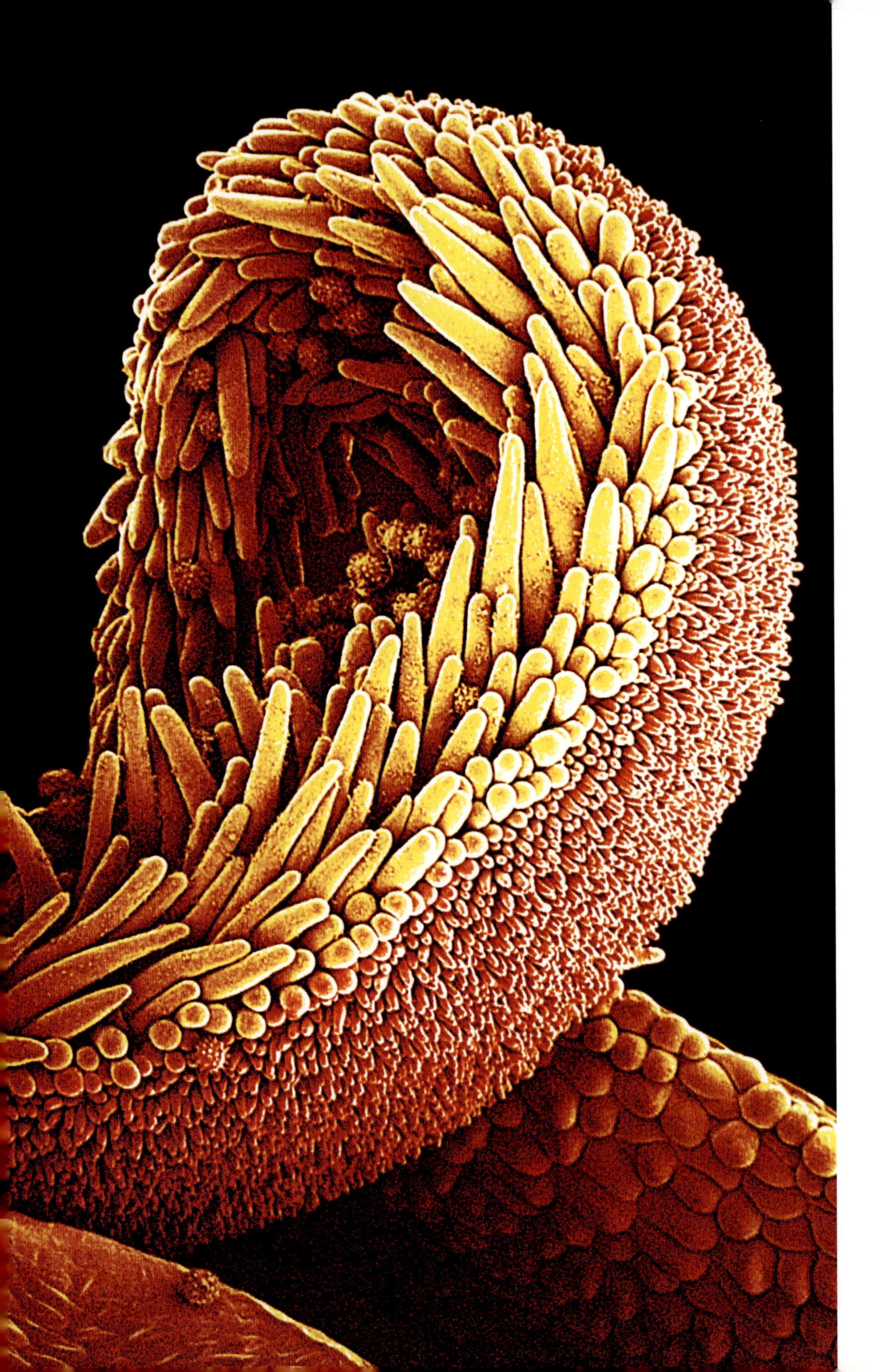

㊧ ヒマワリの受粉
（走査型電子顕微鏡写真）

私たちがヒマワリの花だと思っているのは、実際は2つの異なるタイプの花からなる頭状花だ。頭状花の内側の丸い塊は、繁殖を行う小さな花で、中心花（筒状花）と呼ばれ、油を採ったりおつまみにする種子になるのはこの部分だ。外側の大きな「花弁」は、実際には生殖を行わない花で舌状花と呼ばれ、花弁は互いに融合している。この写真で見える黄色い筒状のものは、小さな花の柱頭にある毛（毛状突起）である。柱頭の側面にある毛状突起は、花粉粒（ここではピンク色）に覆われている。（67倍、表示画面幅6cm）

㊨ アサガオの花粉（走査型電子顕微鏡写真）

オレンジ色の丸いものが、生け垣によく使われる種のアサガオの花粉で、柱頭（ここでは黄色）にくっついている。柱頭は、花の雌性生殖器である雌しべの一番外側にある部分だ。柱頭の下には柄の部分（花柱）があり、さらにその下にあるのが子房で、花粉はその中で卵細胞（胚珠）と受精する。これが、新しい植物の胚、すなわち種子へと育っていく。アサガオはつる植物としても知られるが、これは数本の茎が互いに巻きつき合ってロープのようになるためである。（52倍、表示画面幅7cm）

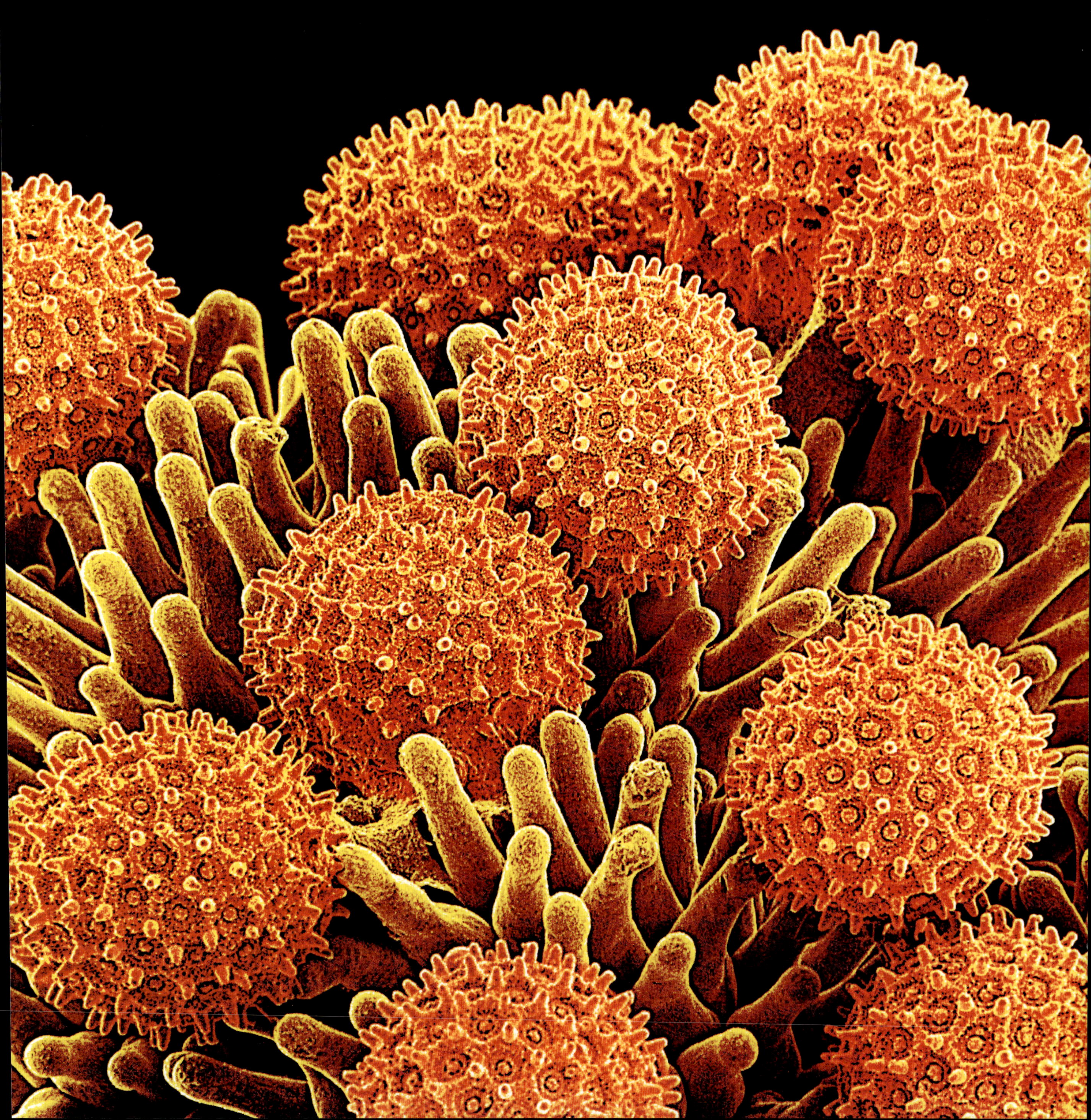

㊧ **花粉粒**（走査型電子顕微鏡写真）

顕微鏡で見た花粉は、大きさも形もさまざまだ。ここに見えるのはヒマワリ（*Helianthus annuus*、丸くて棘がたくさんあるもの）、アサガオ（*Ipomoea purpurea*、数珠状の仕切りで区切られた模様のある、左下の大きな球形のもの）、シダルケア（園芸品種名由来の通称）（*Sidalcea maluifora*、中央の薄紫色の球形のもの。小さな棘がある）、ユリ（*Lilium auratum*、中央右の大きな卵形のもの）、キダチマツヨイグサ（*Oenothera fluticosa*、溝があるオレンジ色と緑色がかったレモン色のもの）、トウゴマ（*Ricinus communis*、上と真ん中に見える小さな黄色の楕円形のもの）。（570倍、表示画面の高さ10cm）

㊨ **ゼラニウム**［園芸品種としての通称］
（和名テンジクアオイ）の花粉
（走査型電子顕微鏡写真）

この花の雄性生殖器官は雄しべと呼ばれる。それぞれが柄（花糸）からできていて、先端は花粉ができる部分（葯）になっている。葯はたくさんの小胞子のうにあたるものからなり、その中で花粉粒が作られる。風や重力、通りがかった動物を利用して、植物は花粉を散布する。ここでは、ゼラニウムの葯（茶色）の上に花粉（ピンク色）が見え、受け入れてくれる雌性器官（雌しべ）を求めて飛び出そうとしている。（倍率不明）

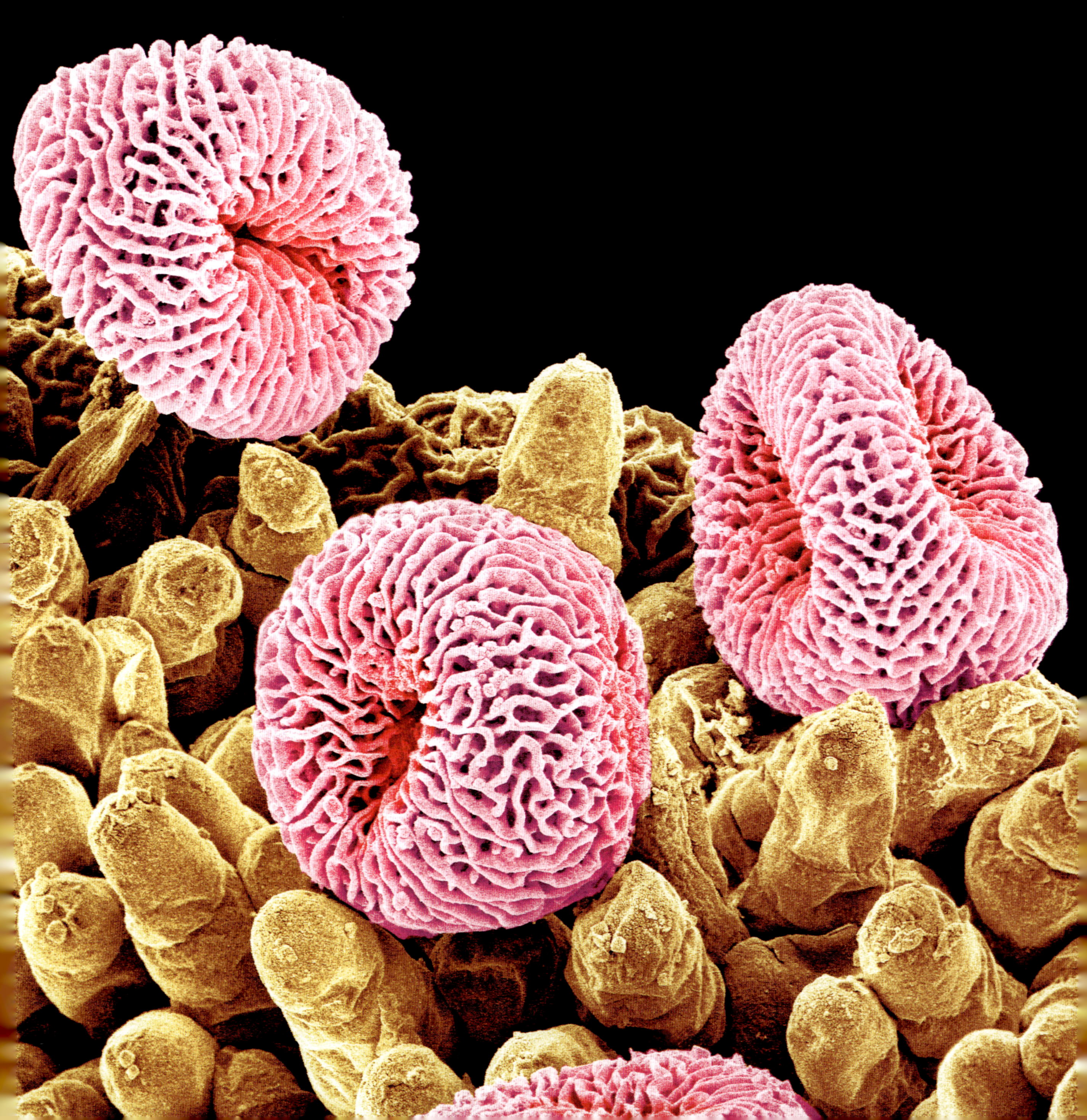

ヤナギタンポポの花粉

（走査型電子顕微鏡写真）

ヤナギタンポポは、花が似ているが咲く時期が普通のタンポポより遅いことから、秋咲きタンポポとしても知られる。タンポポとは近縁ではないが、花粉も、複雑な棘のある表面の模様（エキシンと呼ばれる）が、タンポポの花粉と似ている。棘は、通りがかった動物の毛に引っかかるようになっているが、ここでは花粉粒（黄色）はヤナギタンポポの花の基部にある繊維（白）にくっついている。（400倍、表示画面幅10cm）

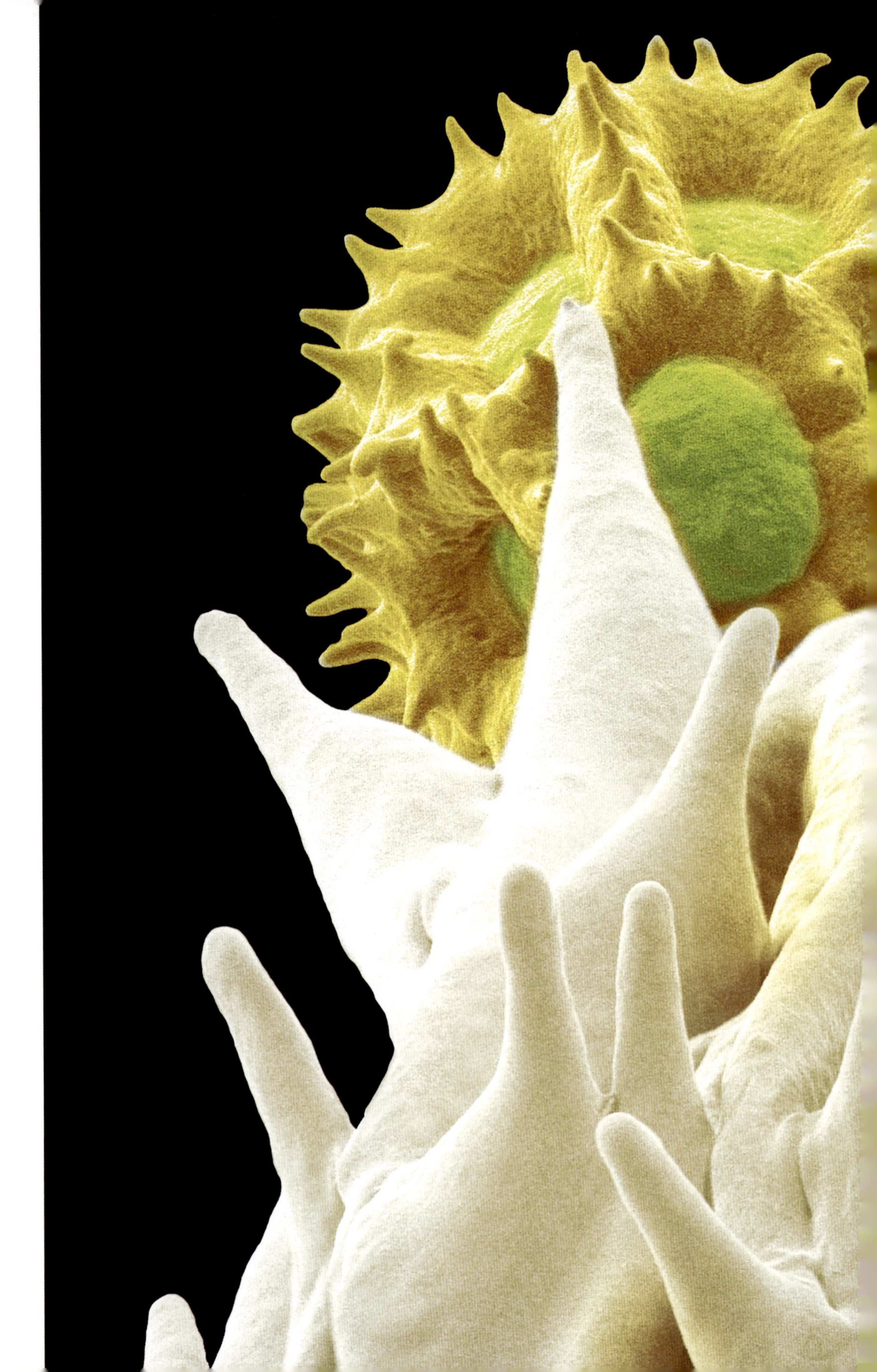

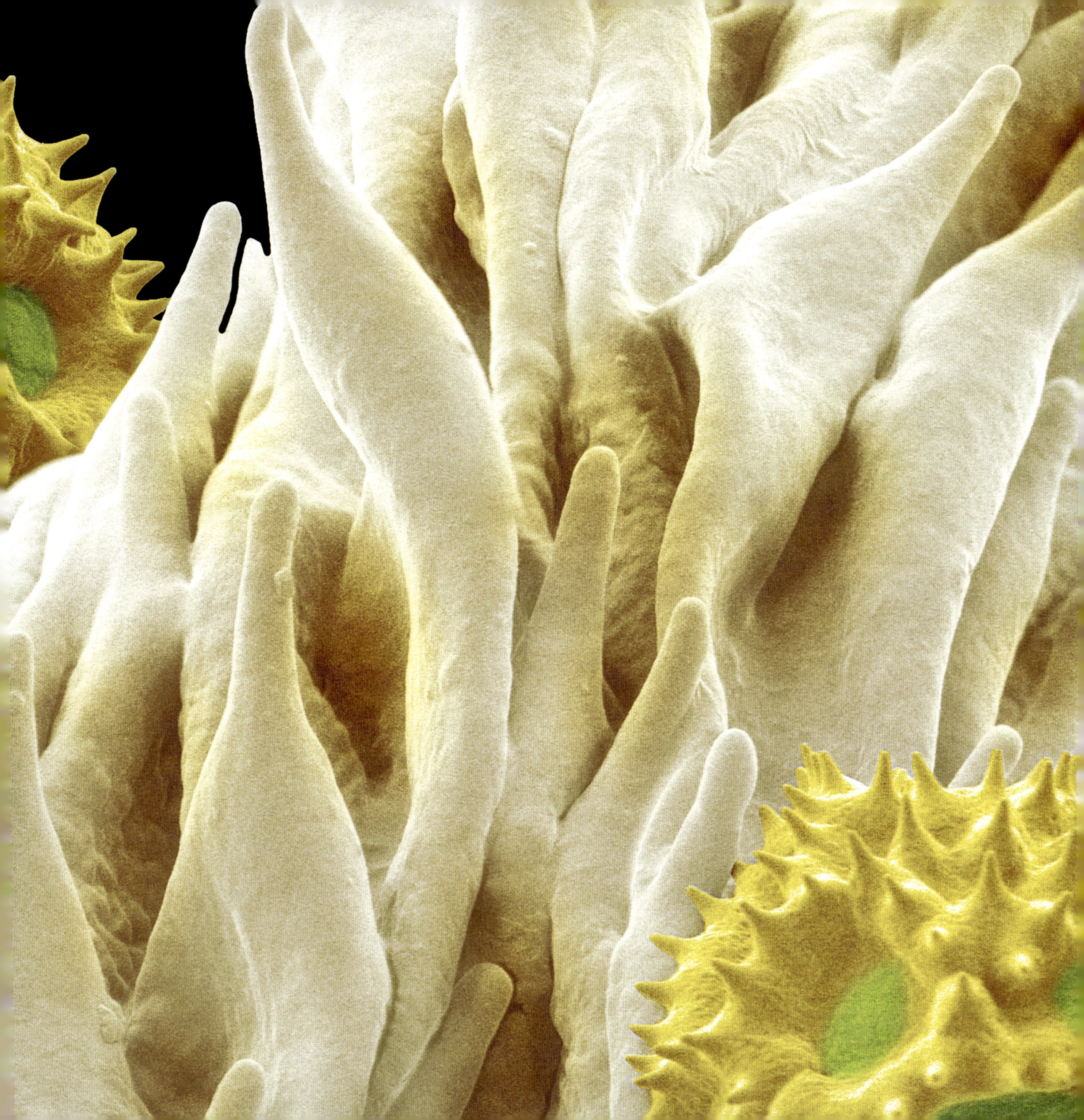

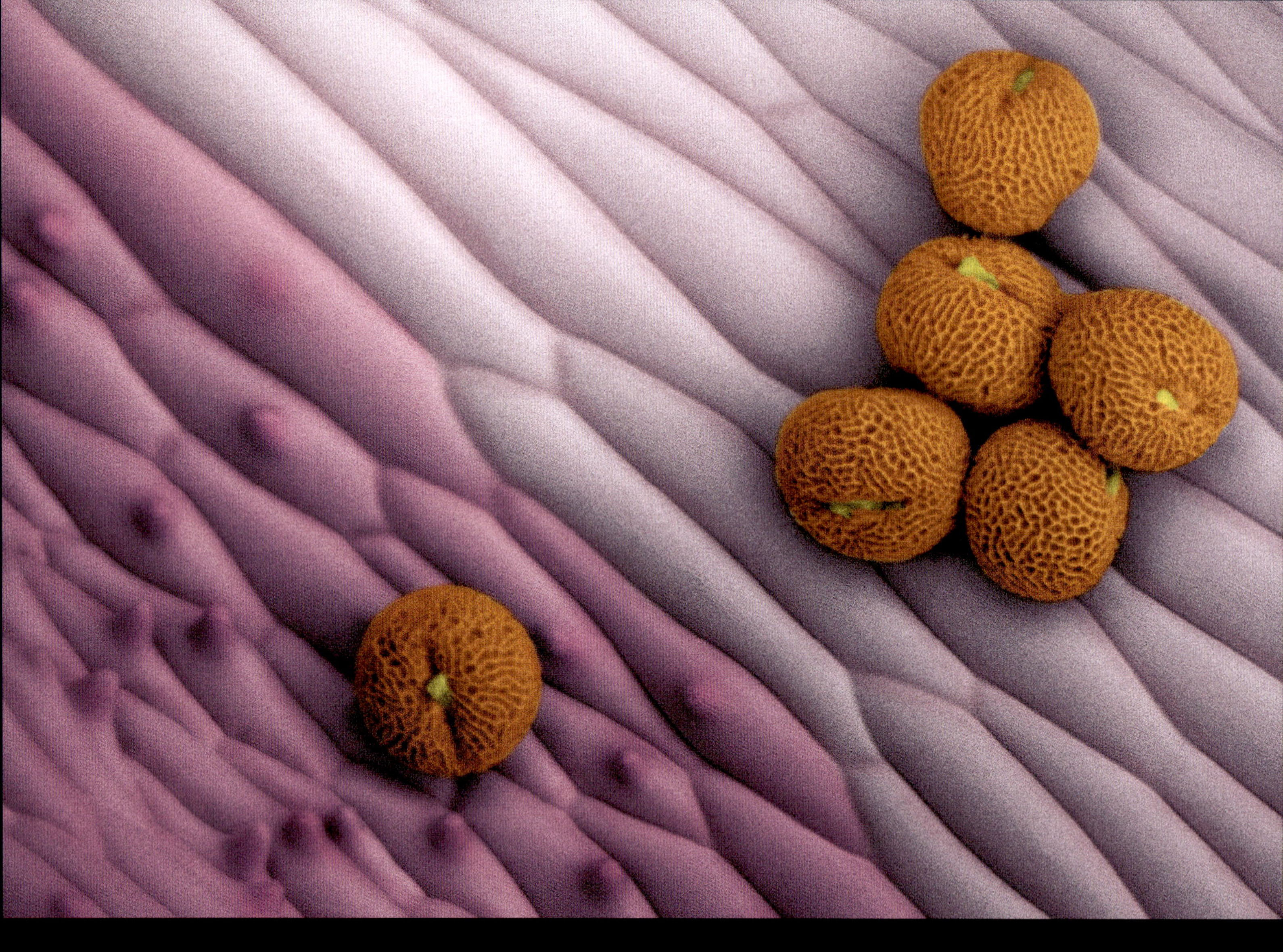

㊤ **シトロネラゼラニウム**［園芸品種名由来の通称］
(*Pelargonium citronellum*) の花弁と花粉粒（光学顕微鏡写真）
植物には、食べられるのを防いだり花粉の媒介者を引きつけたりするために、香りをもつものがある。香りをもつゼラニウムでは、香りは葉をこすったり軽く握ったりしたときに、葉に含まれる油から出る。写真のシトロネラゼラニウム*P. citronellum*はレモンの香りがする。自然交配によって生まれた変種の他に、栽培による交配で新しい形や香りが作られている。テンジクアオイ属*Pelargonium*は、米国ではオランダフウロとして知られ、紛らわしいことに、イギリスではゼラニウムとして知られている。本当のゼラニウムは、イギリスで一般的にフウロソウと呼ばれている別の科の花である。（175倍、

㊨ **オダマキ（*Aquilegia*）の花粉粒**（走査型電子顕微鏡写真）
オダマキ（*Aquilegia*）の花粉には、3本の溝がはっきり見え、これによって双子葉植物であることがわかる。単子葉植物は、これとは異なり1本しかない。花を咲かせる植物はすべて、この2つのグループのどちらかで、両グループはその他の点でも違いがある。例えば、双子葉植物は真ん中に主根があり、そこから他の根が出るが、単子葉植物の根は植物の基部から直接出る。地上では、単子葉植物の葉脈は平行線になっているが、双子葉植物では枝分かれしている。（2200倍、表示画面幅10cm）

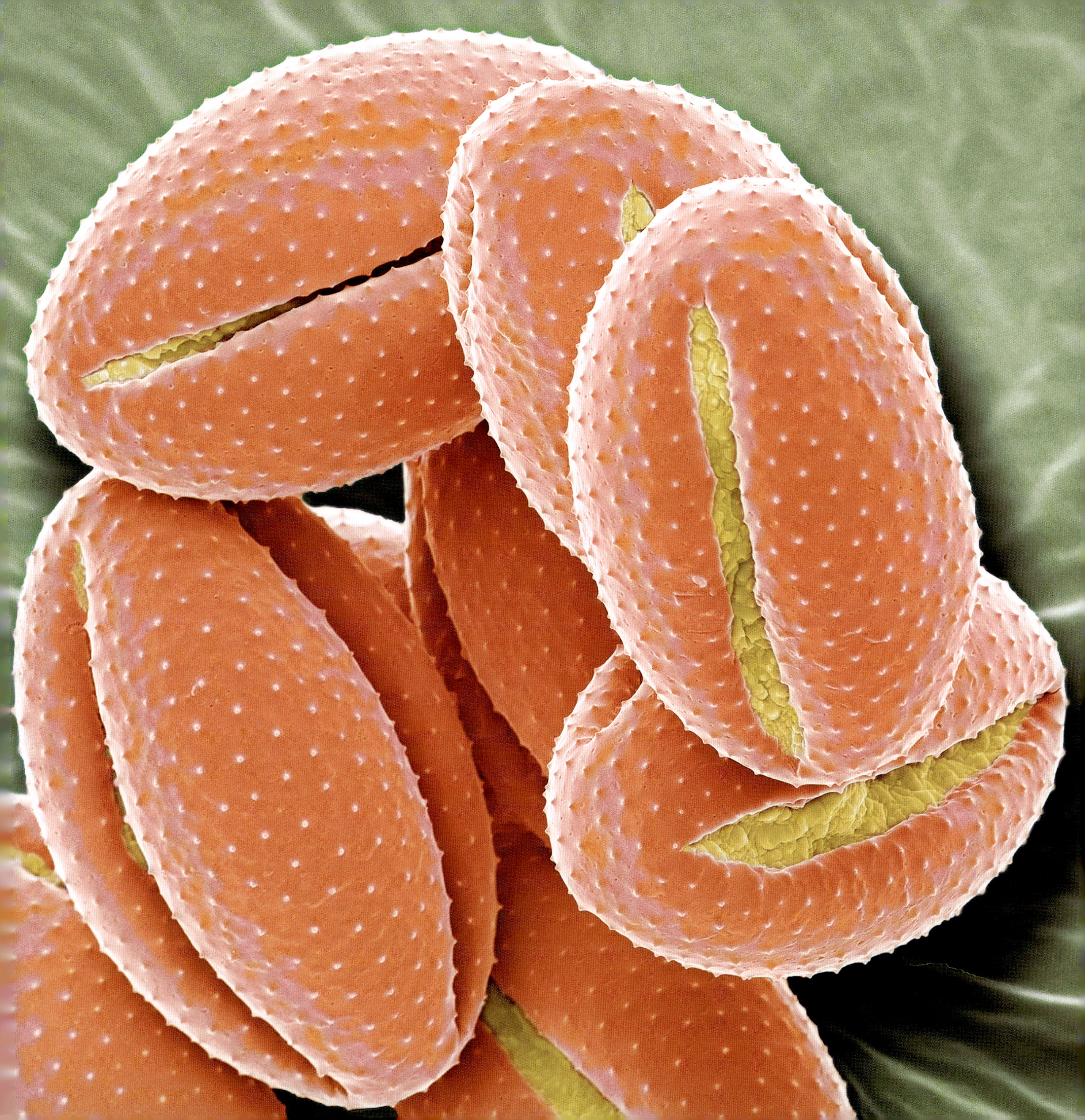

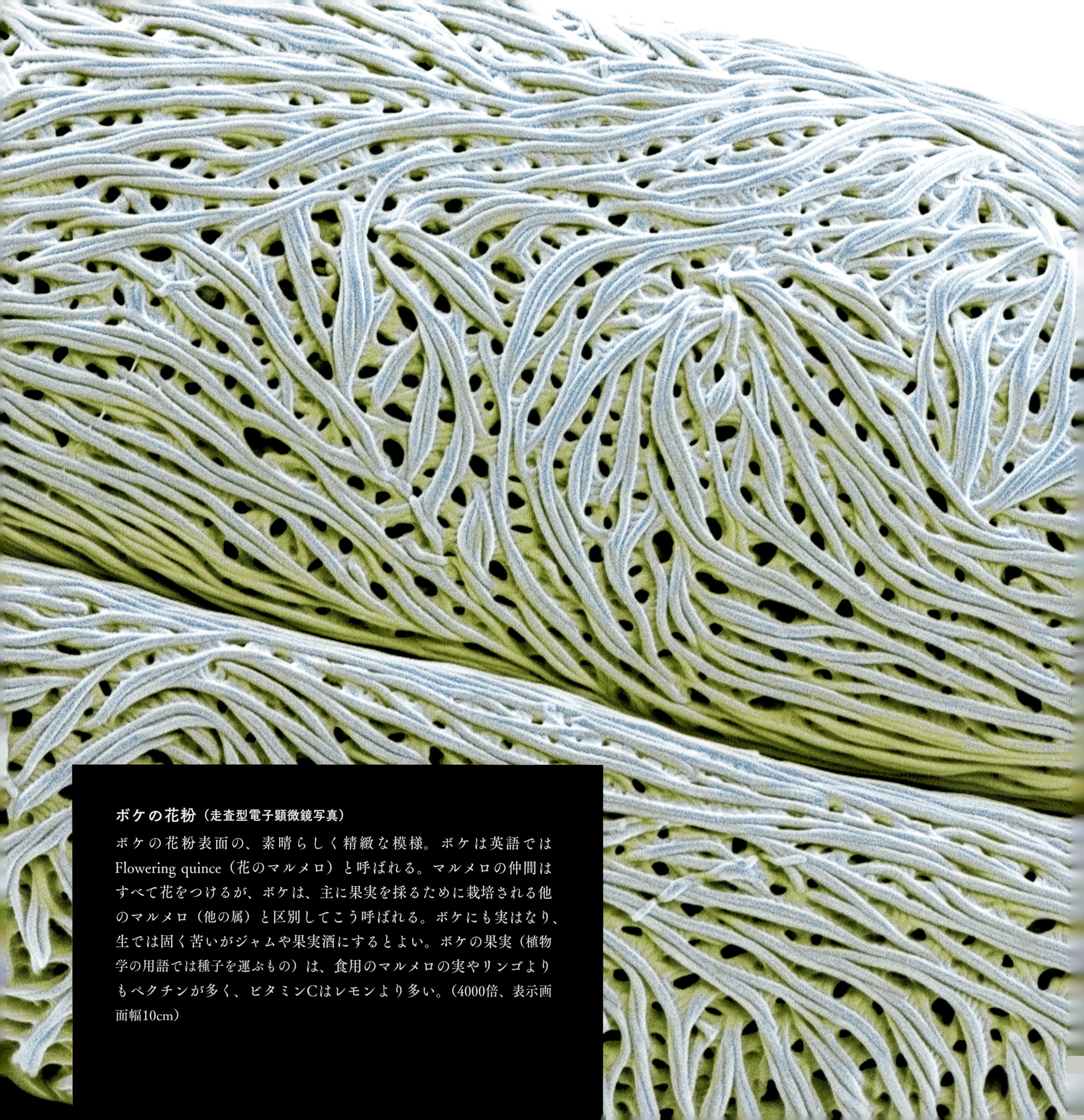

ボケの花粉（走査型電子顕微鏡写真）

ボケの花粉表面の、素晴らしく精緻な模様。ボケは英語ではFlowering quince（花のマルメロ）と呼ばれる。マルメロの仲間はすべて花をつけるが、ボケは、主に果実を採るために栽培される他のマルメロ（他の属）と区別してこう呼ばれる。ボケにも実はなり、生では固く苦いがジャムや果実酒にするとよい。ボケの果実（植物学の用語では種子を運ぶもの）は、食用のマルメロの実やリンゴよりもペクチンが多く、ビタミンCはレモンより多い。（4000倍、表示画面幅10cm）

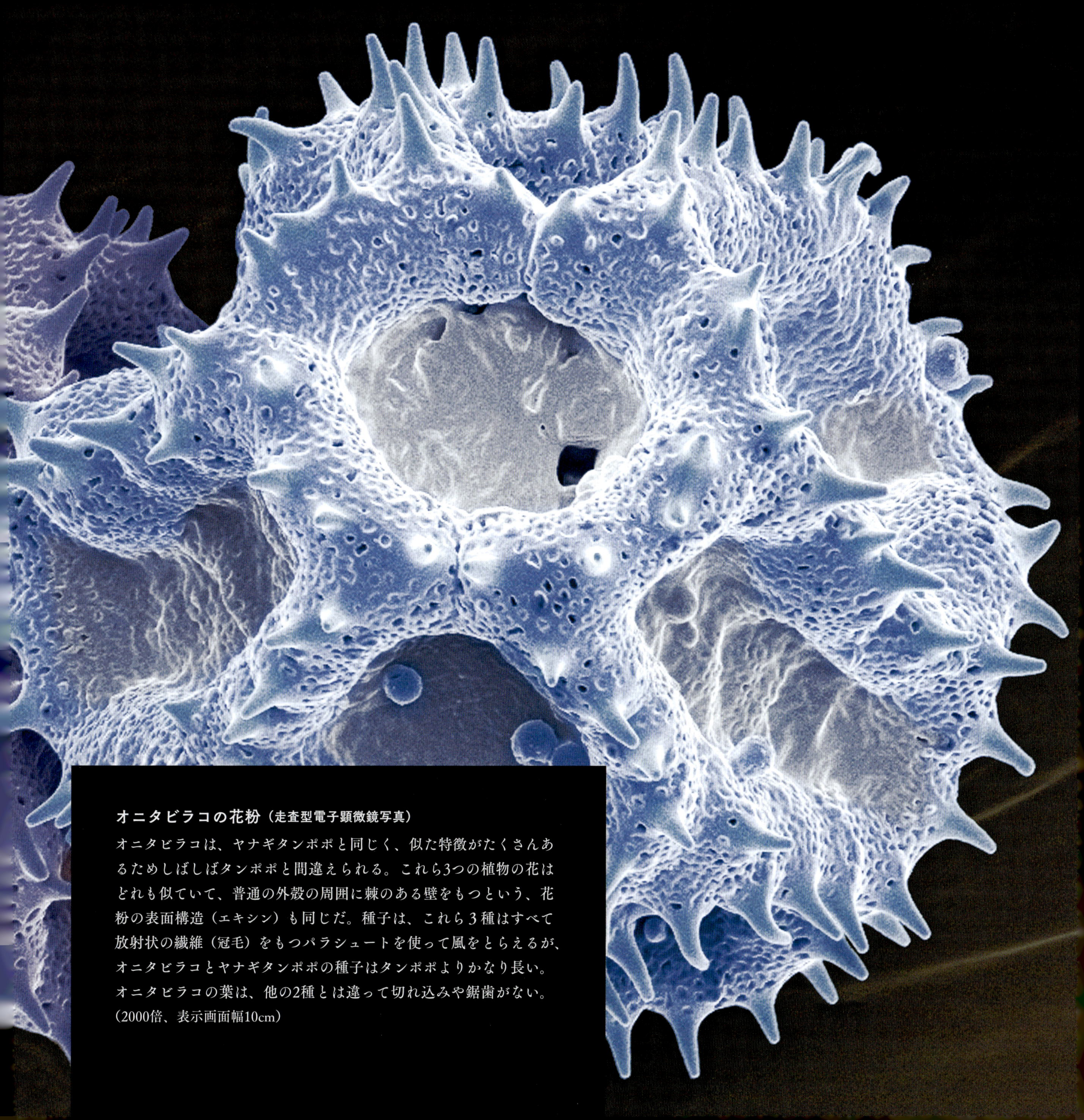

オニタビラコの花粉（走査型電子顕微鏡写真）

オニタビラコは、ヤナギタンポポと同じく、似た特徴がたくさんあるためしばしばタンポポと間違えられる。これら3つの植物の花はどれも似ていて、普通の外殻の周囲に棘のある壁をもつという、花粉の表面構造（エキシン）も同じだ。種子は、これら３種はすべて放射状の繊維（冠毛）をもつパラシュートを使って風をとらえるが、オニタビラコとヤナギタンポポの種子はタンポポよりかなり長い。オニタビラコの葉は、他の2種とは違って切れ込みや鋸歯がない。（2000倍、表示画面幅10cm）

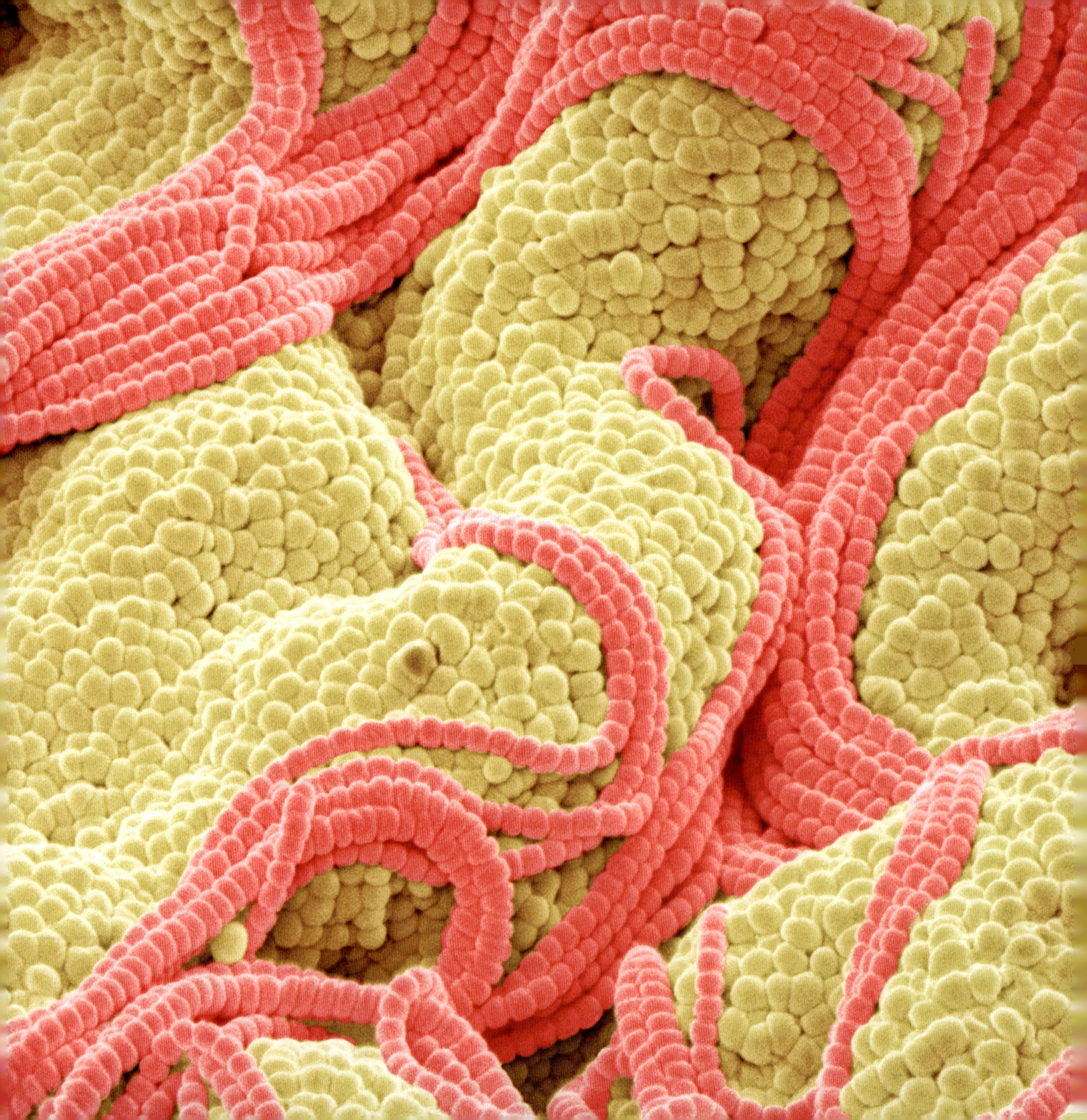

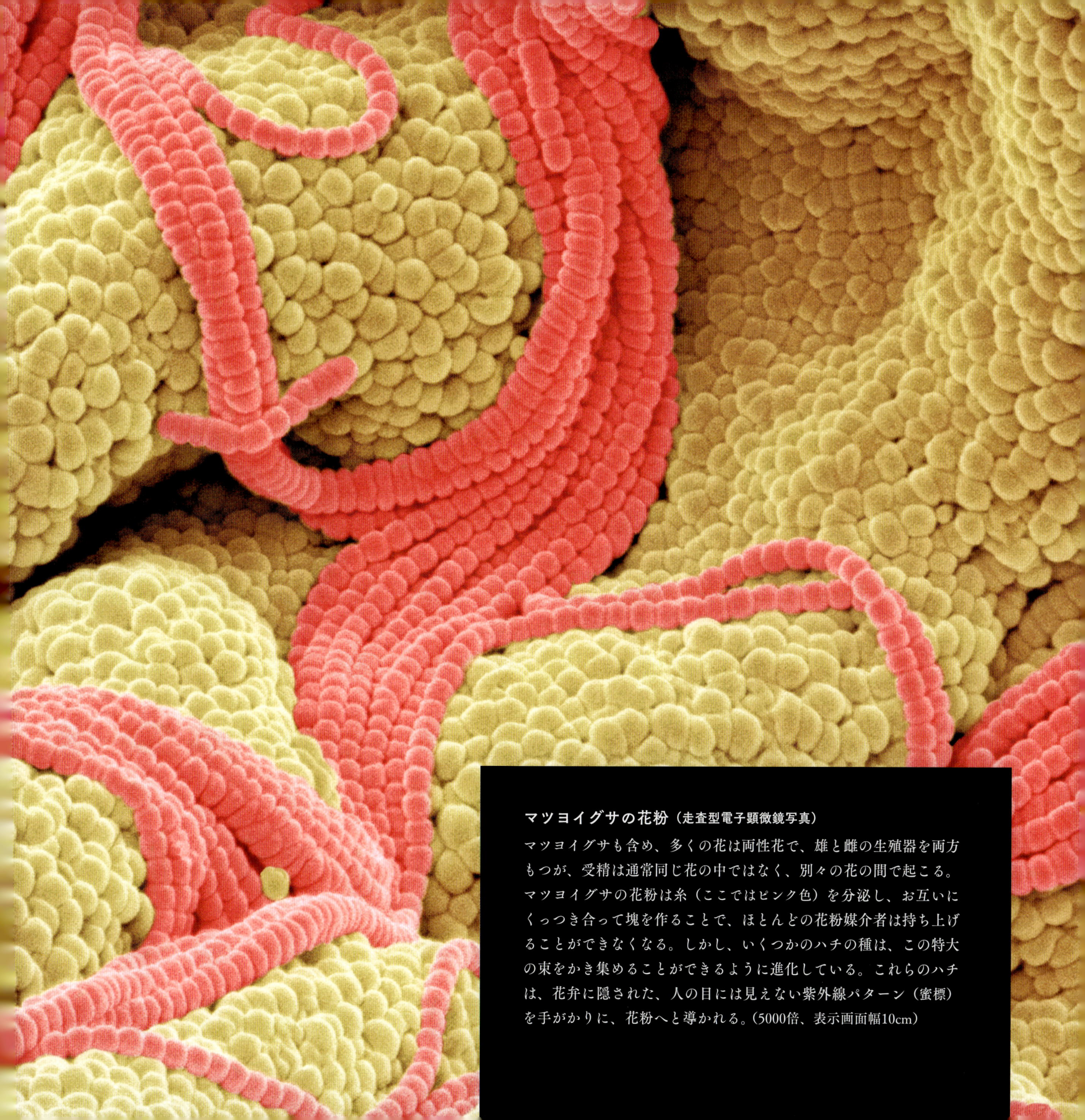

マツヨイグサの花粉（走査型電子顕微鏡写真）

マツヨイグサも含め、多くの花は両性花で、雄と雌の生殖器を両方もつが、受精は通常同じ花の中ではなく、別々の花の間で起こる。マツヨイグサの花粉は糸（ここではピンク色）を分泌し、お互いにくっつき合って塊を作ることで、ほとんどの花粉媒介者は持ち上げることができなくなる。しかし、いくつかのハチの種は、この特大の束をかき集めることができるように進化している。これらのハチは、花弁に隠された、人の目には見えない紫外線パターン（蜜標）を手がかりに、花粉へと導かれる。（5000倍、表示画面幅10cm）

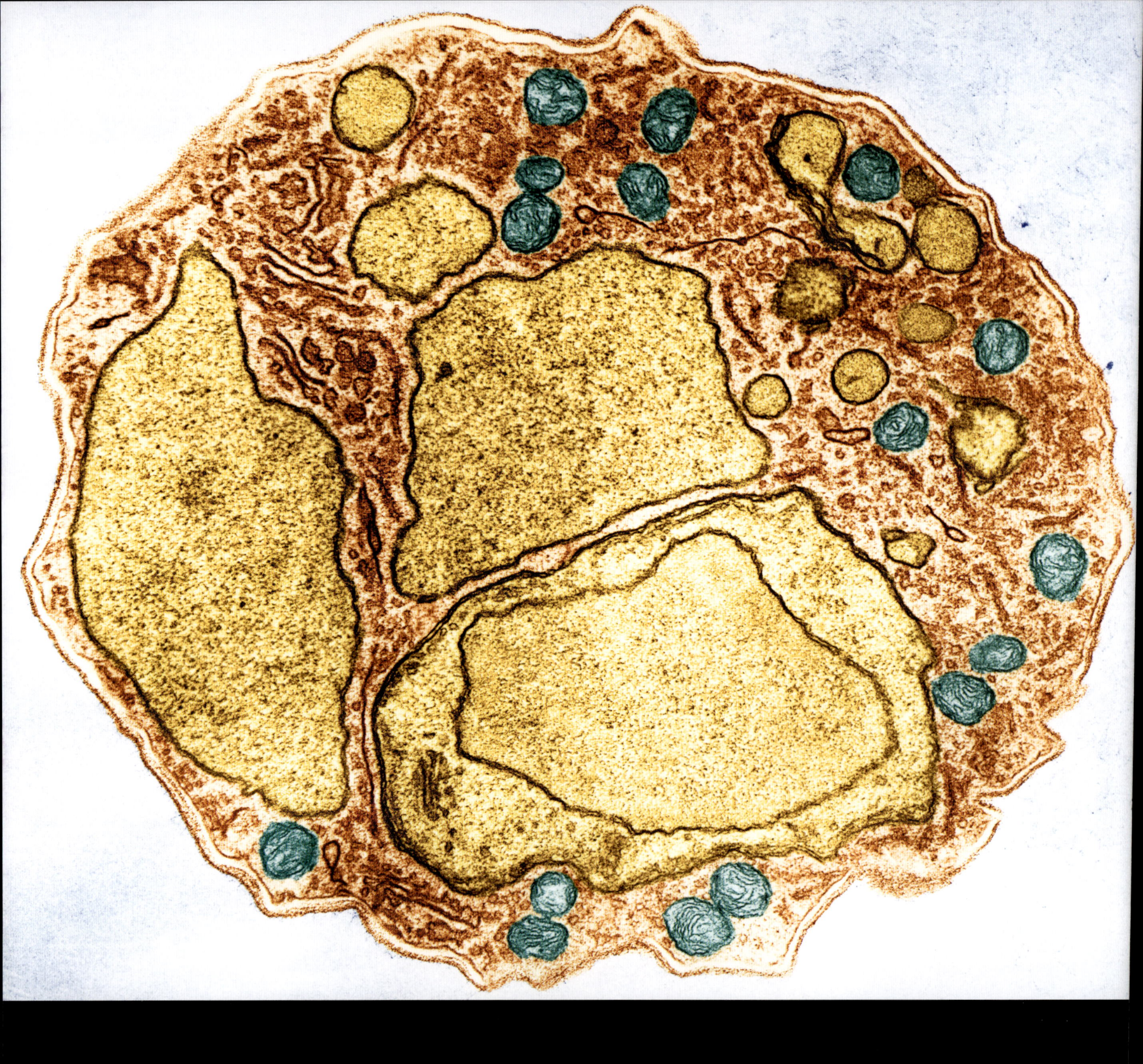

左 セントポーリア（和名アフリカスミレ）の花粉管（透過型電子顕微鏡写真）

雄の花粉は、雌の柱頭に到達すると管を伸ばす。管は柱頭と花柱を通って、子房にたどり着くまで下っていく。そこで、管から精細胞が放出され、子房内の胎座の裏側にある卵細胞と受精する。トウモロコシの花粉管は、12インチ（30cm）もの長さになることができる。この画像は、どちらかというと短い部類に入るセントポーリアの花粉管の断面である。（5000倍、表示画面幅10cm）

右 ユリの葯（透過型電子顕微鏡写真）

この画像では、黄色い円盤が、ユリの雄性生殖器官（葯）の中で成長しつつある、完成途中の花粉粒（胞子）だ。周りを取り囲む葯の細胞では、一番内側の薄い環状のものがタペート組織で、できつつある胞子に栄養を供給している。外側にあるのはデンプン細胞だ。花粉粒が完全に成熟すると、葯は破裂して授粉のために花粉を放出する。ユリの花粉はネコには毒性が強く、急性腎不全を起こす可能性がある。（85倍、表示画面の高さ10cm）

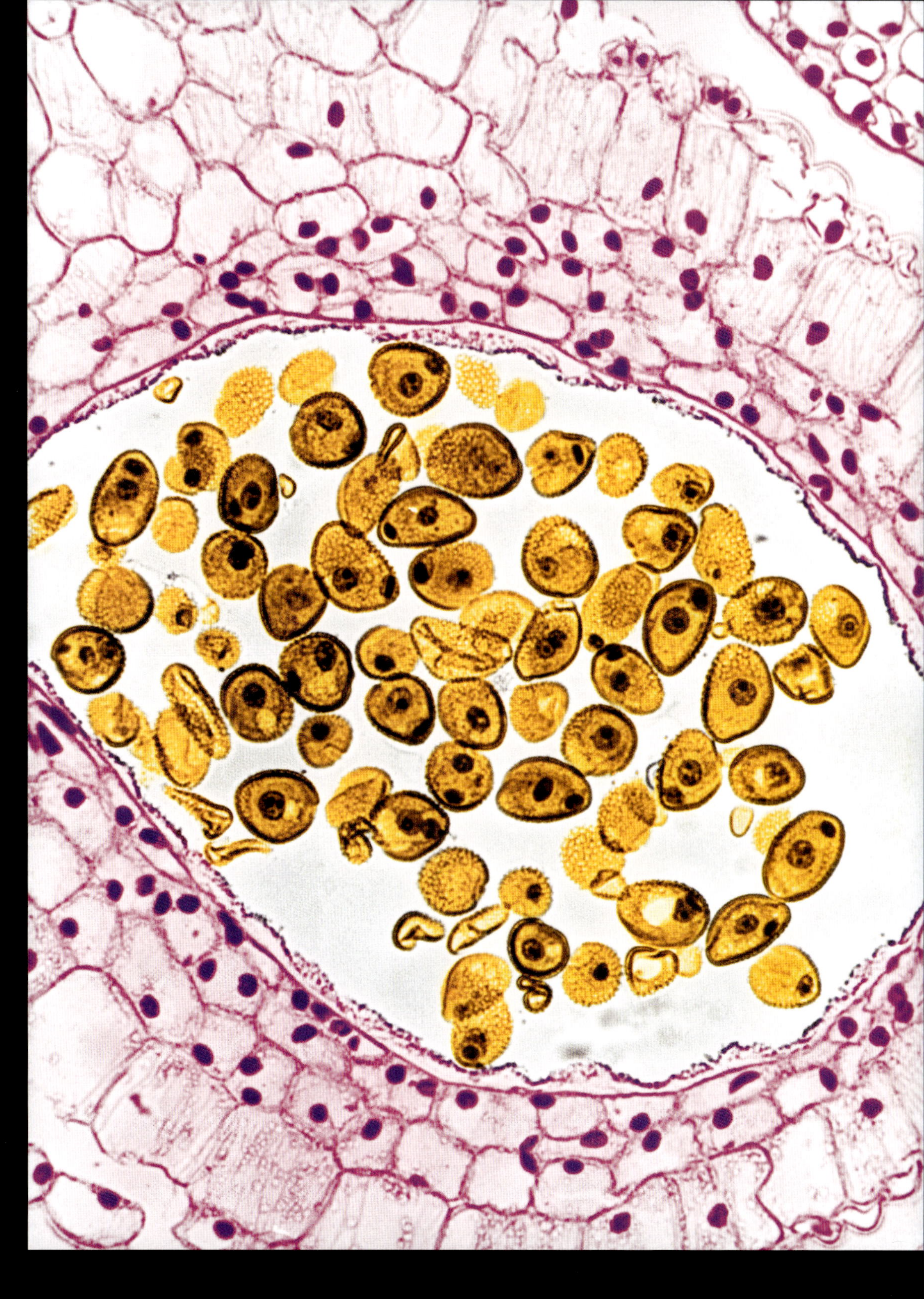

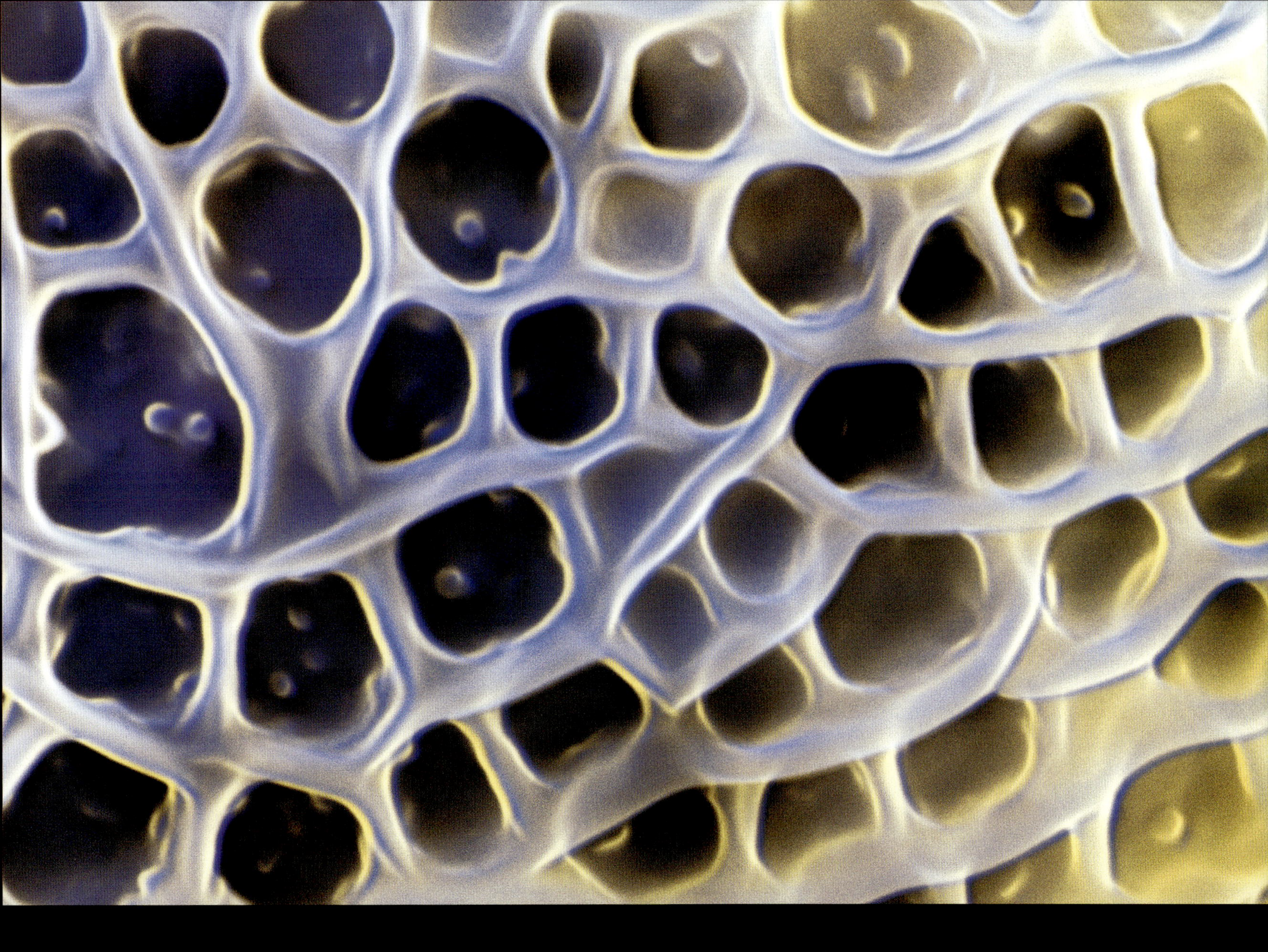

㊧ デイジー（和名ヒナギク）の花粉（走査型電子顕微鏡写真）

デイジーは、およそ9000万年前にさかのぼり、今は約3万3000種が数えられている、大きな植物科に属する。目立つ特徴の1つは、花粉を作る葯だ。ほとんどの花では葯と柱頭が分かれているが、デイジーでは葯が柱頭の軸（花柱と呼ばれる）の周りに、管のようなものとしてできる。花粉は花柱にくっつき、花柱は成長するにつれ、包み込んでいる管から花粉を子房へ向かって押し出す。（5000倍、表示画面幅10cm）

㊤ トルコキキョウの花粉（走査型電子顕微鏡写真）

花粉を作る植物の生活環にとって、花粉はとても重要なものだが、人には歓迎できないこともある。多くの人が、何かの花粉に対してアレルギーをもっているのだ。周りの葉や花弁の見た目を台無しにするので、フラワーアレンジメントでも花粉に悩まされる。これに対抗するために、日本のある種苗会社は花粉のできないトルコキキョウの花を開発した。その花では、花粉を作る雄しべができず、切り花は雄しべのある花より1週間も長持ちする。（7000倍、表示画面幅10cm）

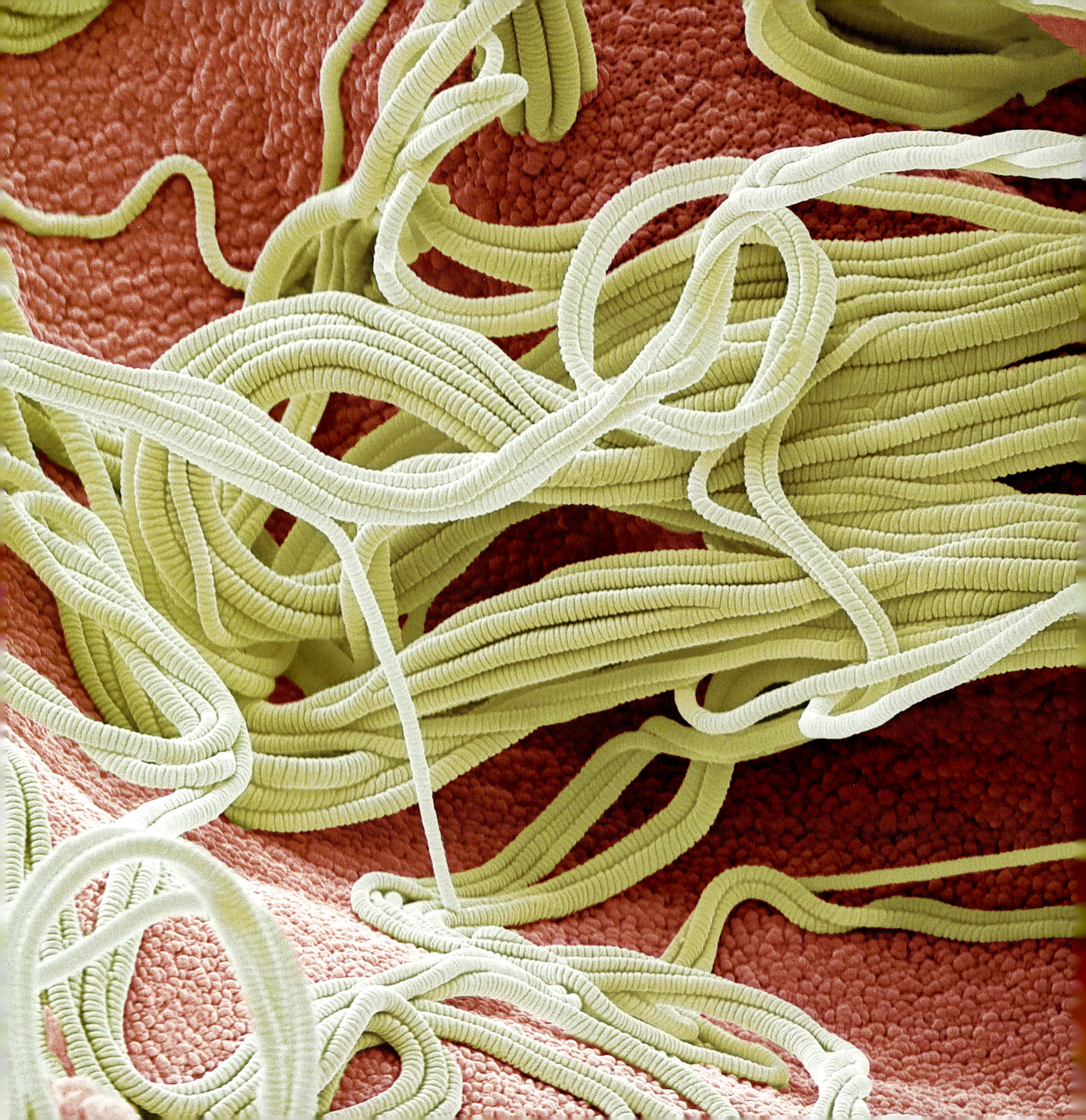

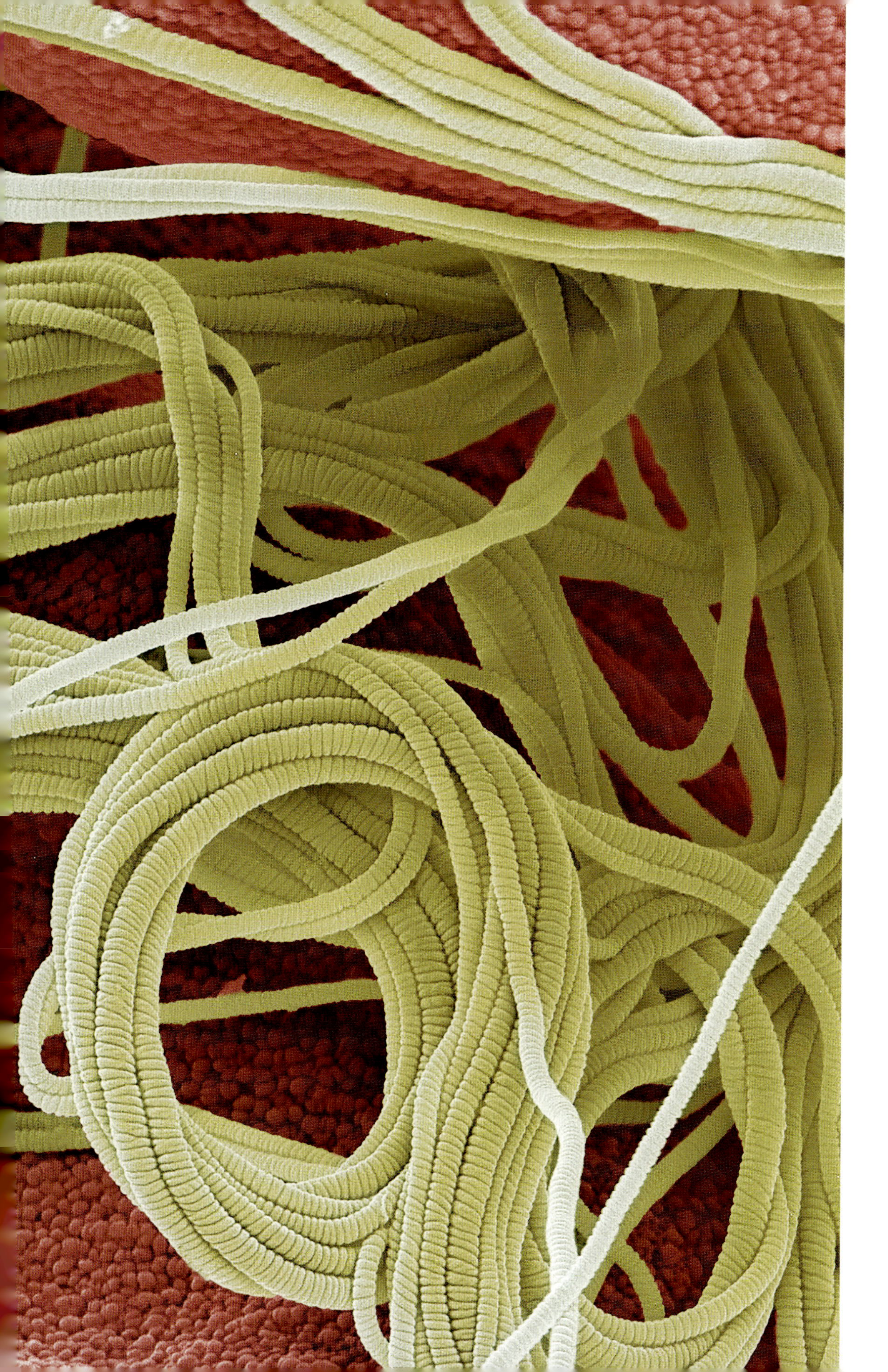

ホトトギスの花粉
(走査型電子顕微鏡写真)

美しいホトトギスの花粉は、このような細い糸を作り、花粉粒どうしを結びつけている。これがなぜなのかはわかっていないが、その植物の花粉を媒介できる昆虫の数を制限しているのか、それとも実際に花粉の塊が、何であれ訪れた花粉媒介者にくっつくことを助けているのかもしれない。ホトトギスの派手な柱頭を支えている軸(花柱)には、分泌腺が並んでいる。これらはねばねばした滴を出し、花粉を媒介する昆虫が立ち寄るようにしているのかもしれない。
(5000倍、表示画面幅10cm)

㊧㊤ **ミツバチの脚**（走査型電子顕微鏡写真）
ハチには脚が6本あり、ハチの幼虫の餌として必要な花粉を集めるには最適な小さな毛が、それぞれの脚にある。左の画像では大きく拡大しているので、毛にさらに毛が生えているのが見え、またこれらの画像からは、1個1個の花粉粒がどれほど小さいのかもよくわかる。花は香りを出したり蜜を提供したり、また着地するための「唇

グロリオサ（和名キツネユリ）の花粉（走査型電子顕微鏡写真）

低倍率でも、グロリオサの花粉の、織物のような質感が際だつ外表面が見てとれる。目立つ1本の溝から、これが単子葉植物であることがわかる。単子葉植物ではすべてが3の倍数になっていて、グロリオサの場合は花弁が6枚、雄ずいが6本、子房は3つの区画からなる。グロリオサは、どの部分も毒性の強いコルヒチンを含む。これはイヌサフランにも含まれ、人間では全身的な不全を引き起こし、死亡することもあるが、痛風の治療にも使われる。（75倍、表示画面幅10cm）

㊤ 花粉粒が付着したハリエニシダの柱頭（走査型電子顕微鏡写真）

雌ずいの毛状の柱頭（緑色）にくっついているハリエニシダの花粉粒（黄色）の着色画像。英語には「ハリエニシダの花が咲かなくなるのは、キスが流行遅れになるときだ」という古いことわざがある。これはほとんどいつも咲いているという意味で、ハリエニシダは温暖な気候では1年のうち長くて10カ月も花を咲かせることができる。花粉は、実際にはレンガ色で、アレルギー性鼻炎（花粉症）に悩む人には困りものだが、ハチと養蜂家には大事な蜜源だ。（250倍、表示画面幅10cm）

㊨ ラベンダーの花粉粒（走査型電子顕微鏡写真）

ここに見えるのは、フレンチラベンダーの花弁にのった1個の花粉。ラベンダーという名前は、ラテン語で「洗う」という意味の*lavare*という言葉から来ていて、このハーブはローマ時代に洗濯物の匂いをよくするために使われていた。主にフレンチラベンダーの花粉から作られた蜂蜜には、濃い花の香りがあり、高価なものになっている。気持ちの落ち着きや睡眠を助けるために、現在広く使われているエッセンシャルオイルは、この植物の葉から採られている。（2476倍、表示画面幅10cm）

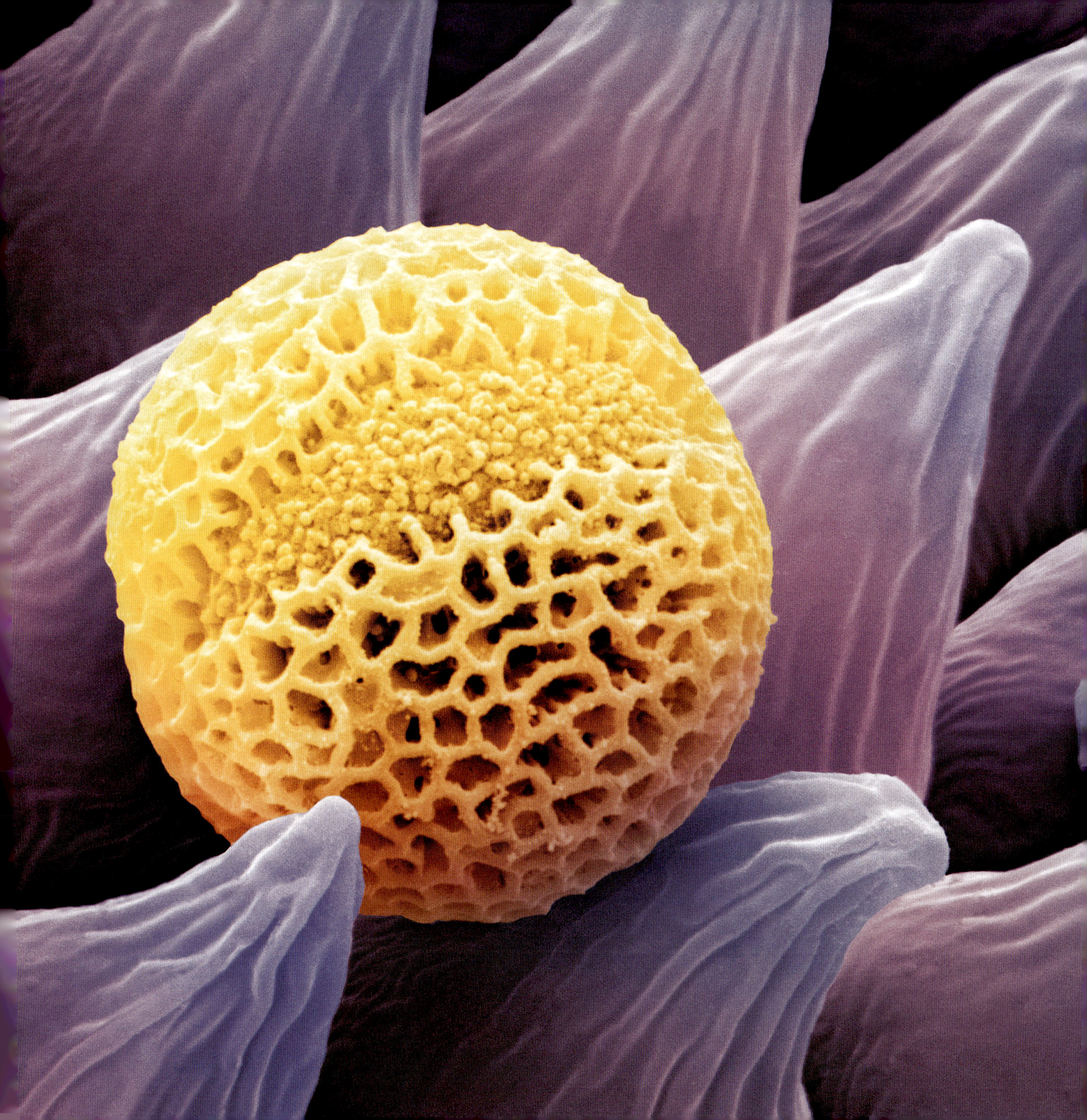

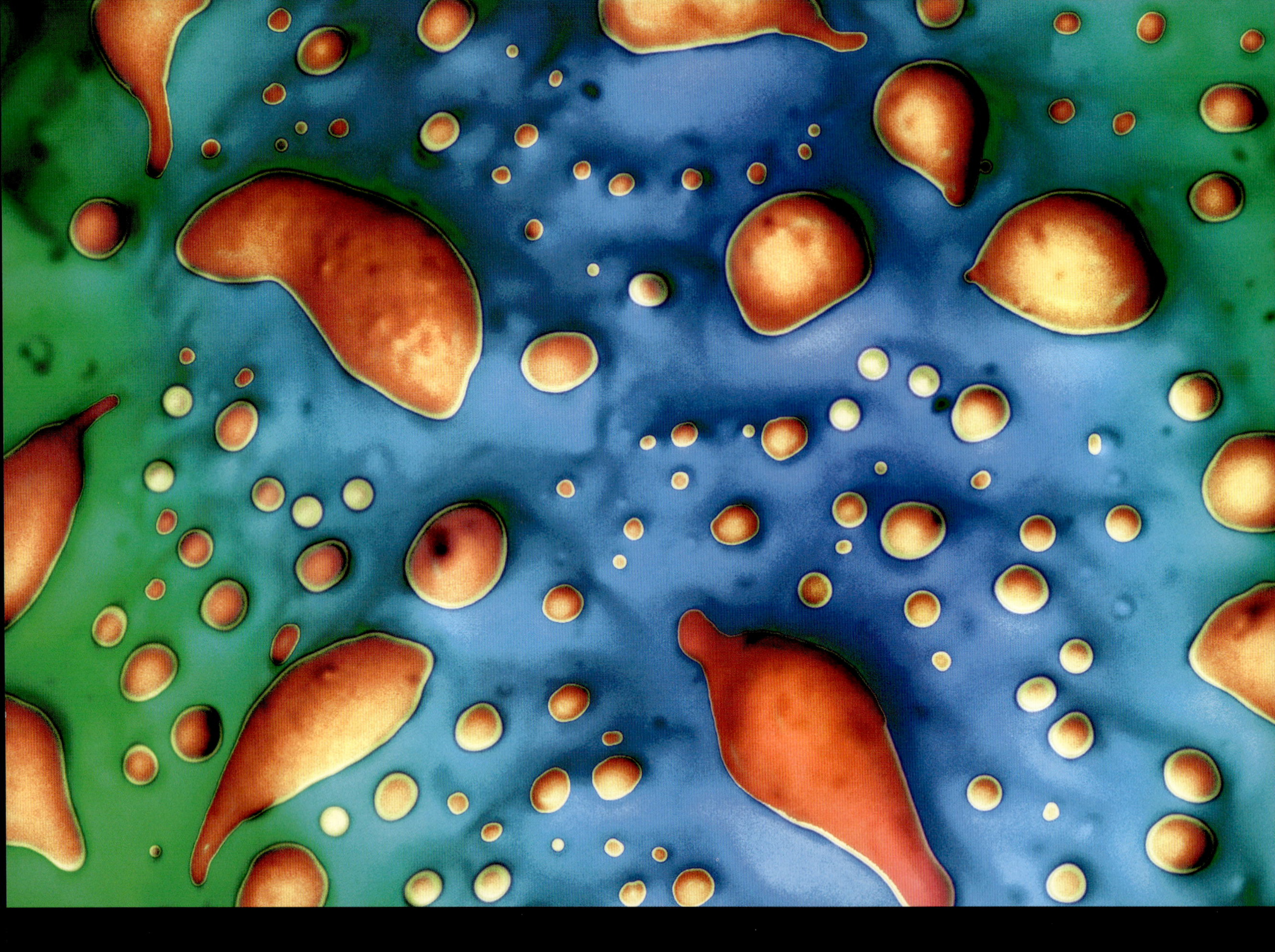

㊤ アイリスの花粉（走査型電子顕微鏡写真）

アイリスの下側の花弁は、体に花粉をくっつけたハチの理想的な足場だ。ハチは、目的である蜜を手に入れるために、上に張り出した柱頭を何とかして避けて通らなければならないが、そのときに花粉という荷物を下ろして受粉させる。蜜の方へ進み続けて、葯の下に体を押し込んで新たな花粉を集める。この新しい荷物はハチの前方にあるので、別のアイリスの花めざして飛び立つために後ずさりながら出て行くときには、柱頭に花粉を残すことはない。（1600倍、表示画面幅10cm）

㊨ ナスの花粉粒（走査型電子顕微鏡写真）

この画像は、ナスの花粉の一方の端で、双子葉植物であることを示す3本の溝がはっきりわかる。双子葉植物の種の種子は、単子葉植物の種子とは異なり、どれも主根と胚にある2枚の葉（子葉）をもつ実生を作る。ナスの花粉にアレルギーのある人もいる。ナスは高レベルのヒスタミンを含んでいるが、アレルゲンのほとんどは加熱調理によって破壊される。ナスは、ジャガイモやトマトとごく近縁の種だ。（4300倍、表示画面幅10cm）

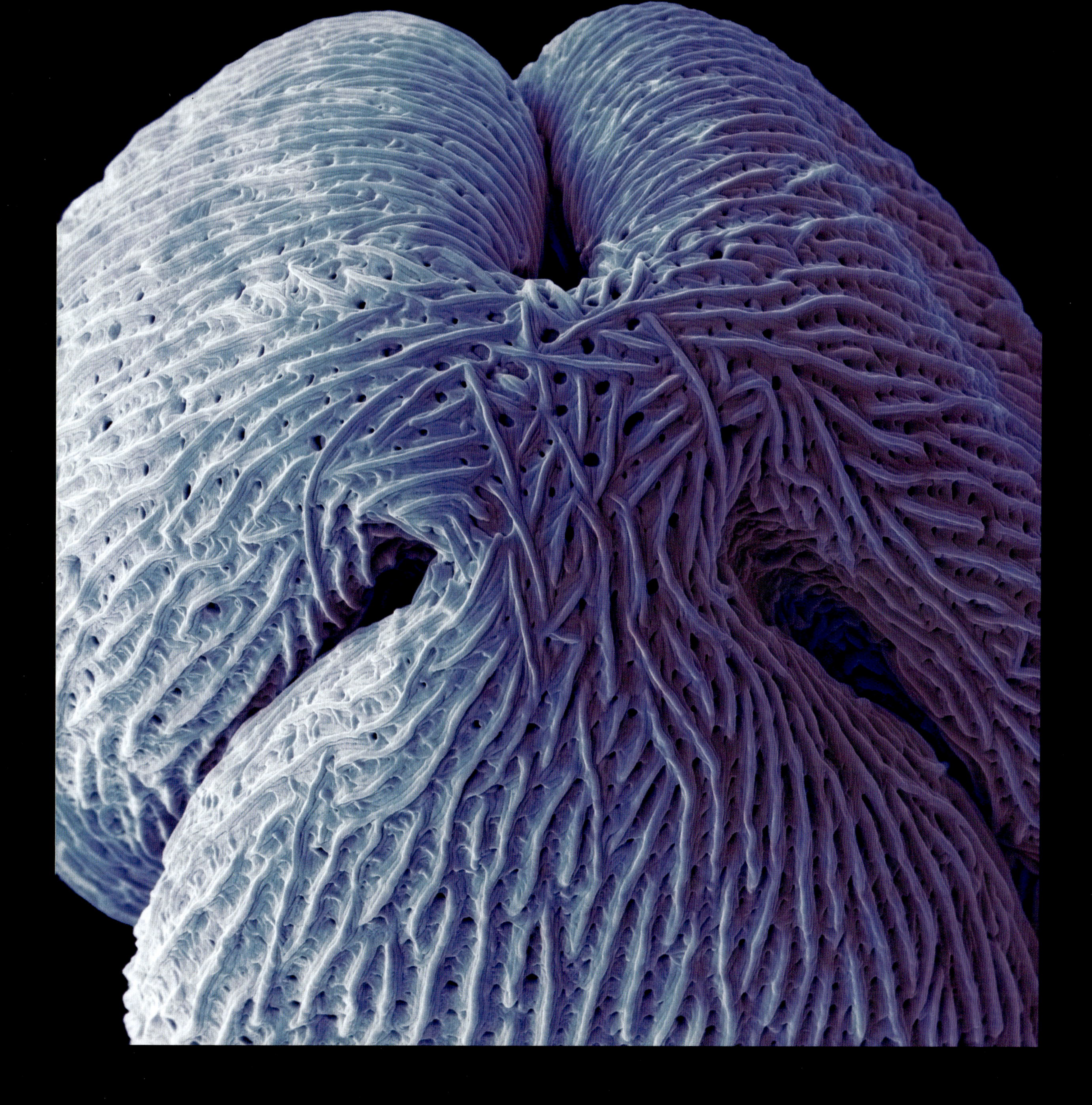

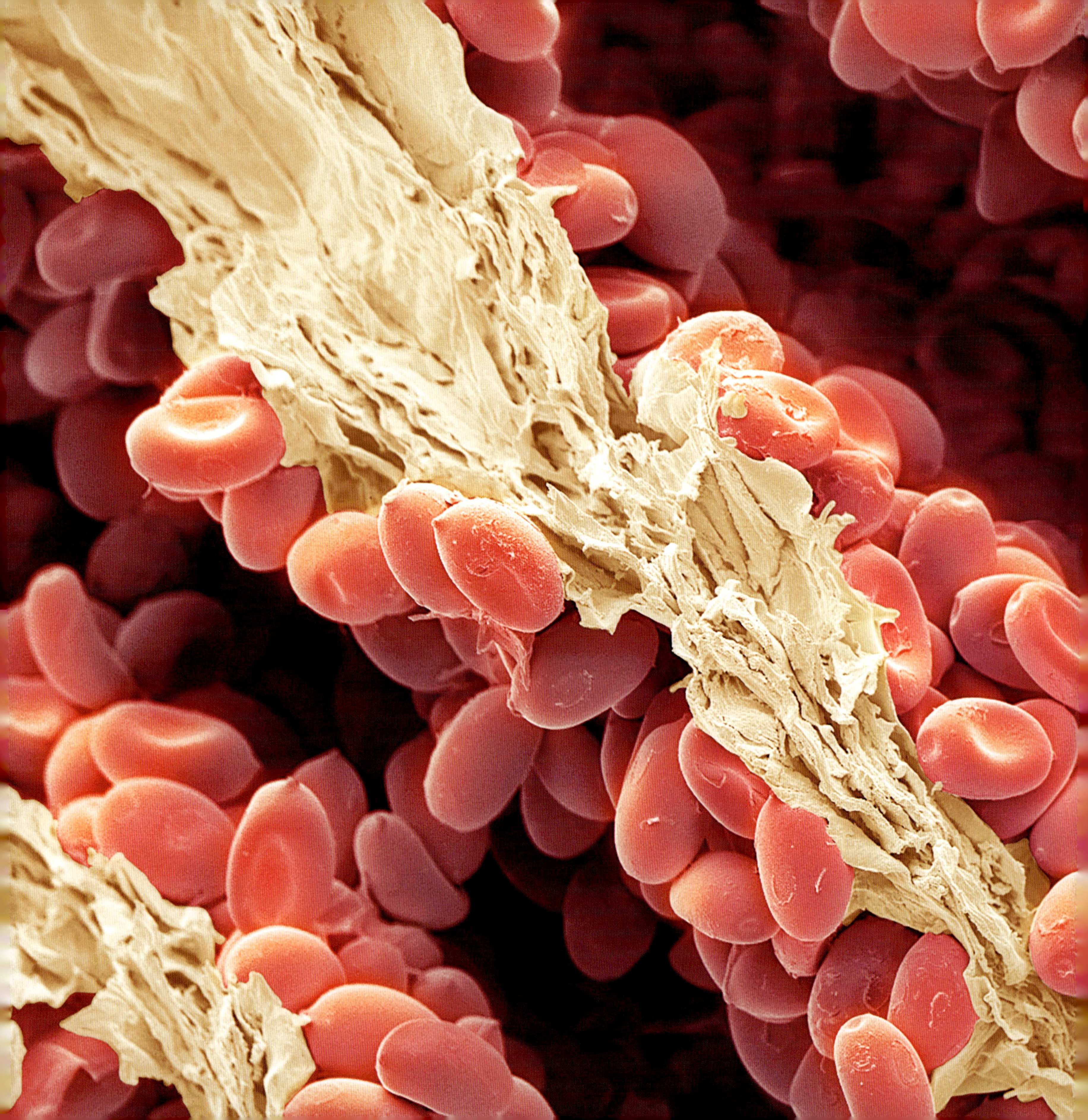

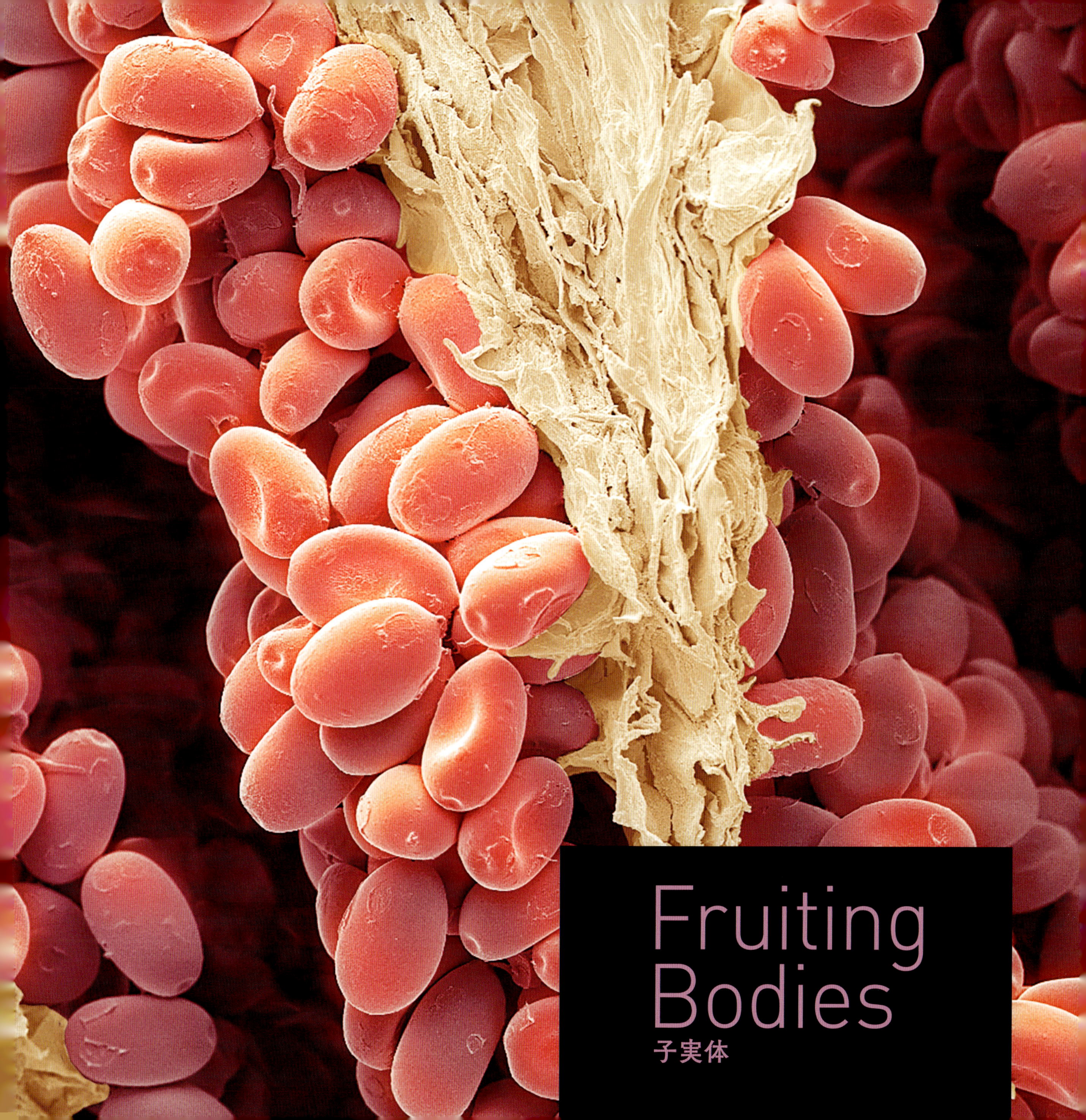
Fruiting
Bodies
子実体

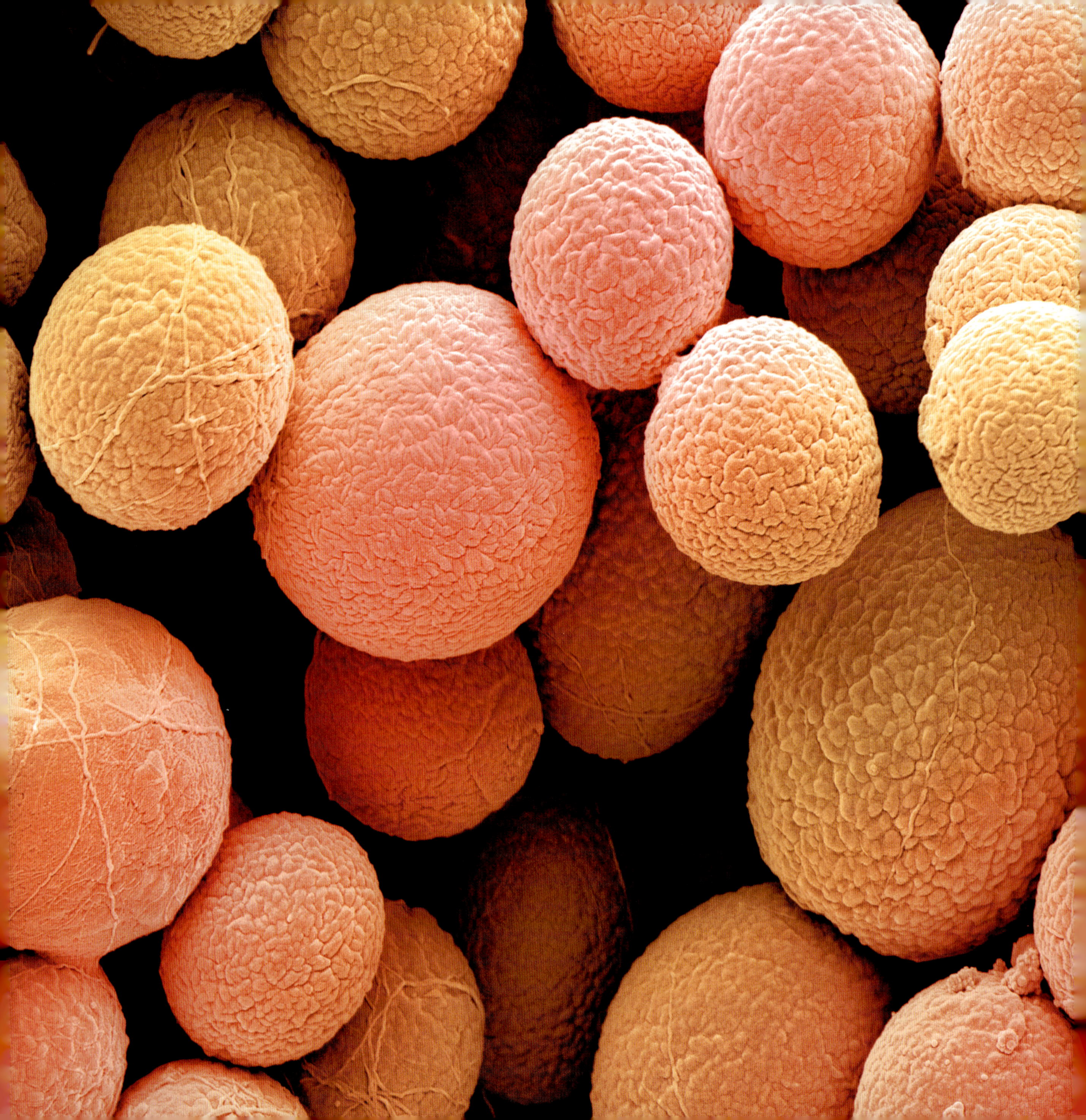

右ページ スギタケ属（*Pholiota*）のキノコの胞子（走査型電子顕微鏡写真）

キノコが植物だと思い込んでいる人も多いが、キノコは地下で育つはるかに大きな菌類の子実体に過ぎない。果実またはシードヘッドが種子を含んでいるのと同様に、キノコには胞子があり、そこから次の世代の菌類が育つ。この着色された画像で、薄く分かれたものはスギタケ属のキノコの傘の下側にあるひだで、ピンク色の胞子に覆われている。（500倍、表示画面幅10cm）

左 上 アオカビの分生子（走査型電子顕微鏡写真）

菌類は土の中でしか成長しないわけではない。この2枚の写真は、パンに生えた異なる2種類の菌類の胞子である。植物学上の呼び名（分生子）は、ギリシャ語で「埃」を意味する言葉から来ていて、胞子は肉眼では細かい粉状の埃のように見える。これらが育つもとになった子実体は大きさが1mmにも満たず、胞子そのものは分生子柄と呼ばれるさらに細い茎がつながったネットワークにくっついている。（左：3000倍、表示画面幅10cm）（上：倍率不明）

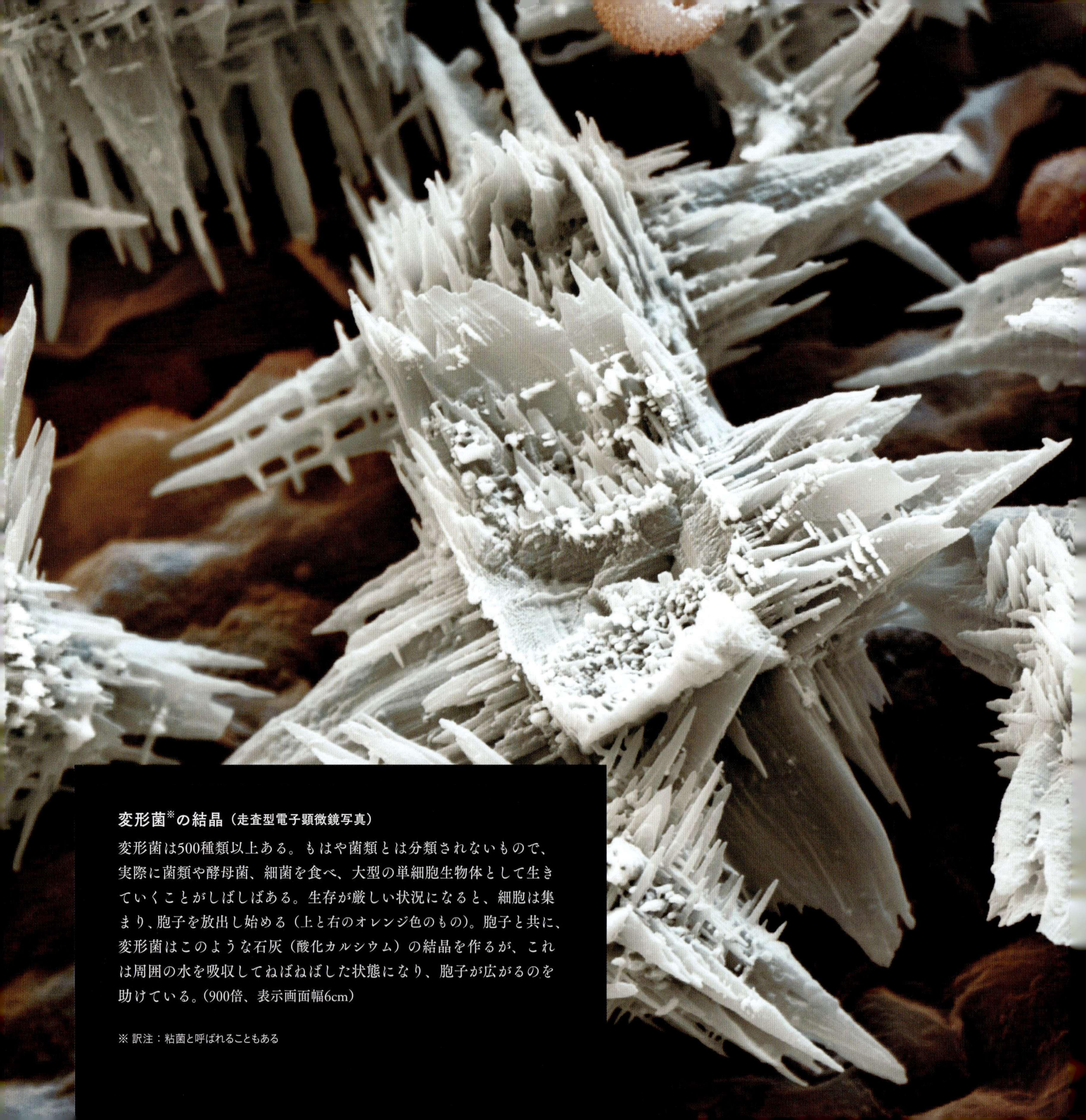

変形菌※の結晶（走査型電子顕微鏡写真）

変形菌は500種類以上ある。もはや菌類とは分類されないもので、実際に菌類や酵母菌、細菌を食べ、大型の単細胞生物体として生きていくことがしばしばある。生存が厳しい状況になると、細胞は集まり、胞子を放出し始める（上と右のオレンジ色のもの）。胞子と共に、変形菌はこのような石灰（酸化カルシウム）の結晶を作るが、これは周囲の水を吸収してねばねばした状態になり、胞子が広がるのを助けている。（900倍、表示画面幅6cm）

※ 訳注：粘菌と呼ばれることもある

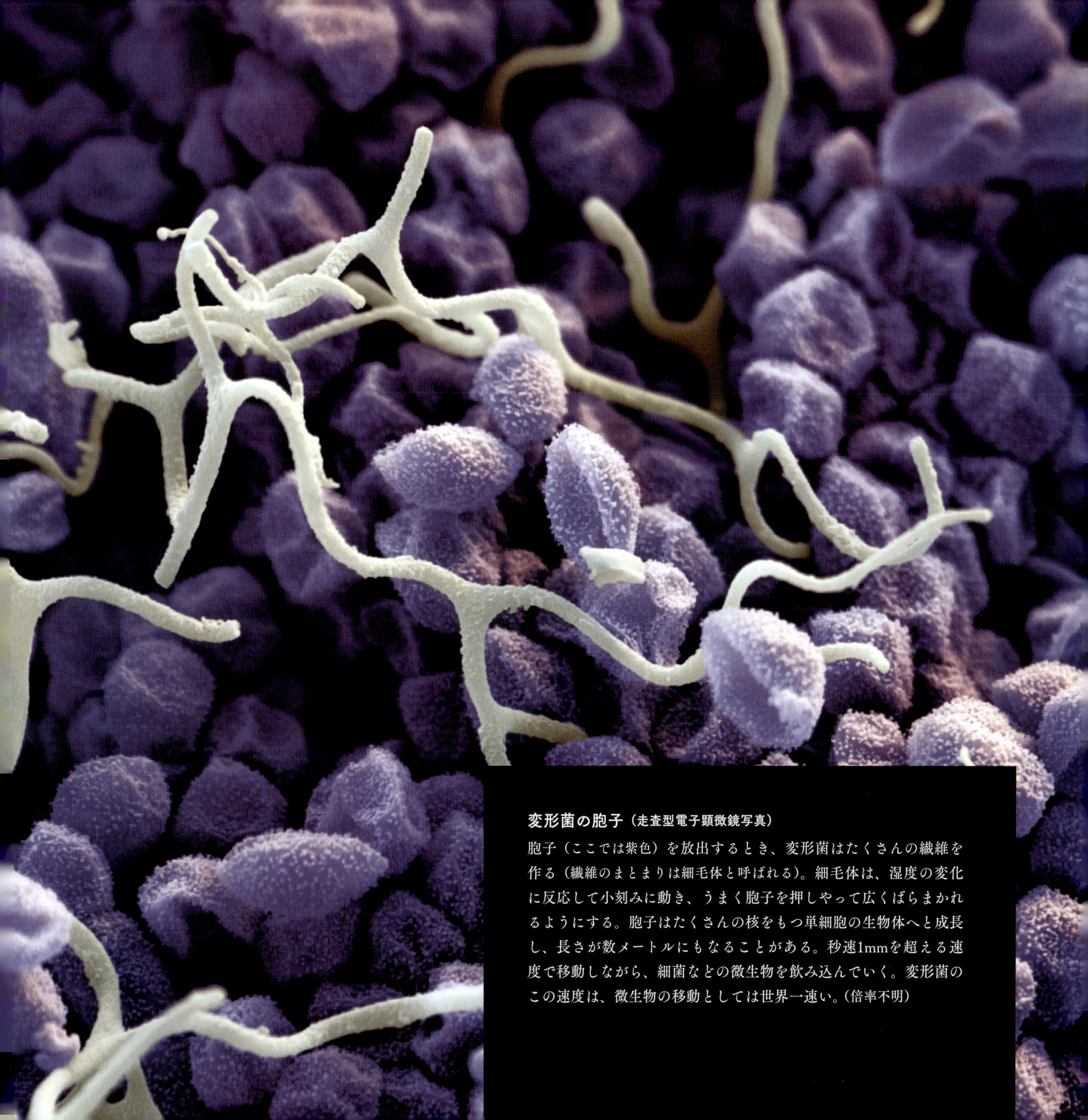

変形菌の胞子（走査型電子顕微鏡写真）

胞子（ここでは紫色）を放出するとき、変形菌はたくさんの繊維を作る（繊維のまとまりは細毛体と呼ばれる）。細毛体は、湿度の変化に反応して小刻みに動き、うまく胞子を押しやって広くばらまかれるようにする。胞子はたくさんの核をもつ単細胞の生物体へと成長し、長さが数メートルにもなることがある。秒速1mmを超える速度で移動しながら、細菌などの微生物を飲み込んでいく。変形菌のこの速度は、微生物の移動としては世界一速い。（倍率不明）

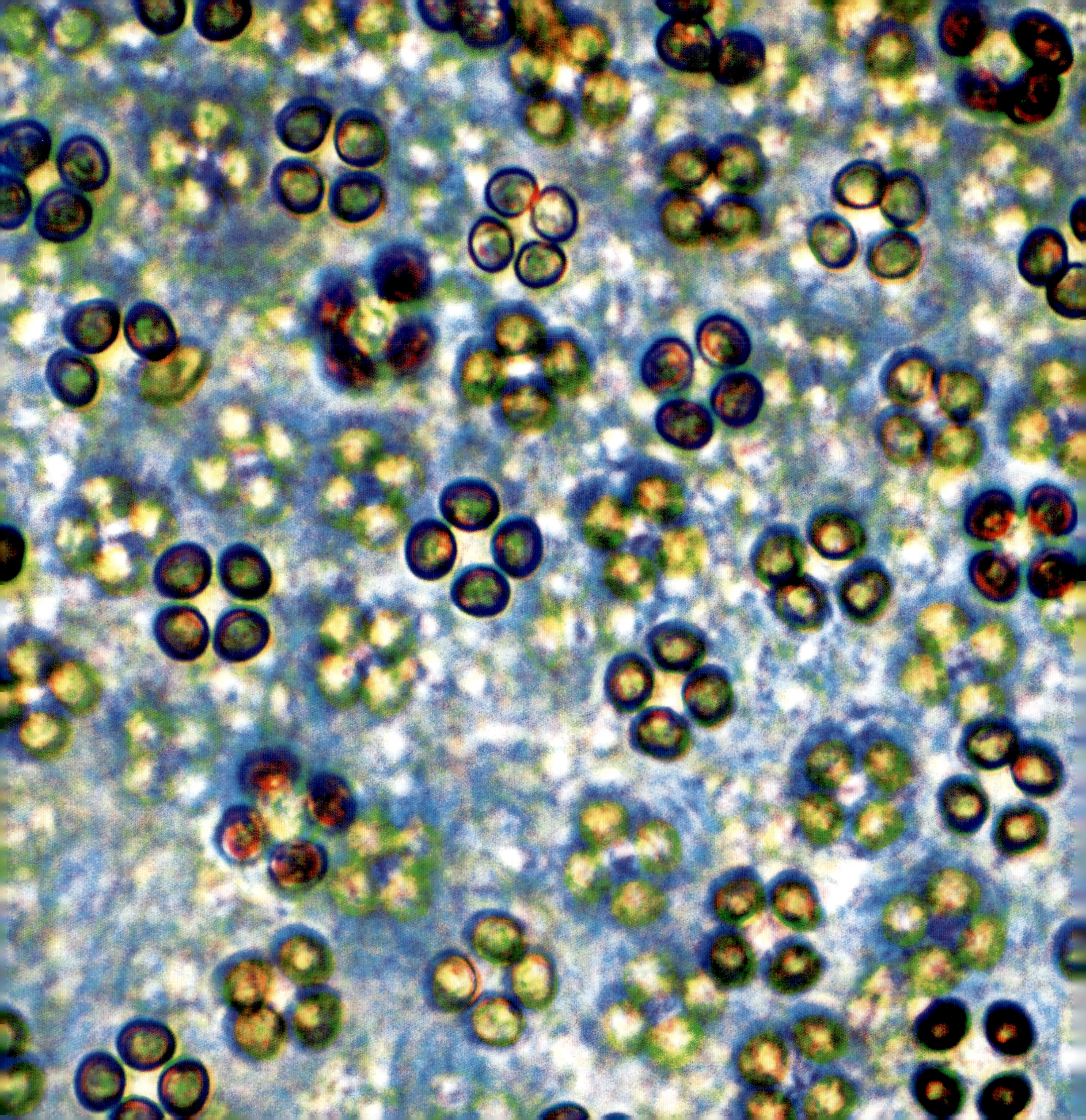

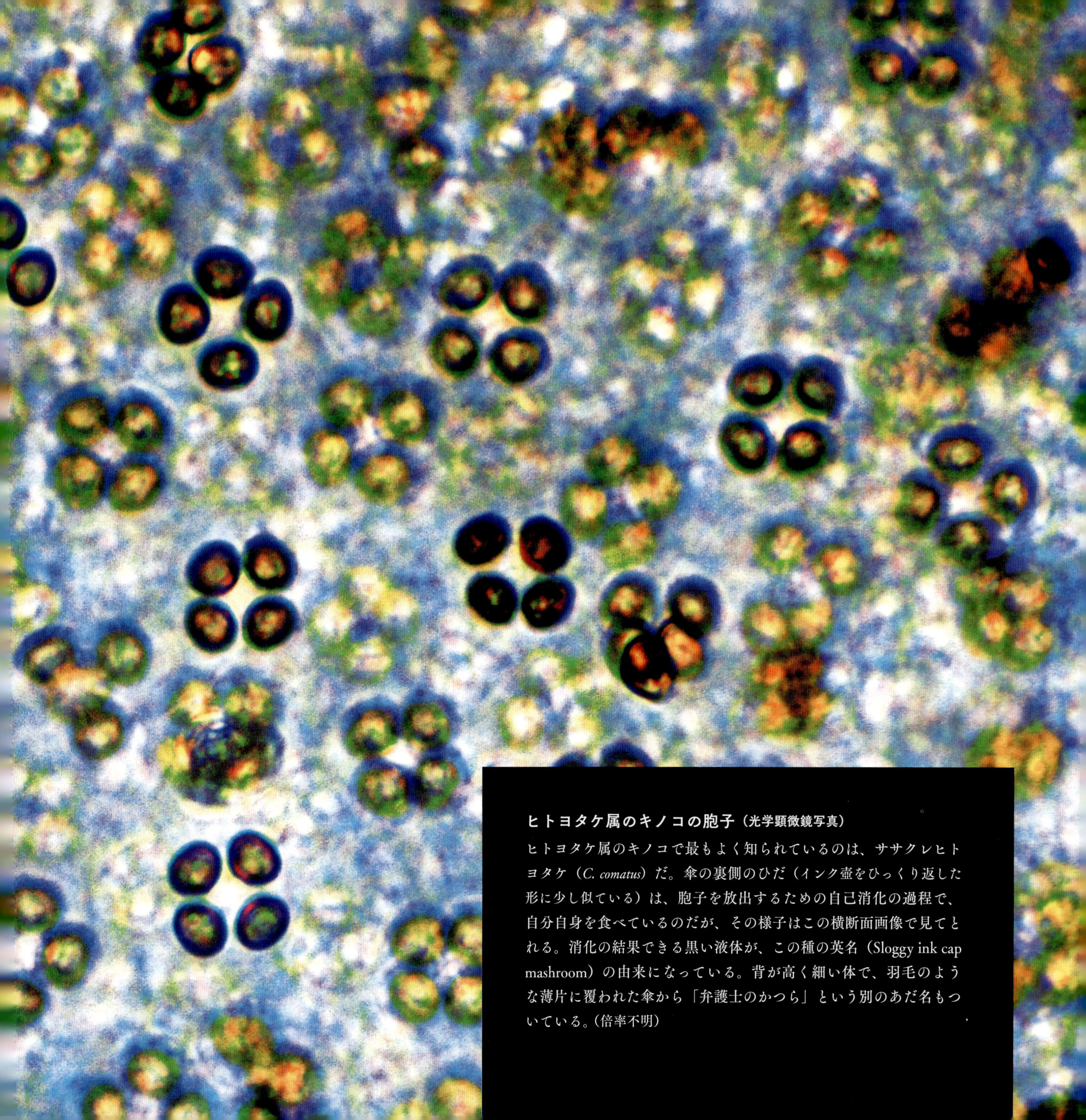

ヒトヨタケ属のキノコの胞子（光学顕微鏡写真）

ヒトヨタケ属のキノコで最もよく知られているのは、ササクレヒトヨタケ（*C. comatus*）だ。傘の裏側のひだ（インク壺をひっくり返した形に少し似ている）は、胞子を放出するための自己消化の過程で、自分自身を食べているのだが、その様子はこの横断面画像で見てとれる。消化の結果できる黒い液体が、この種の英名（Sloggy ink cap mashroom）の由来になっている。背が高く細い体で、羽毛のような薄片に覆われた傘から「弁護士のかつら」という別のあだ名もついている。（倍率不明）

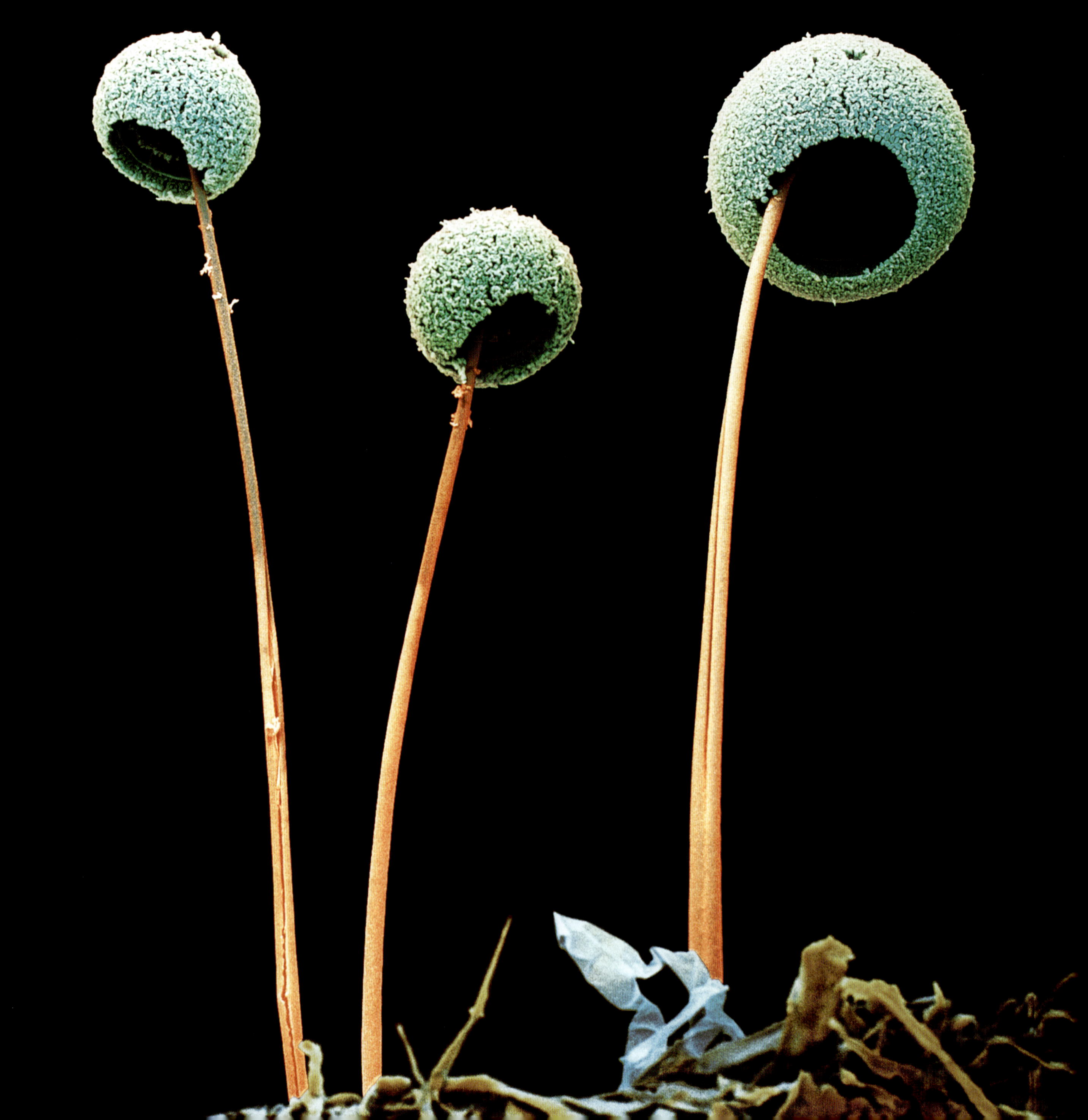

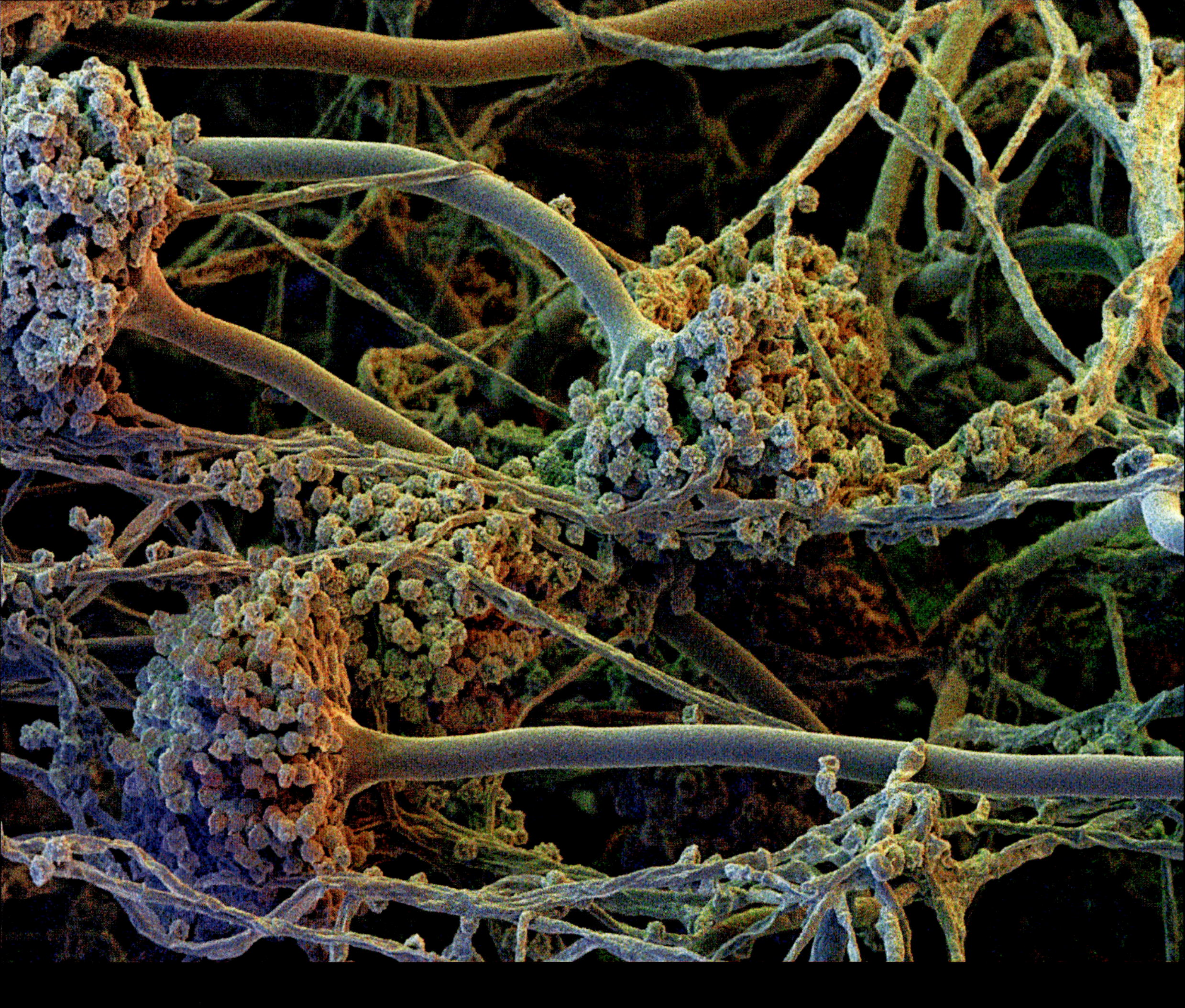

㊧ **クロコウジカビ（*Aspergillus niger*）（走査型電子顕微鏡写真）**
㊤ **アスペルギルス・フミガーツス（*Aspergillus fumigatus*）（走査型電子顕微鏡写真）**

コウジカビ属（*Aspergillus*）には数百種が含まれ、どれも植物やデンプン性の食品に生える。柄（分生子柄）の先端にできる胞子（分生子）で繁殖する。クロコウジカビ（*A. niger*）（左）は、柄の先端から放射状に広がるように、ほぼ完全な球形の胞子群を作る。一方のアスペルギルス・フミガーツス（*A. fumigatus*）（上）が作るのは半球形だ。後者は、人にアスペルギルス症と呼ばれる深刻な病気を引き起こす。前者はコーンシロップや整腸剤を作るために利用されている。（左：倍率不明）（上：670倍、表示画面幅7cm）

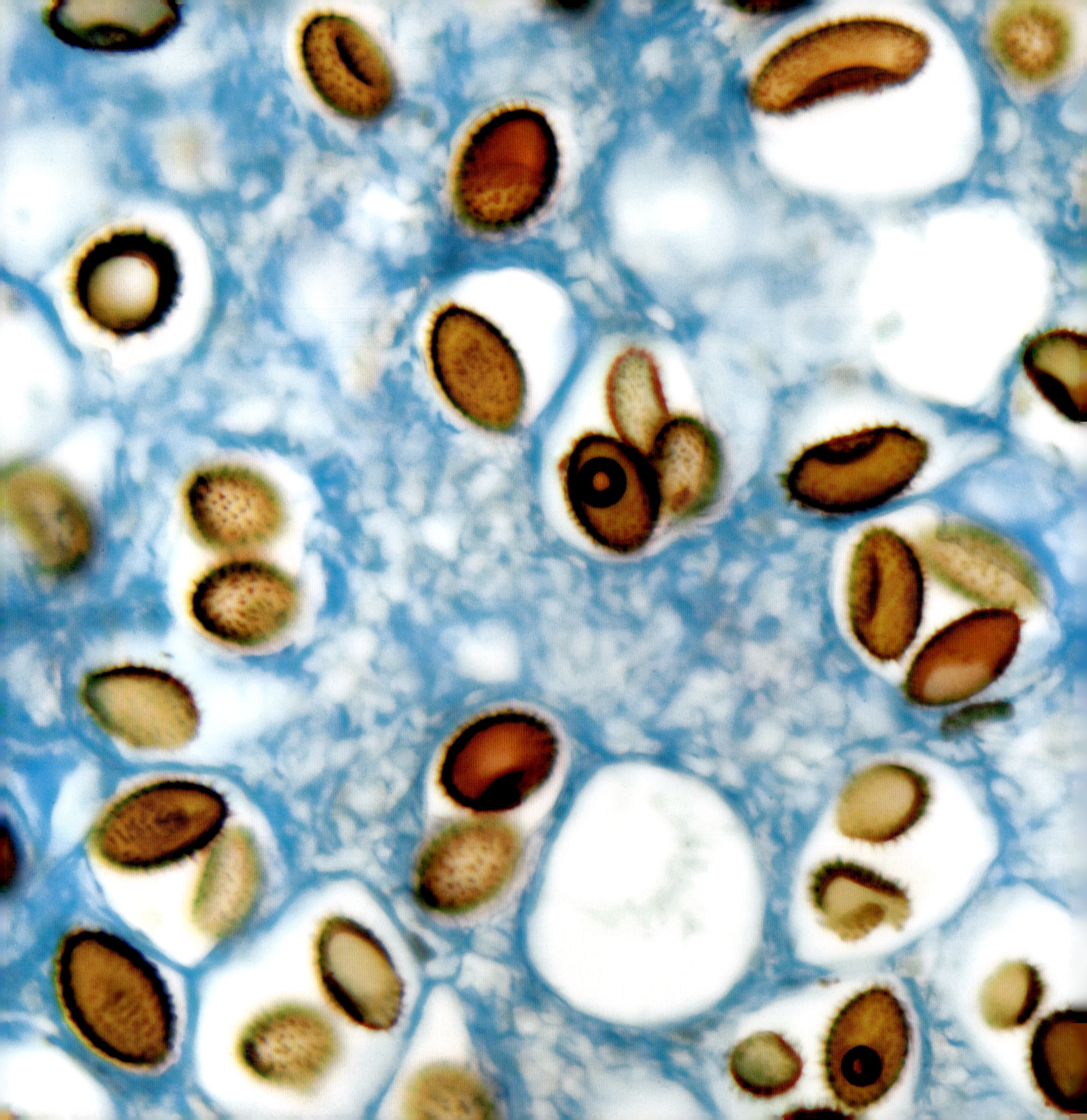

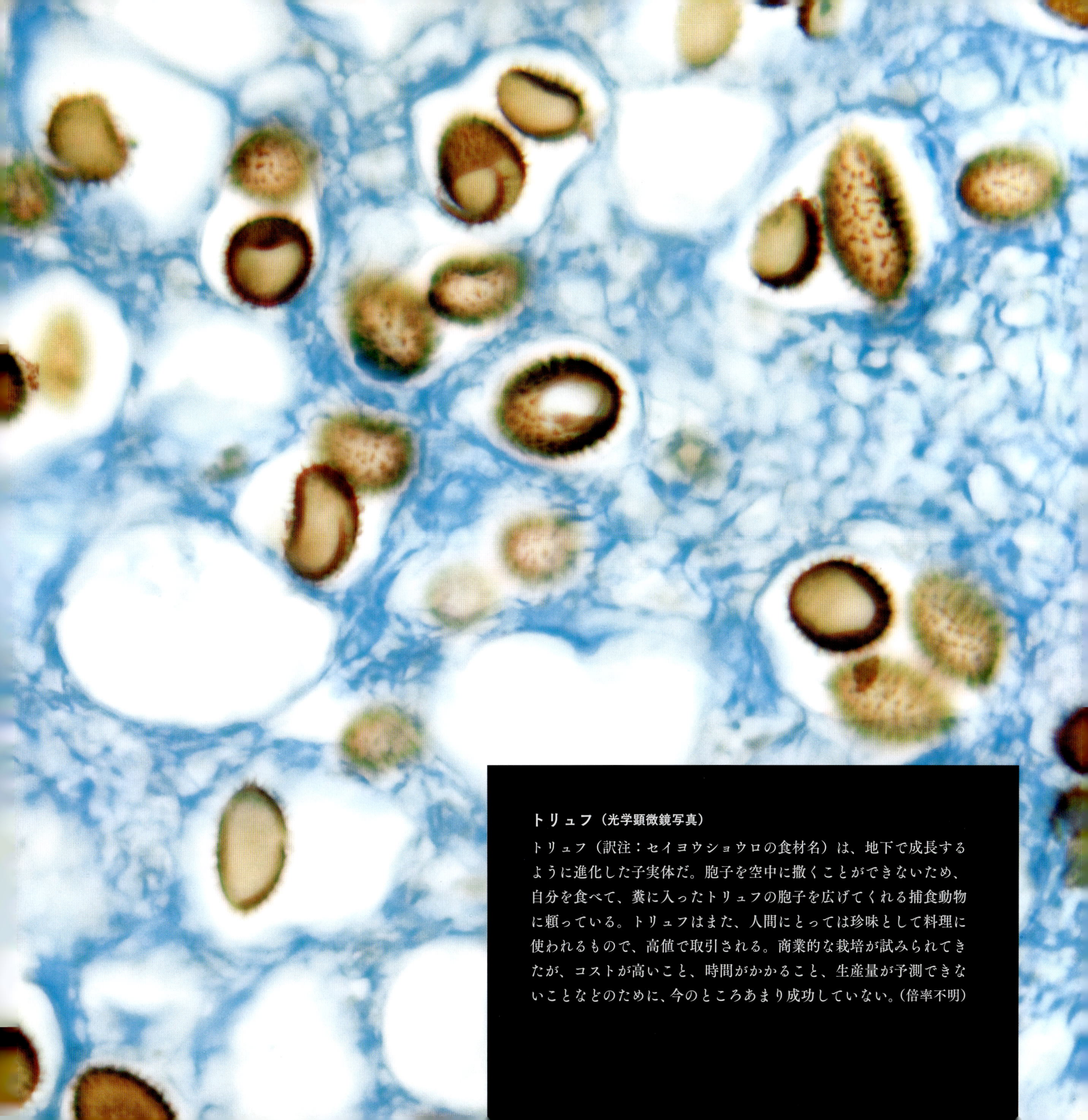

トリュフ（光学顕微鏡写真）

トリュフ（訳注：セイヨウショウロの食材名）は、地下で成長するように進化した子実体だ。胞子を空中に撒くことができないため、自分を食べて、糞に入ったトリュフの胞子を広げてくれる捕食動物に頼っている。トリュフはまた、人間にとっては珍味として料理に使われるもので、高値で取引される。商業的な栽培が試みられてきたが、コストが高いこと、時間がかかること、生産量が予測できないことなどのために、今のところあまり成功していない。（倍率不明）

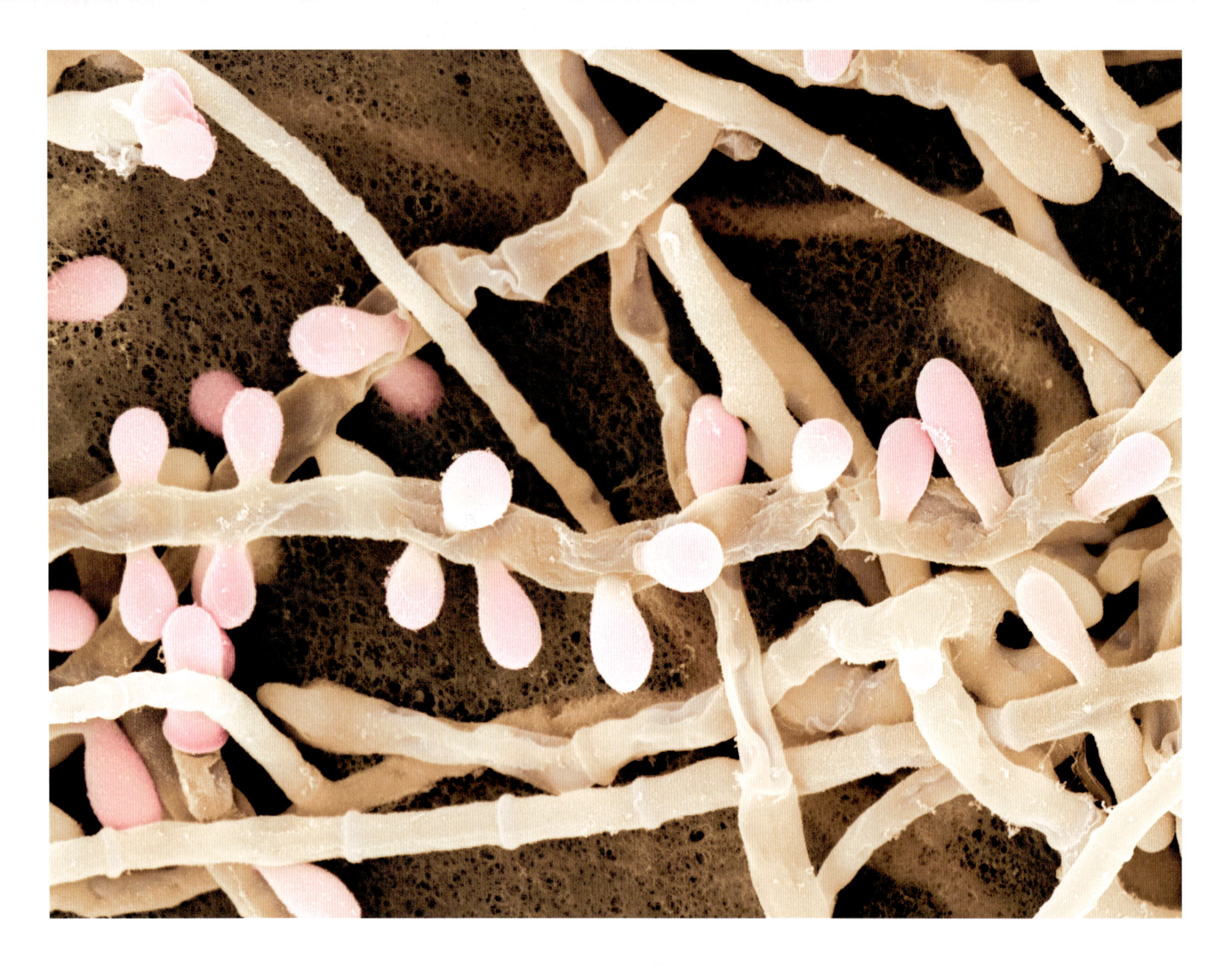

㊤ 皮膚糸状菌（走査型電子顕微鏡写真）

この画像は、猩紅色白癬菌（*Trichophyton rubrum*）の、胞子（ここではピンク色）ができる場所である柄（菌糸）が伸びつつあるところ。水虫の原因として最も一般的な菌類で、爪の感染などの症状を引き起こす。男性で多く、女性や他の動物ではより少ない。このような菌類（皮膚糸状菌）は死んだ皮膚や爪、毛を攻撃するが、これらはどれもタンパク質であるケラチンを含んでいる。私たちが感じる痒みは、菌類が酵素によってケラチンを食べていることで起こり、掻いても菌類をさらに広げることにしかならない。（3200倍、表示画面幅10cm）

㊨ オニフスベの胞子（走査型電子顕微鏡写真）

キノコには珍しく、オニフスベは開いた傘をもたず、柄も普通はみられない。その代わり、トリュフと同じように、胞子の塊（基本体）はボールの内側に完全に閉じ込められているが、トリュフと違って地上に出ている。胞子が成熟すると、ボールが乾いてひび割れ、胞子は風に乗って出て行くようになる。歩行による振動や雨粒程度でもボールは割れ、胞子は外に吹き出される。食べられるものも食べられないものもある。最強の毒キノコであるベニテング属（*Amantia*）の種の若いキノコに似ているものもあるので、要注意だ。（3000倍、表示画面幅10cm）

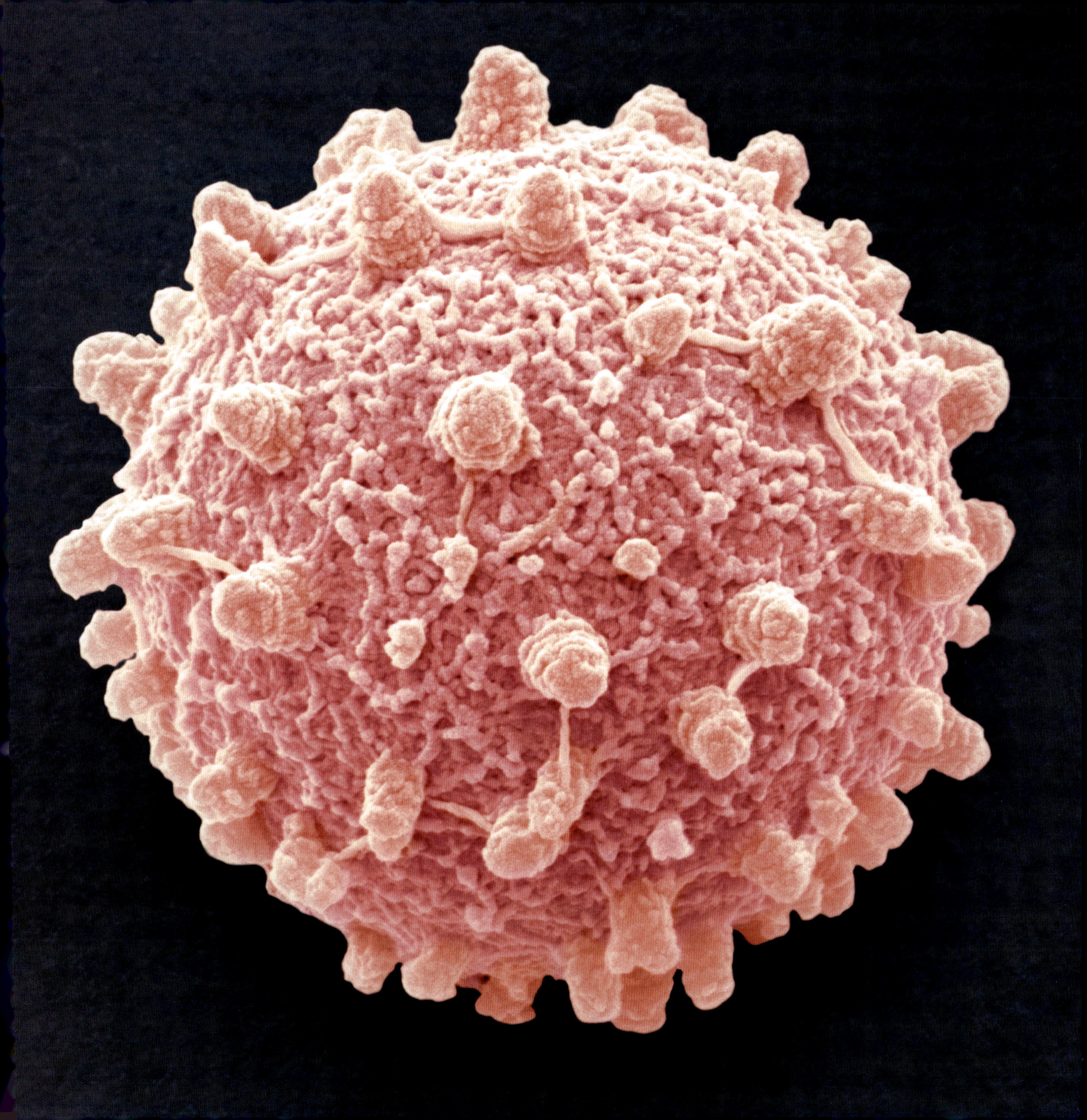

㊧ チョウの翅の鱗粉と胞子
（透過型電子顕微鏡写真）

チョウは、普通は花蜜を吸っているので、キノコにはとまらない。チョウは、花粉媒介者としては毛に覆われたハチなどと比べると効率が悪い。しかし、空気中に漂っている菌類の胞子の密度が高ければ、チョウも意図せずに胞子の散布を助けることになる。ここでは、チョウの小さな翅が、飛んでいるうちにもっと小さな菌類の胞子をつかまえている。そのうち胞子は落ち、自力では届かなかったほど広く散布されるのだ。（3350倍、表示画面幅10cm）

㊨ うどんこ病菌
（走査型電子顕微鏡写真）

うどんこ病は多くの植物の葉や茎に発生する病気で、数種類の菌類の感染によって引き起こされる。これらの胞子は*Mycotypha africana*のものだ。これらの菌は、温室内のような湿度が高く暖かい環境で盛んに繁殖する。ワタムシなどの昆虫によって広がるが、これらの昆虫は感染した植物を食べて菌を取り込み、やがて糞中に排泄して他の植物の上に落とす。感染した作物は、化学物質で治療することや、感染しているものを餌とするが葉は食べない寄生性の菌類を利用した生物学的な方法で治療できることがある。（8600倍、表示画面幅6cm）

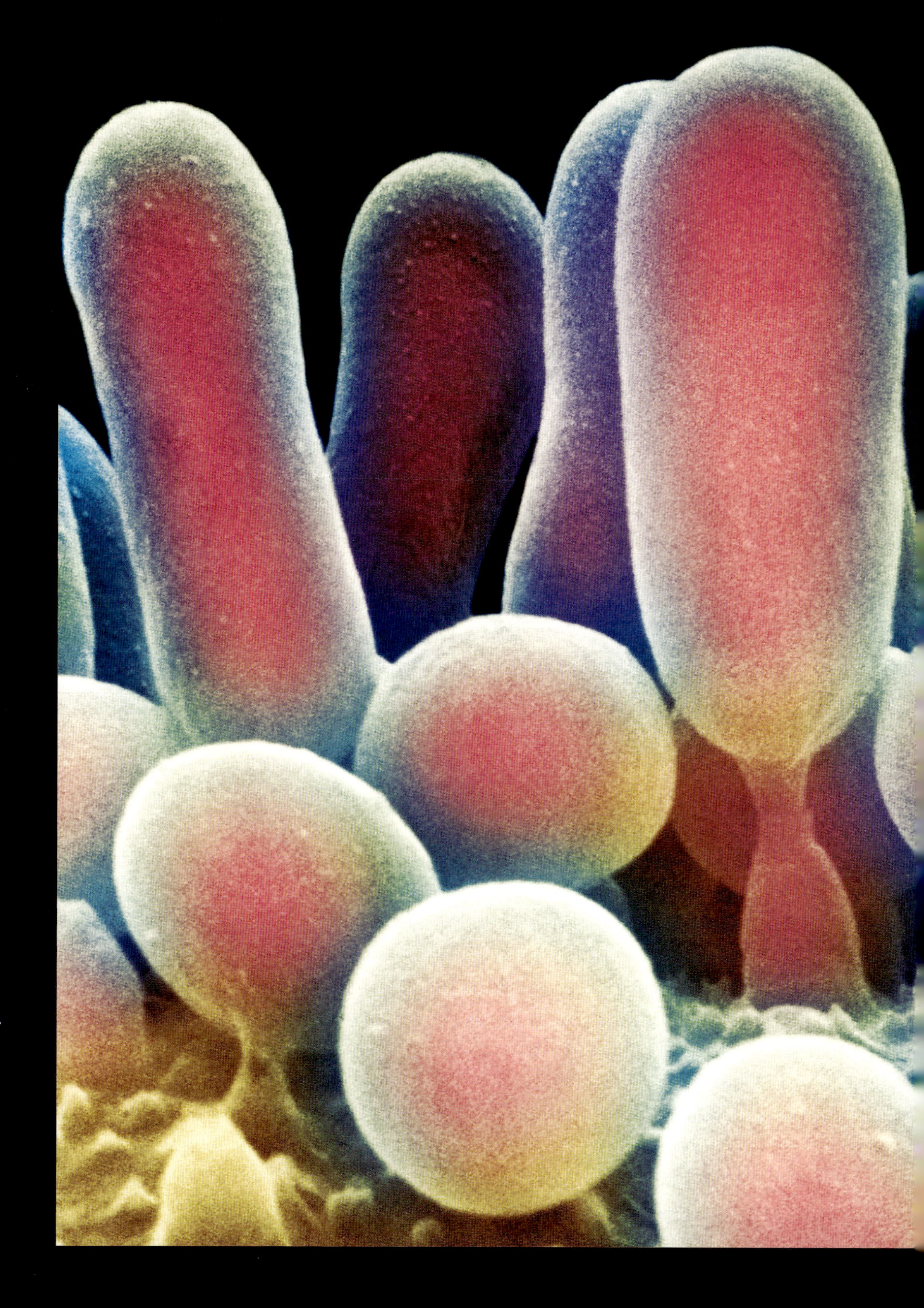

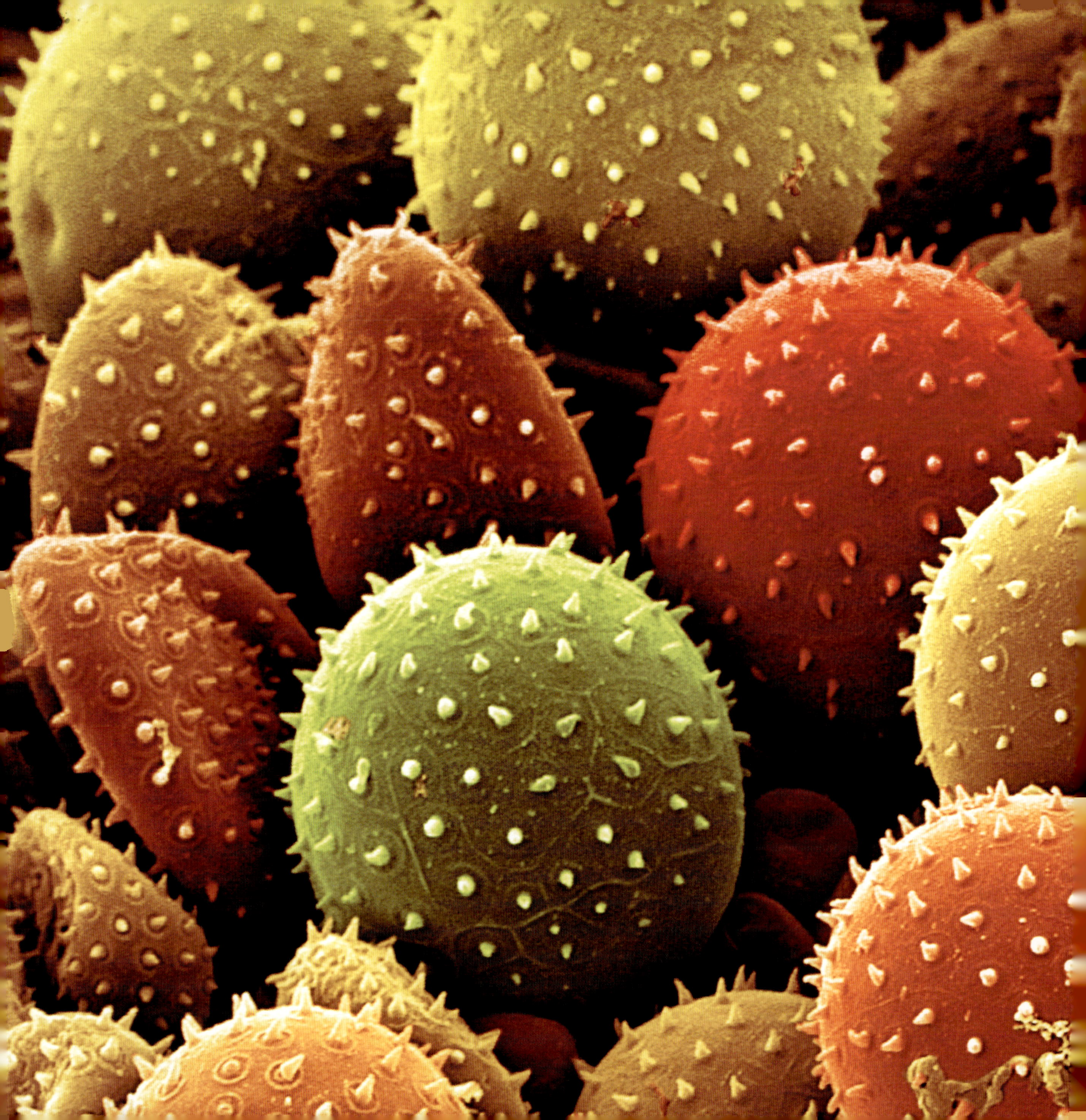

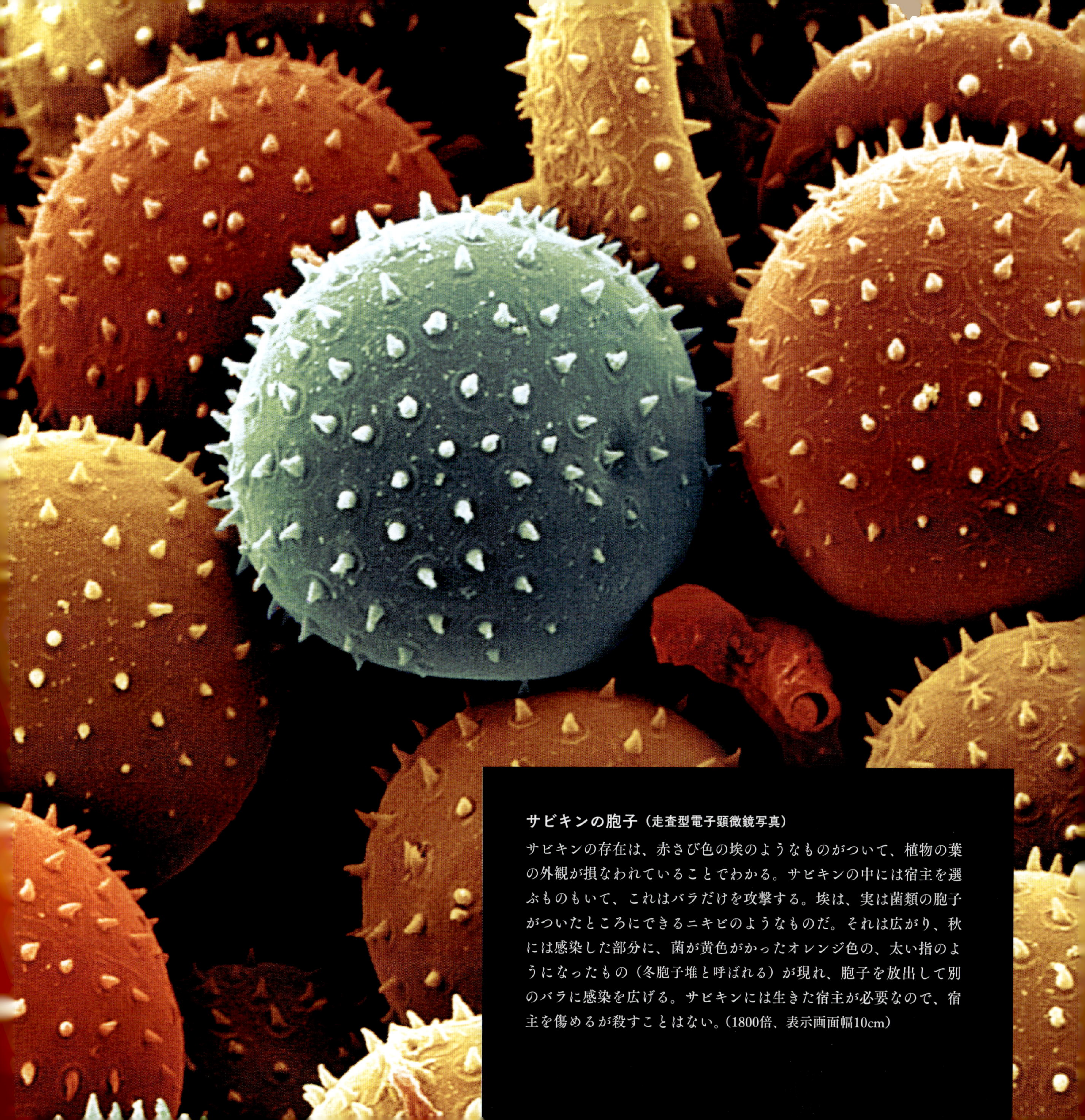

サビキンの胞子（走査型電子顕微鏡写真）

サビキンの存在は、赤さび色の埃のようなものがついて、植物の葉の外観が損なわれていることでわかる。サビキンの中には宿主を選ぶものもいて、これはバラだけを攻撃する。埃は、実は菌類の胞子がついたところにできるニキビのようなものだ。それは広がり、秋には感染した部分に、菌が黄色がかったオレンジ色の、太い指のようになったもの（冬胞子堆と呼ばれる）が現れ、胞子を放出して別のバラに感染を広げる。サビキンには生きた宿主が必要なので、宿主を傷めるが殺すことはない。（1800倍、表示画面幅10cm）

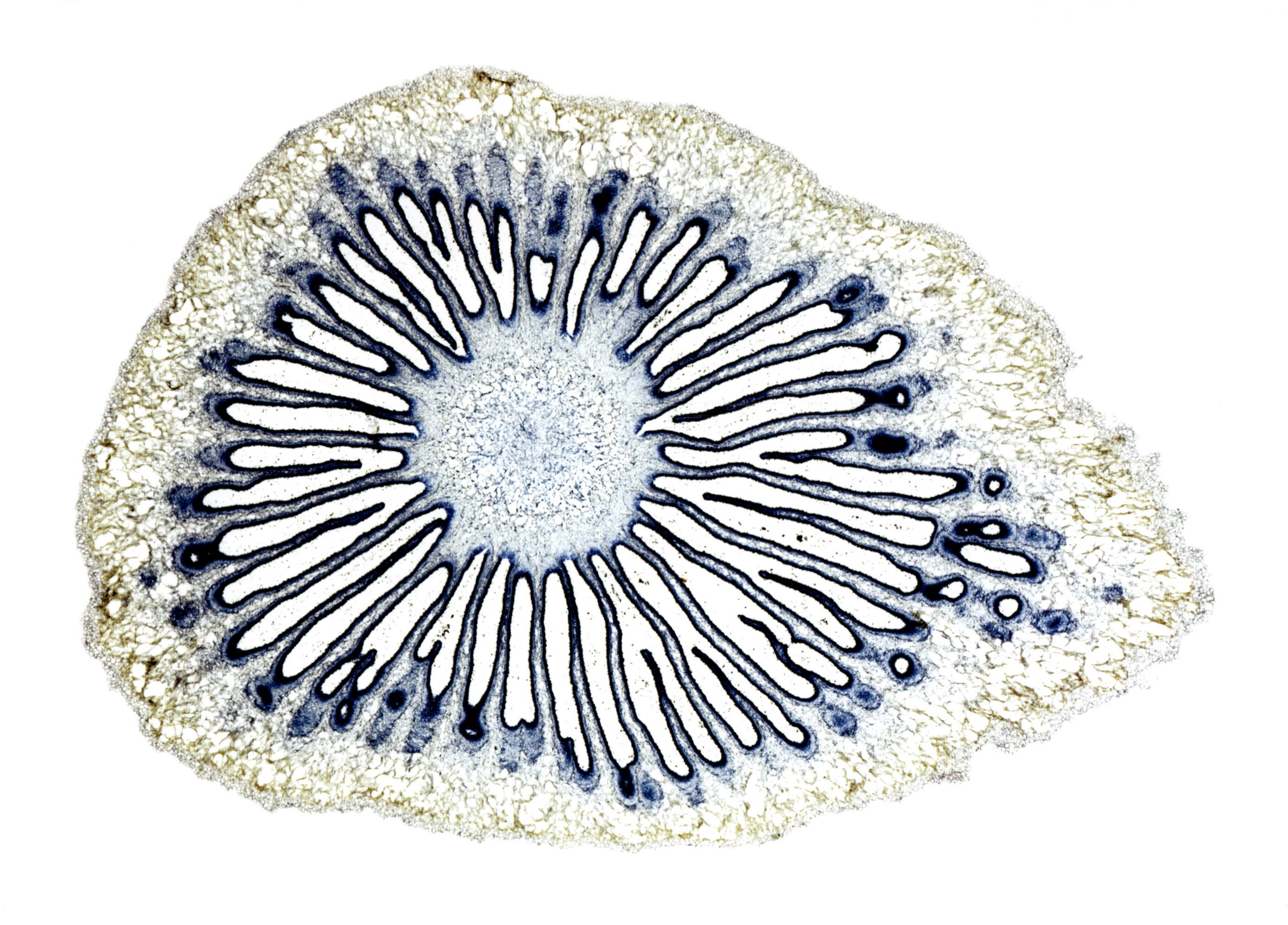

㊤ キノコのひだのある傘（光学顕微鏡写真）

アガリクス属（*Agaricus*）には、最もよく食べられている種や、最も毒の強い種もいくつか含まれている。すべて典型的なキノコの形をしていて、柄の先端に傘がある。傘の裏側が放射状に分かれて、胞子を作っているひだがすべての種にあり、これはその横断面の画像だ。若いキノコは、これらと交差する組織の被いでひだを守っており、成熟しても残り、柄を取り囲んだフリルのついたスカートのようになる（つばと呼ばれる）。（11倍、表示画面幅10cm）

㊨ チャダイゴケ（英名 *Bird's nest mashroom*）（光学顕微鏡写真）

チャダイゴケは小さなカップ型のキノコで、腐った倒木で育つ。鳥の巣のような傘の中の「卵」（小塊粒と呼ばれる）は、キノコの胞子が作られるところだ。上から見ると、胞子は丸く平らな円盤形に見え、雨粒がちょうどいい角度で巣の中に落ちると、胞子は見事に飛び散っていく。そのとき、小塊粒はカップの側面より高く弾んで外へ跳び出し、巣から1メートルも先まで到達する。そして、動物が小塊粒を食べて消化し、糞に入り込んだ胞子をばらまいてくれるのだ。（5倍、表示画面幅3.5cm）

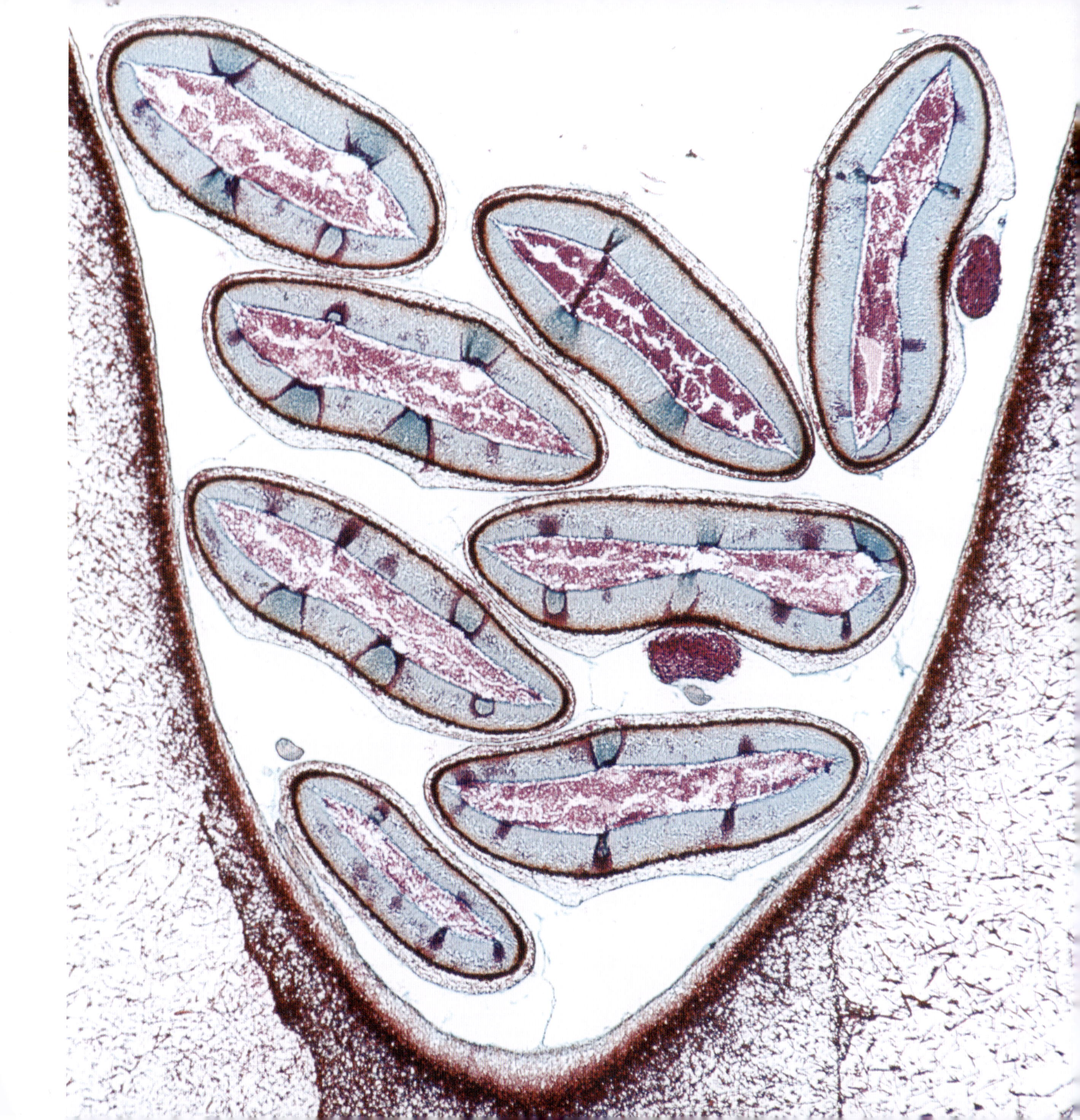

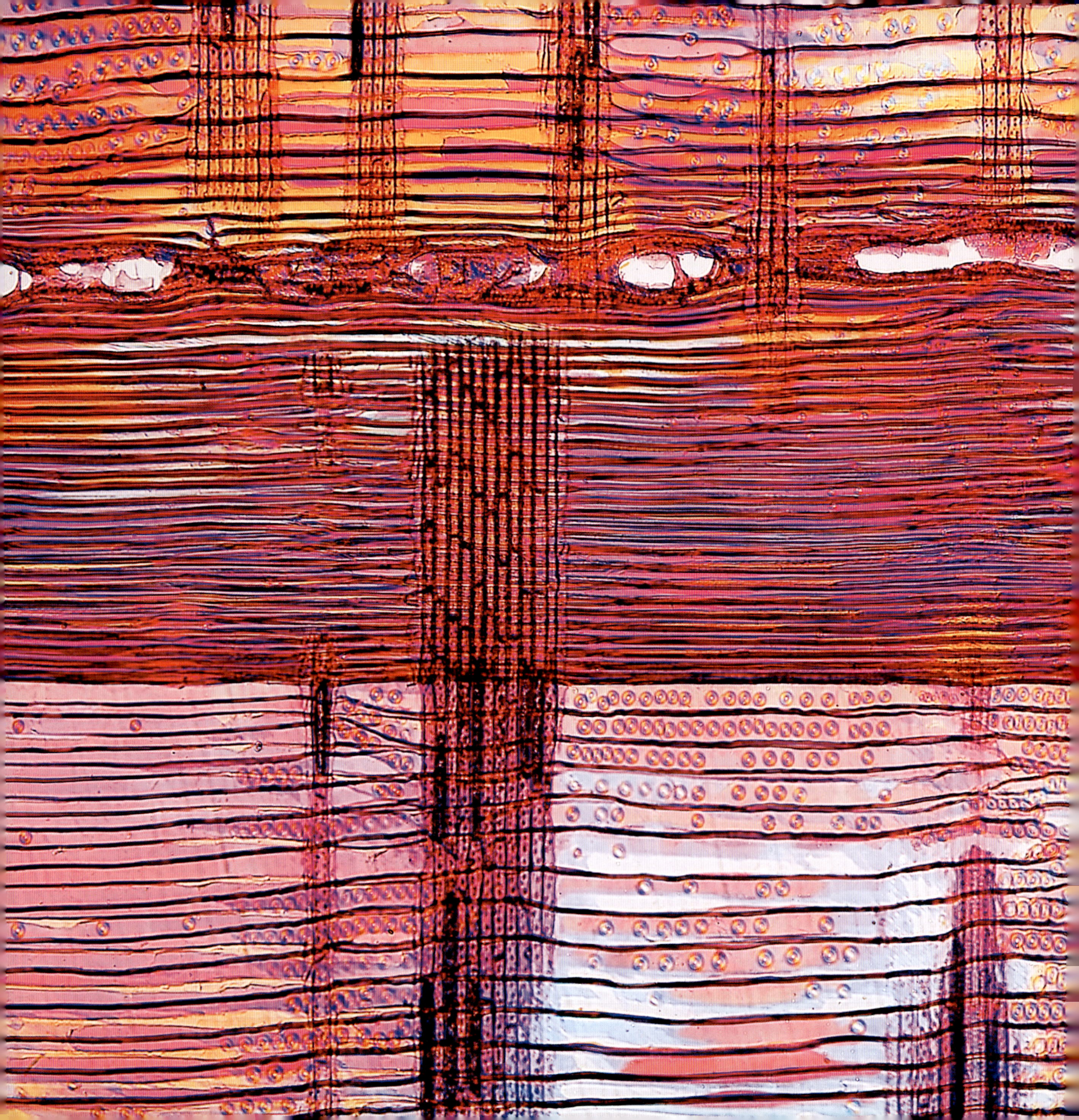

Trees and
Leaves
樹木と葉

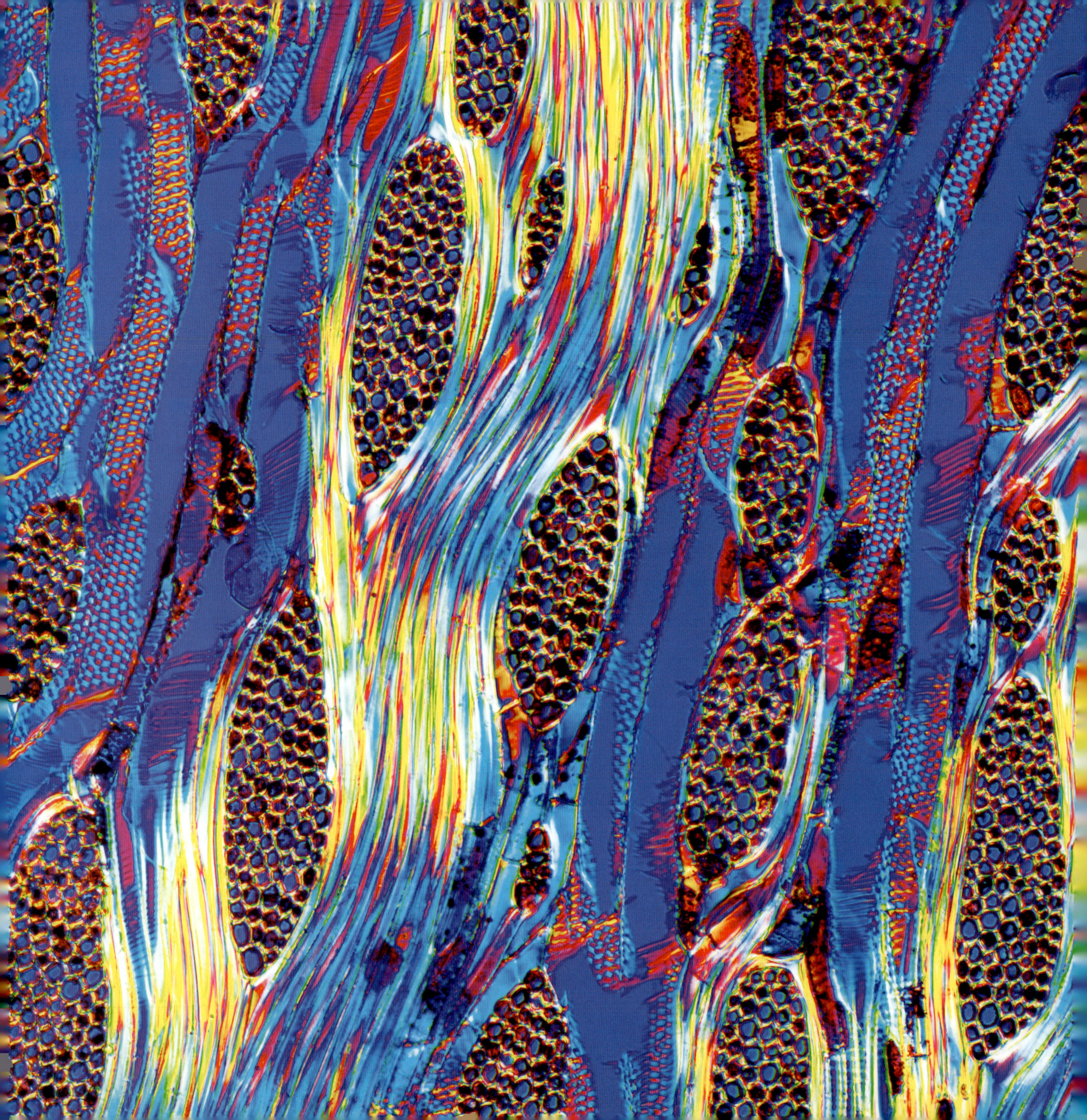

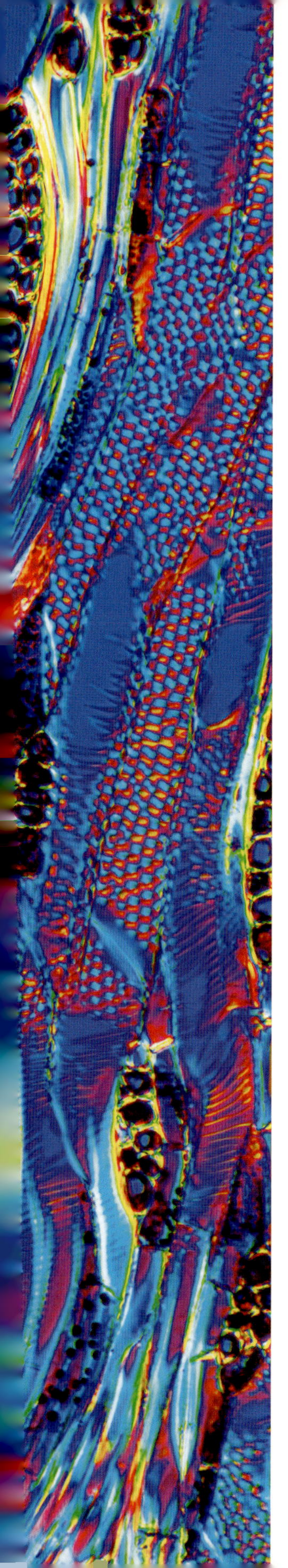

前ページ カラマツの木
（偏光顕微鏡写真）

樹木を分類する方法の1つに、落葉樹（年に1度葉が落ちる）か針葉樹（花粉と子房を含む球果を作る）かによる分類がある。大部分の樹木はいずれかに分類されるが、カラマツの仲間は両方の特徴を併せ持つ。球果を作り、雌雄同株だが、針状の葉は秋に落葉する。写真でわかるように、カラマツの木の木目は密で耐水性があり、造船や柵の支柱には有用な木材になっている。（27倍、表示画面幅10cm）

左 ニレの幹（光学顕微鏡写真）

年輪はほとんどの人がよく知っている。年輪とは、木材の太い枝を輪切りにしたときに見える、成長の跡によってできた同心円だ。落葉樹のいくつかの種には、放射組織、つまり中心から外側の円に向かって放射状に伸びた線もある。これは、樹木の中心部から端へと、不可欠な栄養分を運ぶためのものだ。このニレの輪切り面で、黒い部分は水やミネラル分を含んだ多くの細胞からなる放射組織で、これらの物質は、この写真では着色してあるニレの木の繊維の部分を通って周縁部へと運ばれる。（100倍、表示画面の高さ10cm）

右 キャベツヤシの幹（光学顕微鏡写真）

キャベツヤシの膨らんだ根は、ポリネシアでは食用、薬用として栽培されている。長くて幅が広く、平たい葉には、屋根ふき、装飾品や儀式用の衣装など用途が多い。この横断面の写真では、ヤシの幹の中心髄から外側の層へと栄養分を運ぶ放射組織（黄色い細胞で囲まれている）が2本見える。リュウケツジュと近縁で、植物学的にはアスパラガスの仲間である。（倍率不明）

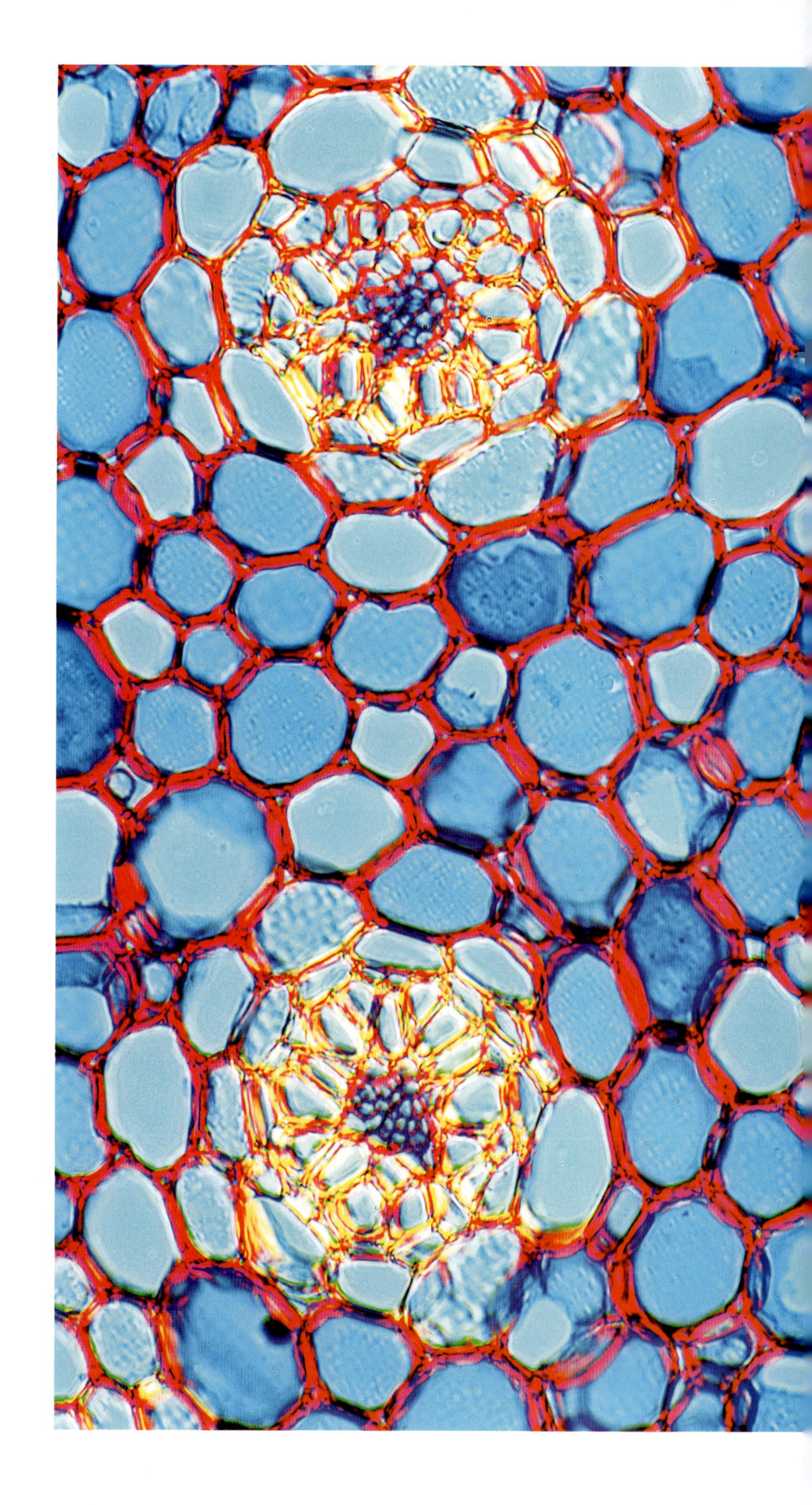

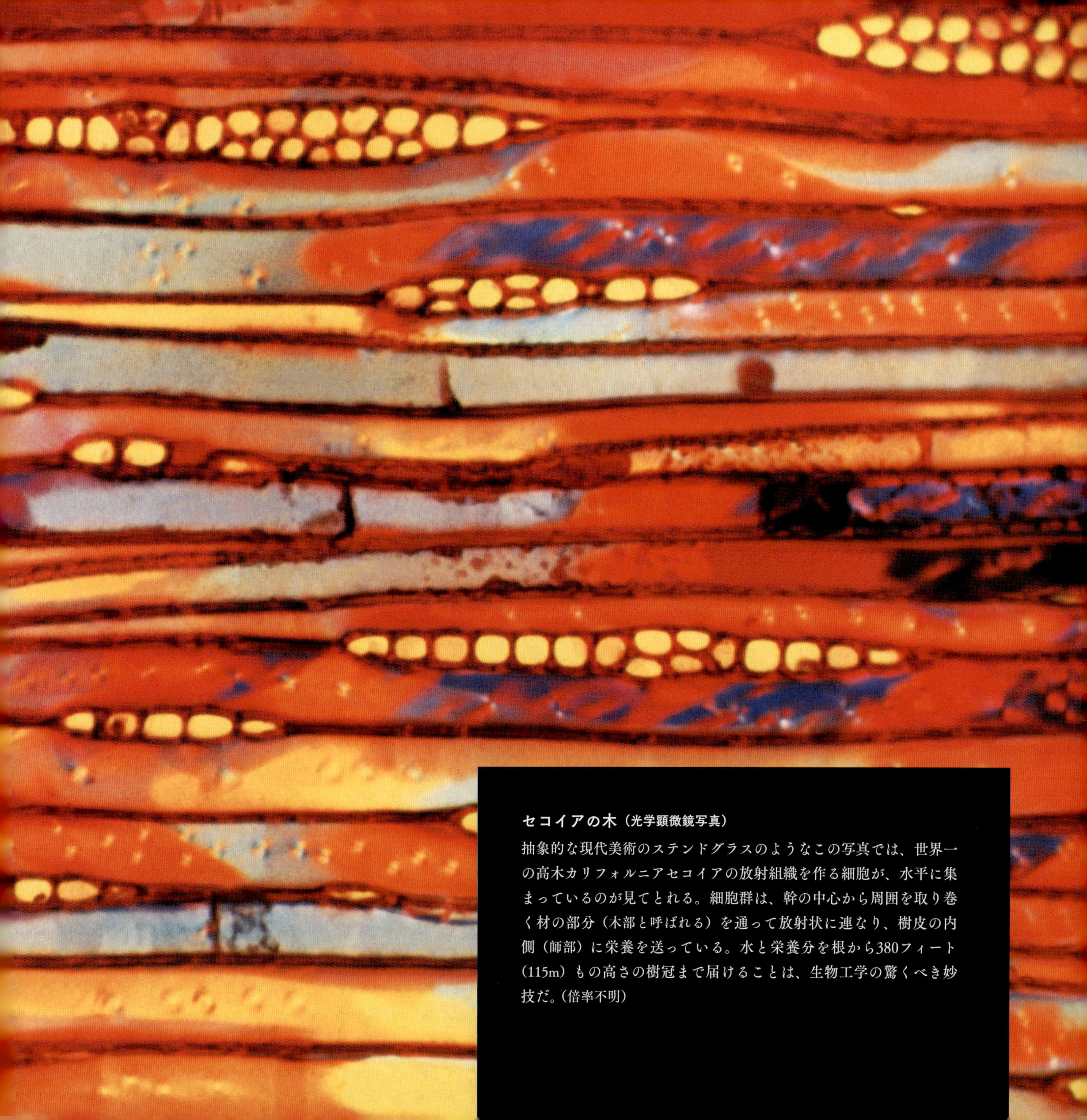

セコイアの木（光学顕微鏡写真）

抽象的な現代美術のステンドグラスのようなこの写真では、世界一の高木カリフォルニアセコイアの放射組織を作る細胞が、水平に集まっているのが見てとれる。細胞群は、幹の中心から周囲を取り巻く材の部分（木部と呼ばれる）を通って放射状に連なり、樹皮の内側（師部）に栄養を送っている。水と栄養分を根から380フィート（115m）もの高さの樹冠まで届けることは、生物工学の驚くべき妙技だ。（倍率不明）

クスノキの葉の表面（走査型電子顕微鏡写真）

このクスノキの葉の上にある暗緑色の網目は、葉の乾燥を防ぐロウが分泌されたもので、葉を支えている。薄い緑色の部分に見える、丸い凹みの中にある溝のようなものは気孔だ。それぞれの気孔のすき間の大きさは、両側にある孔辺細胞の圧力によって調整される。葉の気孔は、樹木と大気の間のガス交換を行うことで、大気の酸素と二酸化炭素の量を調節している。（150倍、表示画面幅10cm）

オリーブの葉の鱗片（走査型電子顕微鏡写真）

これらの花のようなものは、実はオリーブの葉の上にある鱗状の毛（毛状突起）だ。水分の喪失を最小限にするために、独特の形に進化したものだが、これはオリーブ（*Olea europaea*）の木が育つ地中海の国々の、暑くて乾燥し、風の強い環境では必要な性質だ。左下に見える2つの細長い穴は気孔で、日中には二酸化炭素を吸収し、酸素を放出している。夜には、逆に酸素を吸収し二酸化炭素を放出している。（倍率130倍、表示画面幅6cm）

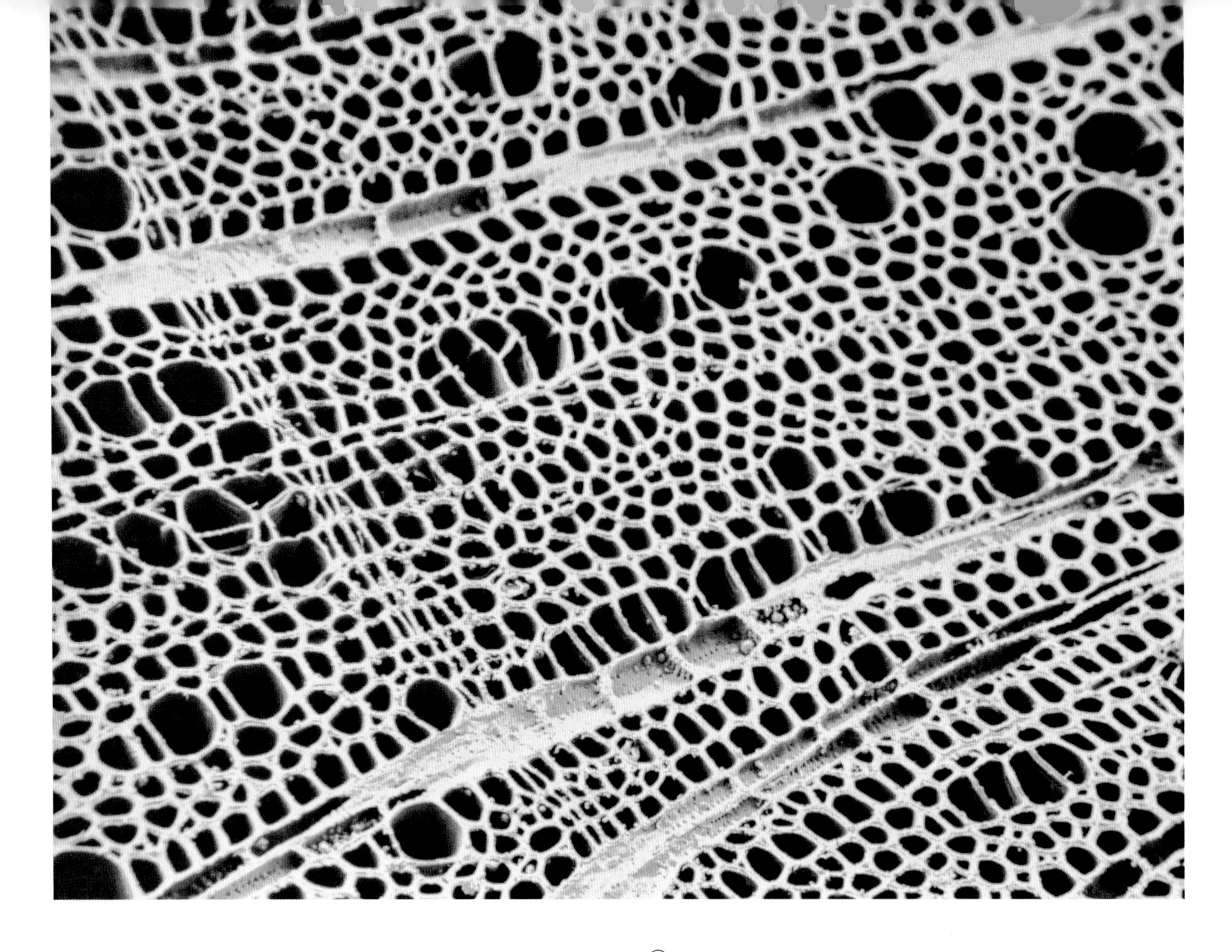

㊤ **モクレンの木**（走査型電子顕微鏡写真）

モクレンの材（木部細胞）の、緩いレースのような繊維である。モクレンで栄養を運んでいる放射状の管が、右上から左下へと伸びている。左上から下の真ん中へかけてつながる、より幅の狭い細胞からなる細い線は成長輪だ。この画像は、サラサモクレン（*saucer magnolia*）という品種のもので、この英名は花の形からつけられている。アメリカの園芸品種の1つ、「グレース・マクデード」*Magnolia x saulangeana*は、直径35mの円盤形の花をつける。（400倍、表示画面幅10cm）

㊨ **サンショウモ**（*Salvinia natans*）（走査型電子顕微鏡写真）

サンショウモは浮遊性のシダで、珍しいのは、葉に泡立て器状毛状突起と呼ばれる、4本の毛が束になったものがあることだ。ロウの小滴に覆われ、水を非常によく弾くので、葉の表面全体に空気の層を作り、水に浮かんで腐敗を防ぐことができる。毛が合わさっている先端の部分は水を弾かないので、水をとらえて体を固定し、さらに空気の層を安定させることができる。造船技師は、船にかかる水の抵抗を減らし燃費を向上させる方法として、この「サンショウモ効果」を研究している。（100倍、表示画面幅10cm）

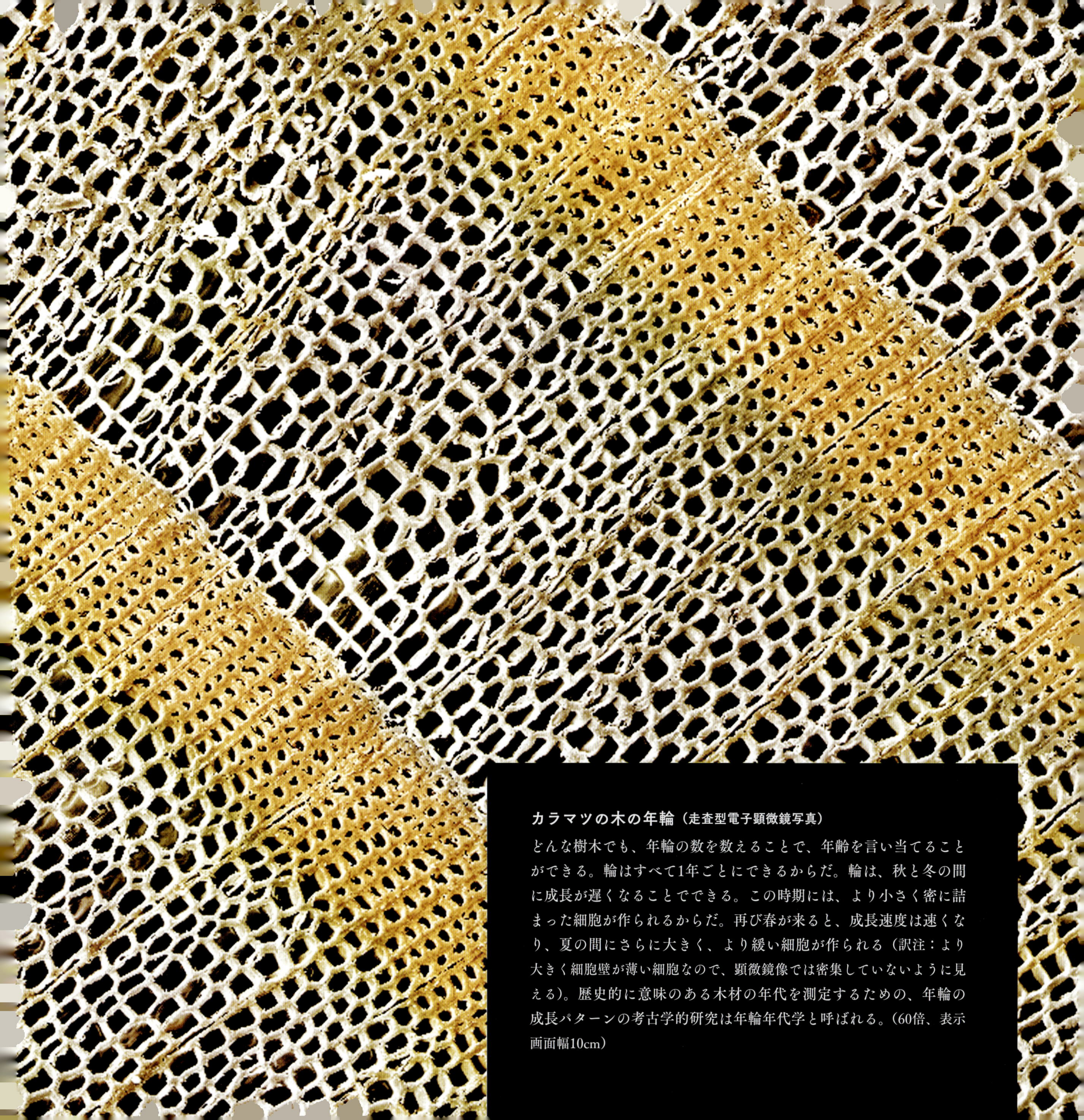

カラマツの木の年輪（走査型電子顕微鏡写真）

どんな樹木でも、年輪の数を数えることで、年齢を言い当てることができる。輪はすべて1年ごとにできるからだ。輪は、秋と冬の間に成長が遅くなることでできる。この時期には、より小さく密に詰まった細胞が作られるからだ。再び春が来ると、成長速度は速くなり、夏の間にさらに大きく、より緩い細胞が作られる（訳注：より大きく細胞壁が薄い細胞なので、顕微鏡像では密集していないように見える）。歴史的に意味のある木材の年代を測定するための、年輪の成長パターンの考古学的研究は年輪年代学と呼ばれる。（60倍、表示画面幅10cm）

アカガシワの葉（光学顕微鏡写真）

キリンの皮膚を緑色にしたような不規則な模様は、アメリカ合衆国東部でよく見られるアカガシワの、迷路のような三次脈だ。一次脈（中肋）は、葉の真ん中を基部から先端に向けて走っている。そこから分かれて、両側へ伸びるのが二次脈で、普通二次脈は互いに平行になっているが、葉縁に近づくと分かれていることもある。二次脈の間にある葉の細胞への供給を担うのが、三次脈である。（60倍、表示画面幅10cm）

㊧ **ニワトコの葉の表面**（光学顕微鏡写真）

この強調画像で「口」のように見えるのは、ニワトコの葉の裏にある気孔だ。「唇」が孔辺細胞で、両側で膨らんだり縮んだりすることで、間の開口部である気孔を開閉しガス交換を行う。日中、植物は光合成の副産物である酸素を放出し、新しい細胞を作り出すための唯一の炭素源である二酸化炭素を吸収している。夜には、二酸化炭素を放出し酸素を吸収している。樹木はまさに、地球の肺なのだ。（200倍、表示画面の高さ3.5cm）

㊨ **ブラジリアン・リアナ**［通称］
（和名不明）（光学顕微鏡写真）

リアナ（和名不明）類は熱帯林の木本性つる植物の総称で、そこに住む他の生物にとってはよい足場になるが、巻きつかれたり間に張り巡らされたりすると樹木は弱ってしまう。光や栄養分を奪い合い、倒木どうしがリアナによってぐるぐる巻きにされ、積み重なった状態になる。この横断面で見られる円形の構造は、つるの真ん中にある繊維束で、この植物の材の部分である。この繊維束が平行に伸びることで、つるに屈曲性を与える。これを取り囲む赤い部分は、つるの周辺部に栄養分を届ける放射組織だ。（倍率不明）

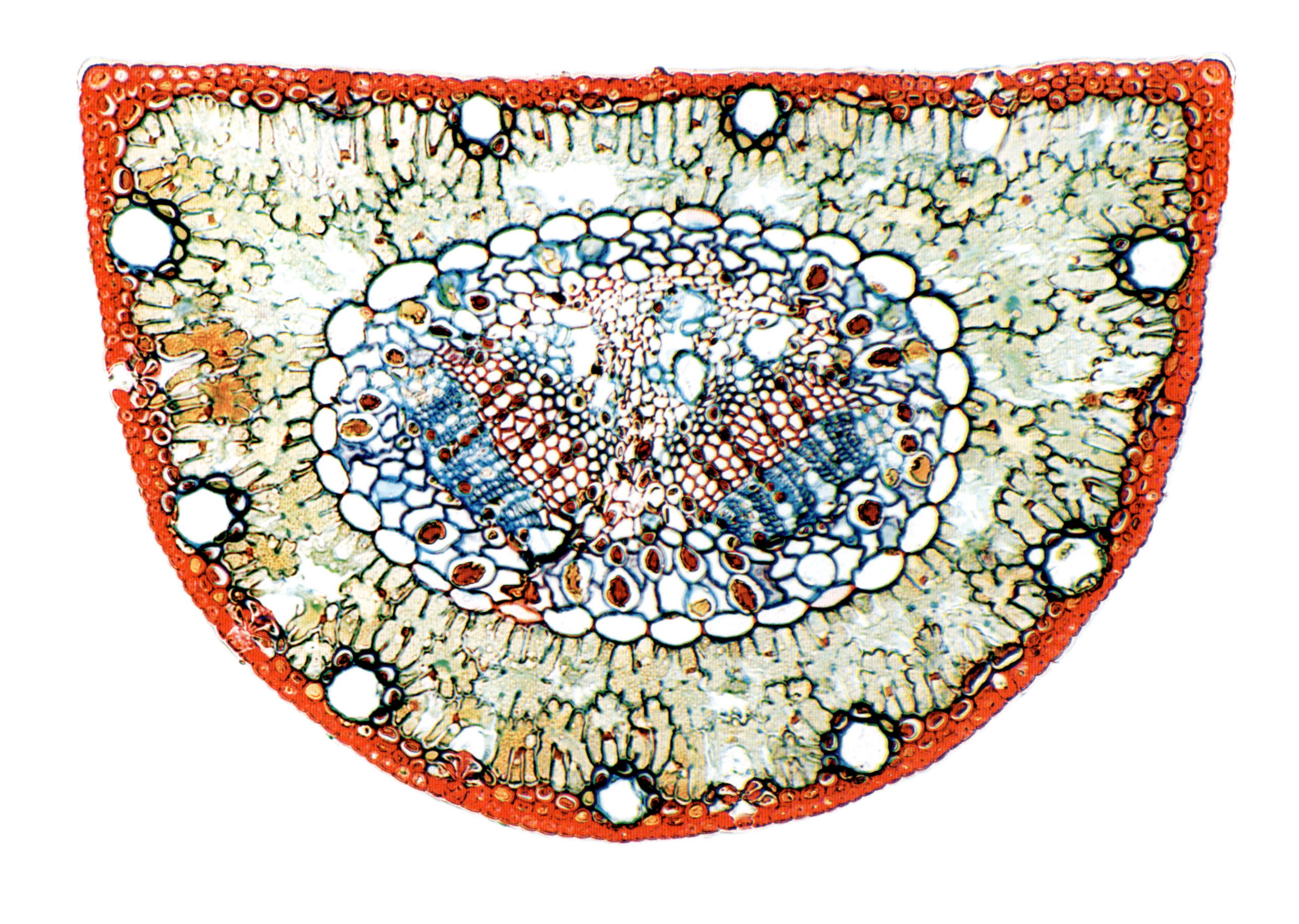

㊧ ヒノキの幹（光学顕微鏡写真）

ヒノキの新芽の横断面で、四方へと伸びる放射組織は材（木部細胞）だ。その外側の、黒とピンク色の環は、内樹皮の師部細胞である。木部と師部の間の、つながった赤い環は形成層で、成長細胞からなる帯だ。内側へ成長すると木部細胞になり、外側へ成長すると師部細胞になる。幹の周辺にある4つの突起物は珍しい形の葉で、葉脈が1本だけあり（各突起の中の丸い部分)、新芽の表面と融合している。（14倍、表示画面幅10cm）

㊨ マツの針葉（光学顕微鏡写真）

マツの針葉は、乾燥した気候で、水分の蒸発を最小限にするように葉が進化したものだ。それでも、マツの木はこの針葉で光合成をしていて、この画像では厚い細胞からなるオレンジ色の棘外皮（表皮）のすぐ内側に見える、緑色の細胞（葉肉）が、光合成を行っている。表皮の内側に接している白い輪は、樹脂が流れる管だ。白い大きな細胞（内皮）からなる輪は、樹木と棘の間で水や栄養分を運んでいて、青い師部と赤い木部からなる木質の芯を取り囲んでいる。(46倍、表示画面幅10cm）

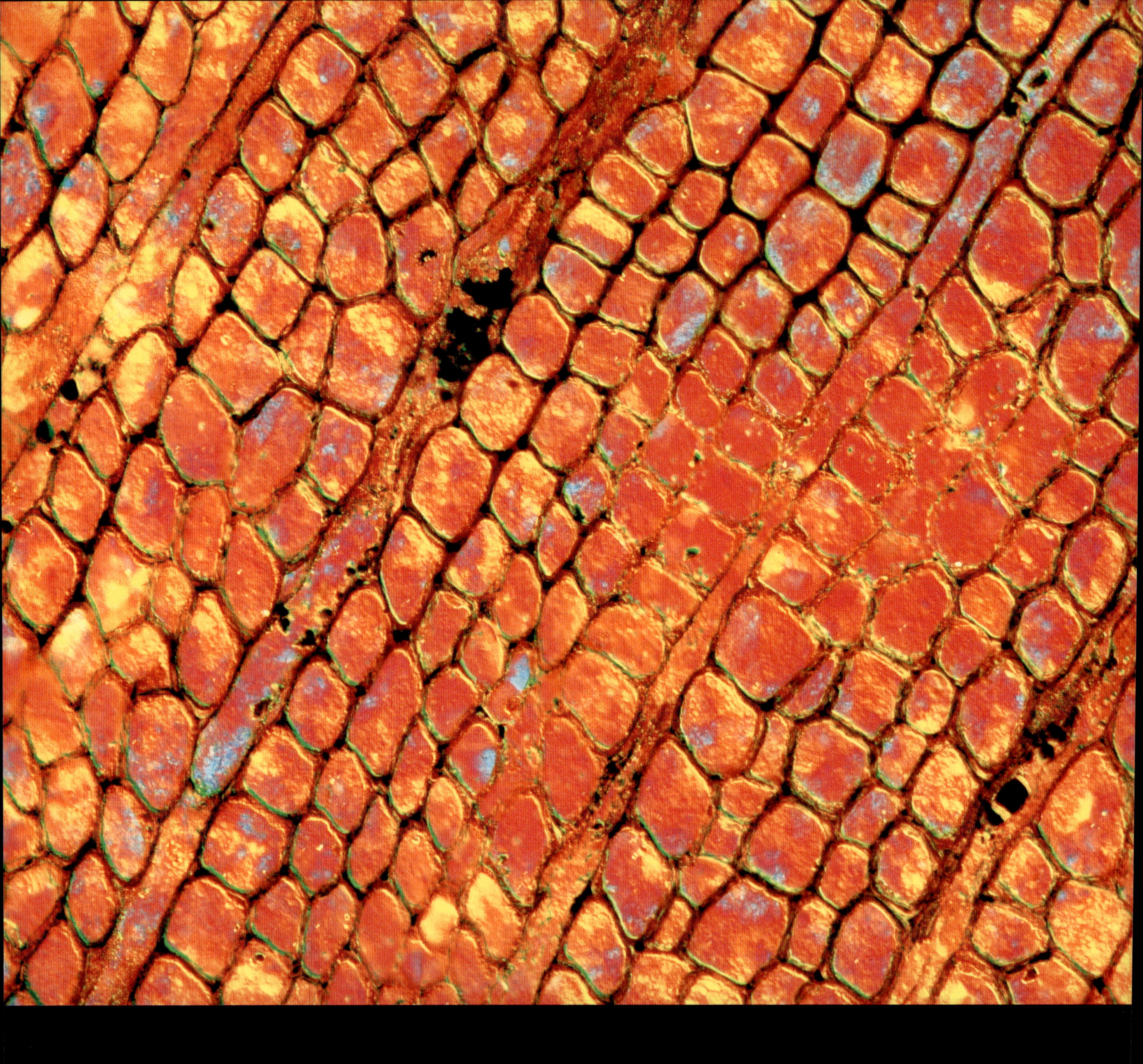

左 化石木（光学顕微鏡写真）

3億7500万年前の*Callixylon newberryi*の木材片の化石。これは、初めて大森林を形成した種の1つだ。この時代（デボン紀後期）の気候は、全体的に今より暖かく、乾燥していて、*Callixylon newberryi*は現在の針葉樹の祖先でもある。デボン紀に森林が拡大したことで、大気中の二酸化炭素濃度は低下した。植物は炭素を固定し、この後の時代、つまり石炭紀には、世界中に埋蔵されている石炭の多くができた。（80倍、表示画面幅7cm）

右 セイヨウカジカエデの幹（光学顕微鏡写真）

この画像では、幹の外側の赤い層はコルク質を含む。これは、セイヨウカジカエデ（や他の樹木）が、冬の最も厳しい時期に自分を保護するために、秋に作り出すものだ。翌年の春、新しい芽（右の画像では幹の上側と下側）が出て、そこからはまず葉、そして束になってぶら下がる薄い緑色の花ができる。秋になると、翼のついた種子（翼果）がくるくると回りながら落ち、その間に風につかまって、さらに遠くへ運ばれていく。（倍率不明）

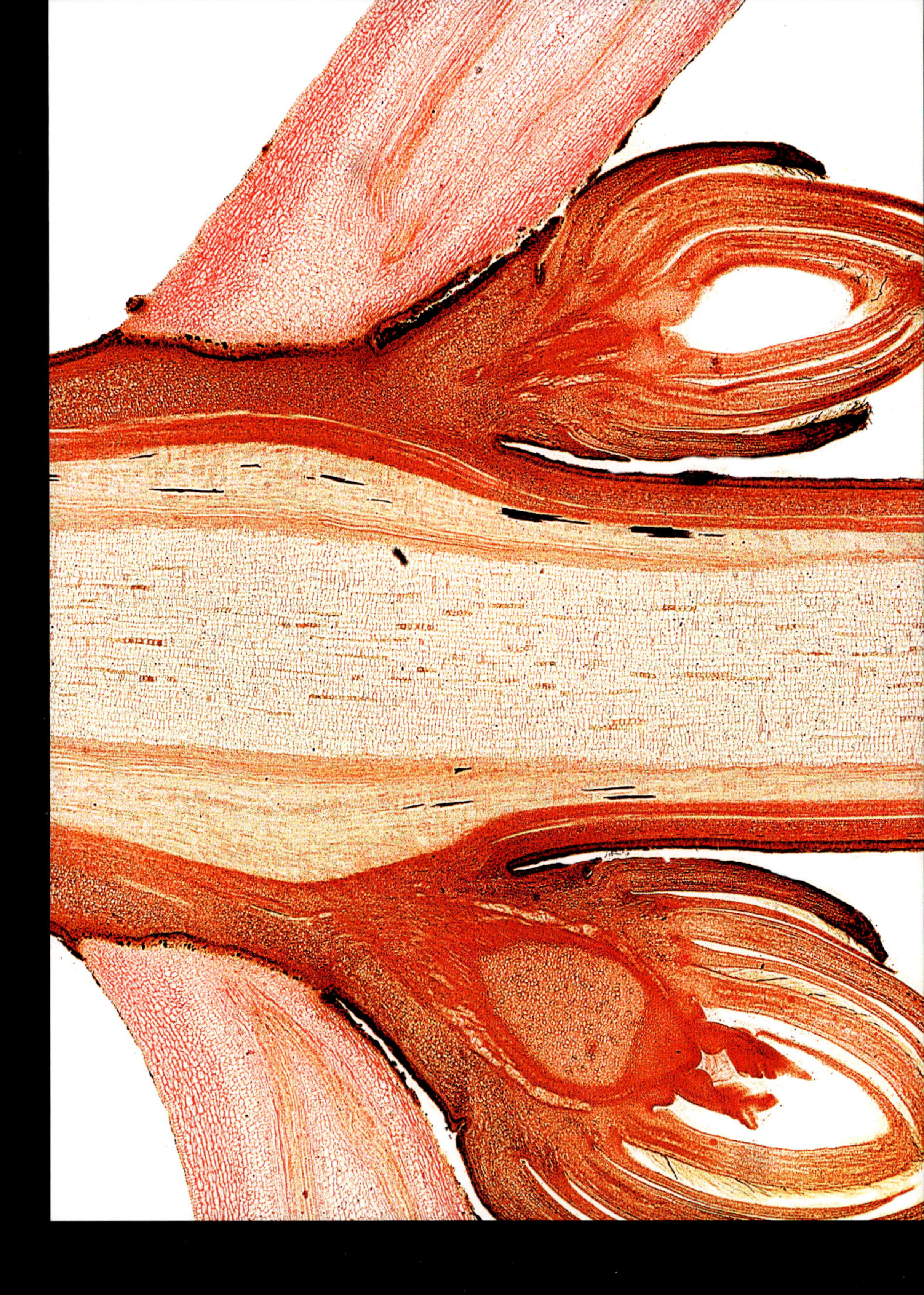

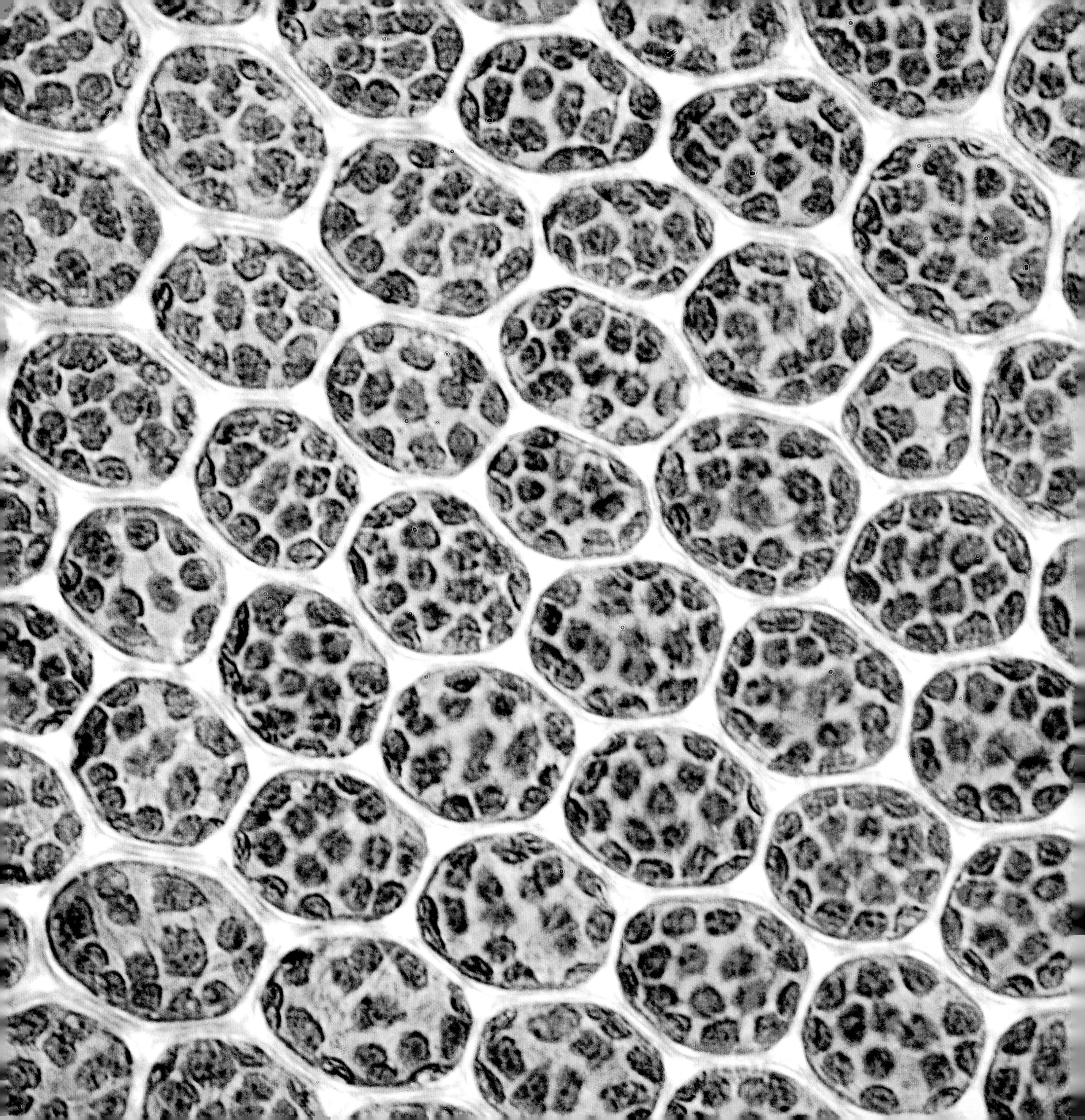

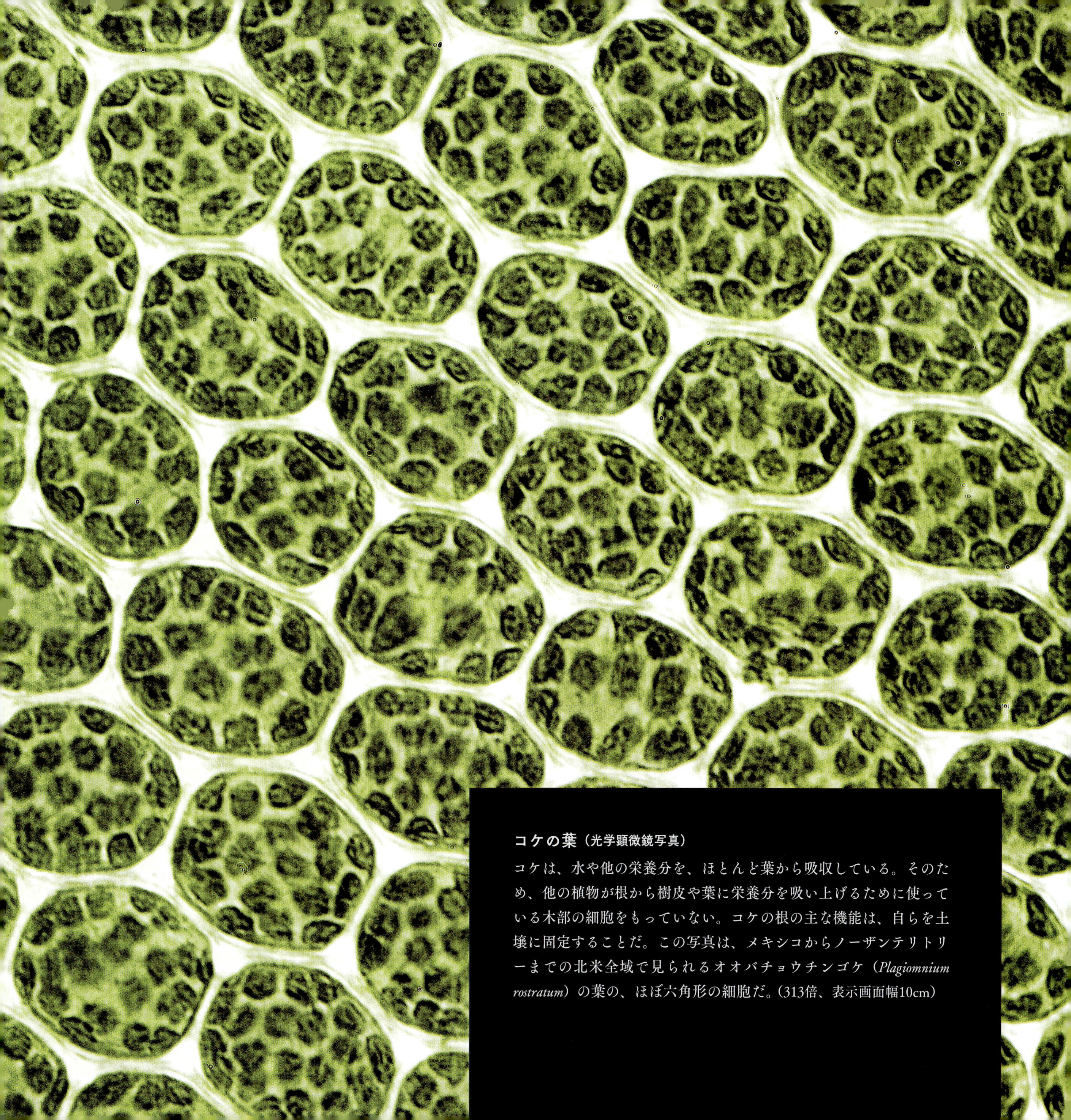

コケの葉（光学顕微鏡写真）

コケは、水や他の栄養分を、ほとんど葉から吸収している。そのため、他の植物が根から樹皮や葉に栄養分を吸い上げるために使っている木部の細胞をもっていない。コケの根の主な機能は、自らを土壌に固定することだ。この写真は、メキシコからノーザンテリトリーまでの北米全域で見られるオオバチョウチンゴケ（*Plagiomnium rostratum*）の葉の、ほぼ六角形の細胞だ。（313倍、表示画面幅10cm）

左 ミズゴケ（光学顕微鏡写真）

380種あるミズゴケの仲間の1つで、この写真は茎の周りに群がるようについている葉だ。他のコケと同じように、ミズゴケも水中で自分の体重の20倍もの重さを支えることができるが、これは葉にある2種類の細胞のはたらきのおかげだ。緑色の小さな細胞は生きた細胞で、光合成に専念している。一方で、大きくはっきり見えるのは死んだ細胞で、水をとらえている。ミズゴケはピートモスとも呼ばれ、他の特殊な植物たちの生息地になっている湿原の形成にとって重要だ。かつて湿原だった場所は、泥炭の主な産地になっている。（100倍、表示画面幅10cm）

右 ビーチグラス［別名マラム、マラム草］*Ammophila arenaria* の葉（光学顕微鏡写真）

ビーチグラス、またはマラム（写真は横断面）は、北欧の海岸の砂地に自生し、土地を安定させている。これがなければ、畑や建物があり人間が利用している場所にまで、砂地が広がって来るだろう。風が吹いて乾燥しやすく、また水はけがよい砂地に生えているのだが、長い葉が丸まって棘のような保護管となり、毛（左下）が内側に並んで風の流れを遅くすることで、湿度を保っている。外表面（右上）は壁が厚く、ロウで覆われている。円柱形の木部の細胞（この写真では赤色）は、葉全体に栄養分を送っている。（138倍、表示画面幅10cm）

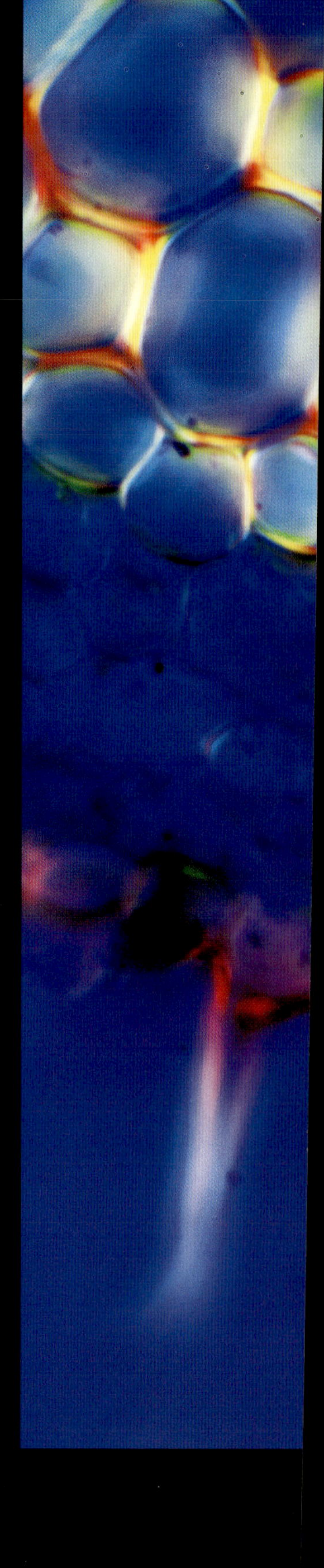

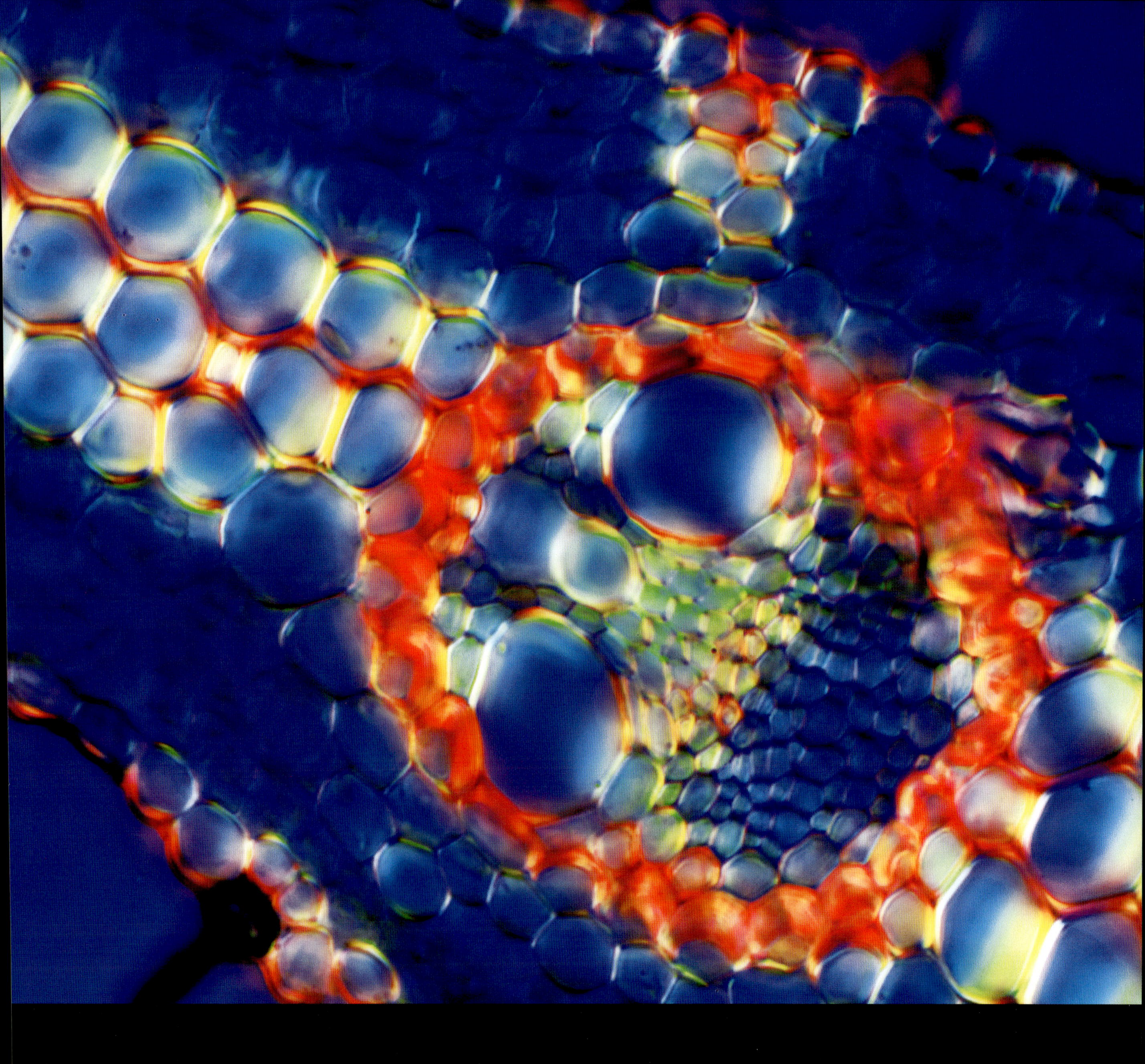

毛状突起（走査型電子顕微鏡写真）

フランネルブラシ（園芸品種名由来の通称）（和名なし）はメキシコとアメリカ合衆国南西部が原産地で、名前はこの写真のような細い毛（毛状突起）に因んでいる。植物は、厳しい環境から身を守る精油を分泌するなど、さまざまな目的のために毛状突起を作り出してきた。味や食感、棘（例えばイラクサ）によって動物に食べられるのを防いでいるものもある。毛状突起は、よく似た種を区別する際に重要となることがあり、毛状突起を示す植物学用語はたくさんある。例えば剛毛（hispid）（ごわごわしたもの）、柔毛（細くふわふわしたもの）、剛毛（strigose）（全部が同じ方向を向いている）などだ。（100倍、表示画面幅10cm）

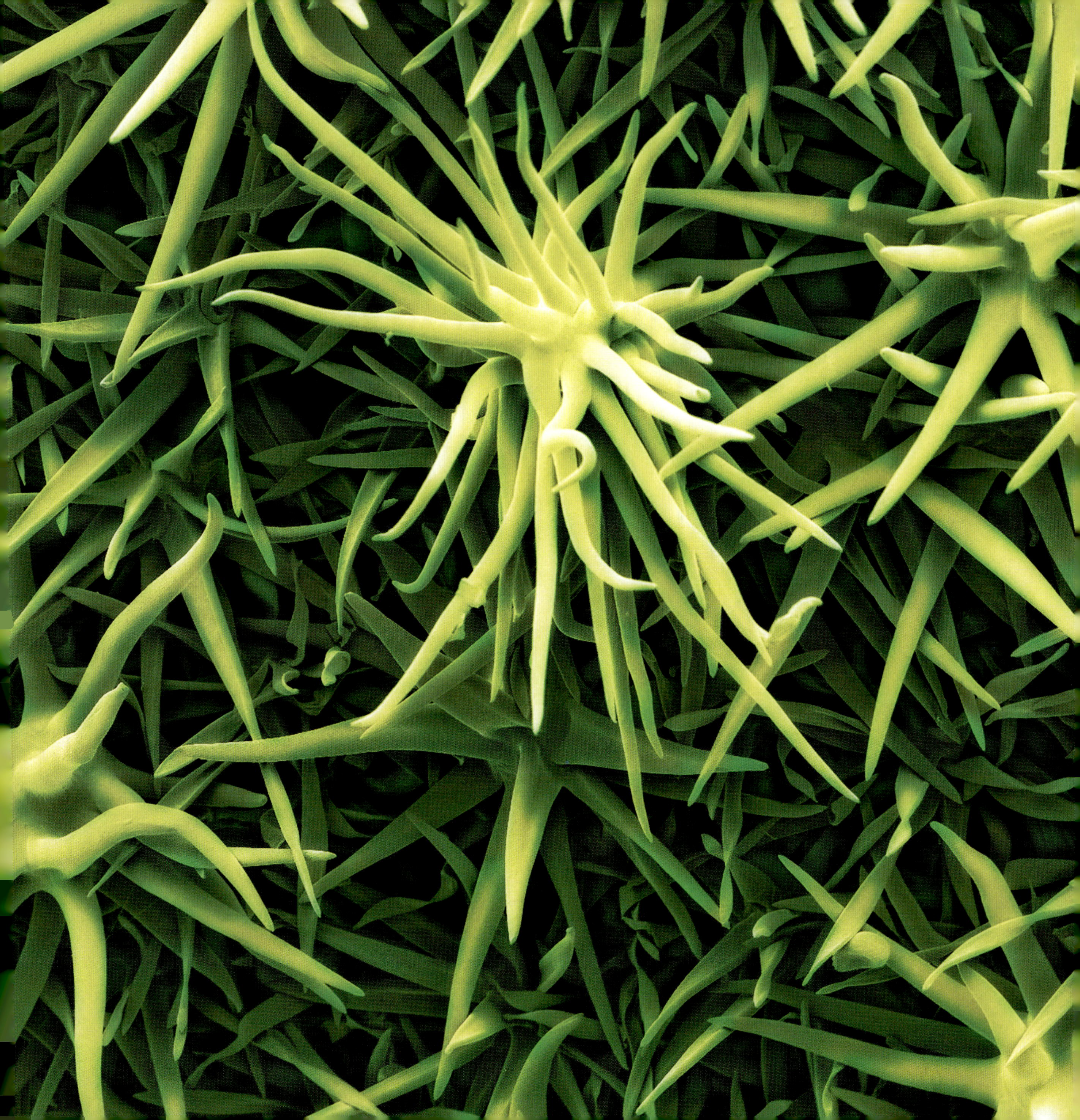

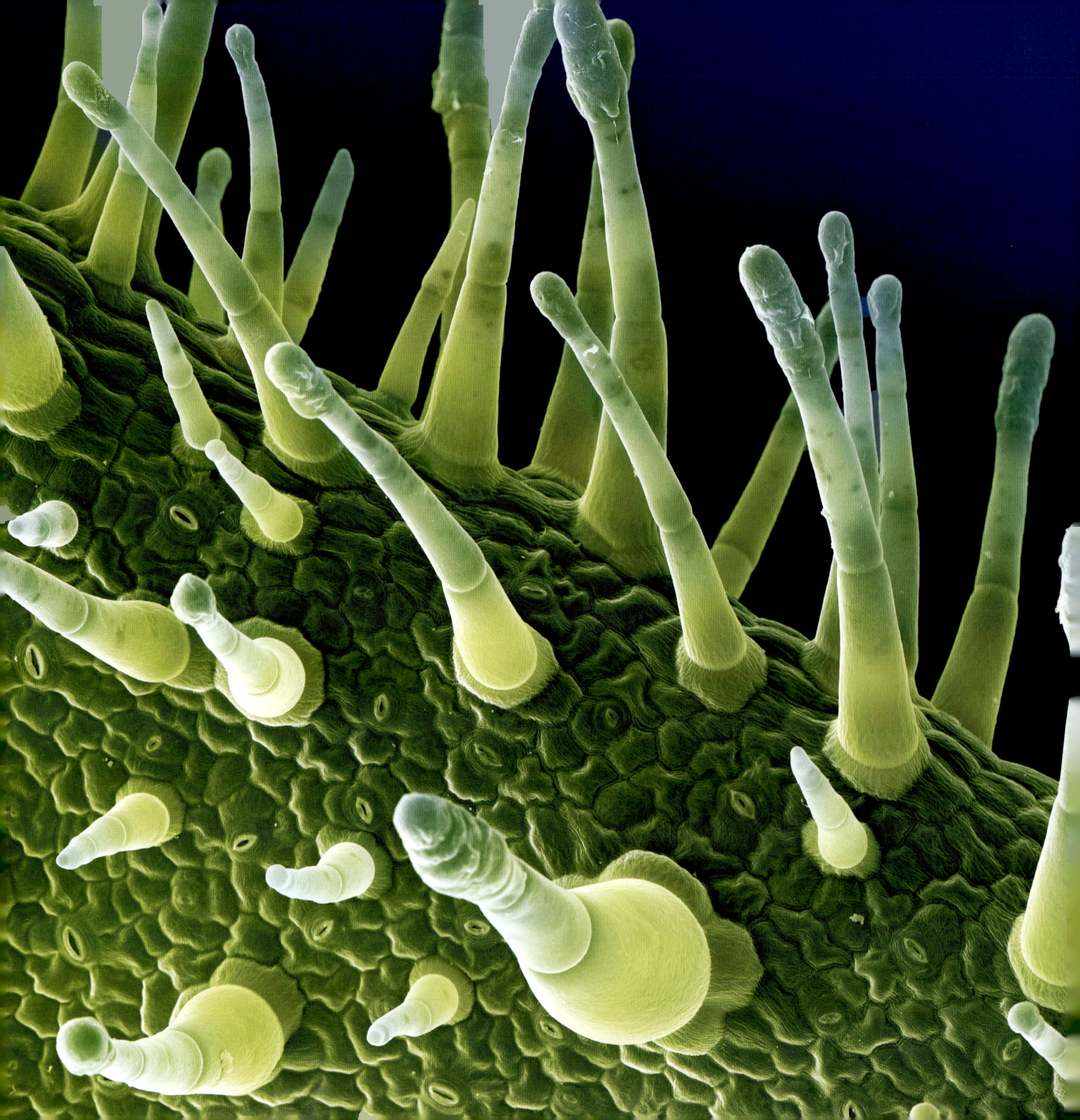

㊧ タバコ（*Nicotiana alata*）の葉（走査型電子顕微鏡写真）

タバコの葉の表側にある毛（毛状突起）は、害虫を避けるために嫌な味のする化学物質を分泌する腺だ。このような腺から分泌される化学物質はテルペノイドと呼ばれ、いい香りのするものはアロマテラピーでよく使われる。香りの他に、テルペノイドは風味や色のもとになっていることもある。あらゆる生物がテルペノイドをもっている。タバコの仲間は、毛状突起が大量のジテルペノイドを放出しているが、食品やビタミン業界の生体工学の専門家はこの物質に関心を寄せている。（倍率不明）

㊤ アサの葉の毛状突起（走査型電子顕微鏡写真）

大麻樹脂（テトラヒドロカンナビノール）は、この画像では緑色に見えるアサ（*Cannnabis sativa*）の葉の上にある、腺毛（毛状突起、ここでは黄色）で作られる。この植物を嗜好品として使う人は、ハシッシュがこの樹脂から、マリファナは葉と花から作られることを知っている。ヘンプ（*Cannnabis sativa*の変種）が使われた最古の例はおよそ1万年前で、西暦900年頃頃にはアラビアに伝わっていた。「ハシッシュ」という語は「草」を意味するアラビア語だ。（40倍、表示画面幅10cm）

Flowers
花

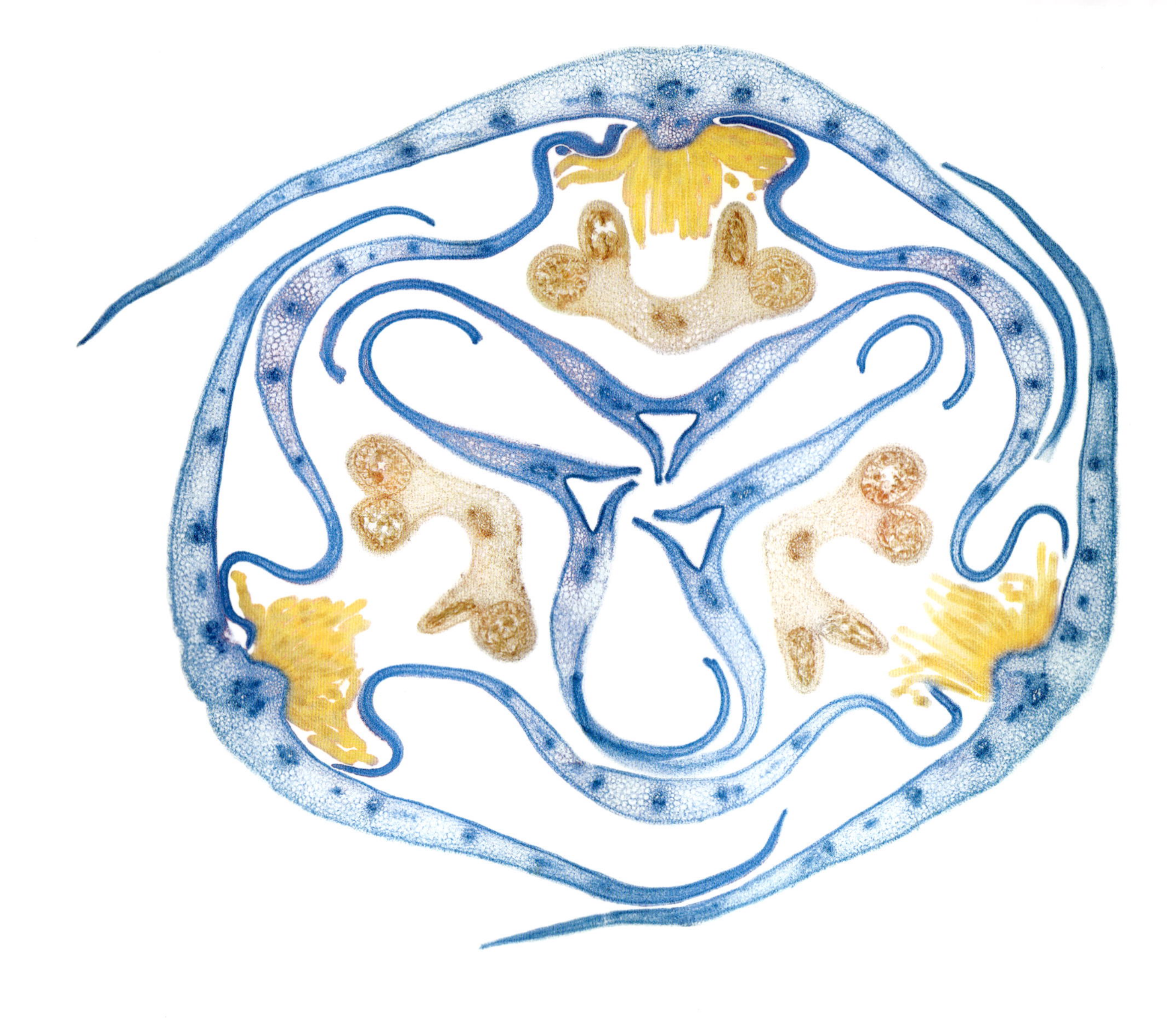

前ページ **アブラナの花弁**
（走査型電子顕微鏡写真）

植物は根と葉から栄養を得ているが、次の世代となる種子をうまく広げるという種の未来のためには、花がとても重要になる。次世代を残すには受粉しなければならない。花が無限といえるほどバラエティに富むのは、昆虫や鳥、哺乳類などの花粉媒介者の注意を引くための、自然界の手段なのだ。この画像は、アブラナ（英名のrapeはラテン語でチューリップを意味する*rapum*に由来）の花弁だ。アブラナは種子から油を採る目的で栽培されている。（倍率不明）

上 **アイリスの蕾**（光学顕微鏡写真）

萼片は花の基部にある葉のことだが、上にある花弁に萼片を似せることで、花弁が多くなったように見えるよう進化したものもある。このアイリスの蕾の横断面では、内側のプロペラのような形は、真ん中にある3枚の花弁の姿だ。外側の3枚の萼片からなる環は、「芒（のぎ）」（ここでは黄色）に引き寄せられた花粉媒介者の昆虫がとまるための、足場になる。やってきた昆虫は花粉を作る葯（ここでは茶色）に体をこすりつけ、次に訪れるアイリスへと花粉を運ぶ。（倍率22倍、表示画面幅10cm）

右 **トケイソウの蕾**（光学顕微鏡写真）

スペインの宣教師は、トケイソウをキリストの受難を表すために使ったが、それはこの英名（Passion flower）のためだ（訳注：パッション（passion）は「キリストの苦難」の意）。この写真は蕾の横断面で、5枚の花弁の内側にある小さな円盤が並んだ二重の環は、特徴的な放射状の繊維になり、茨の冠に似ているといわれる。5つの葯（4つの突起のある大きなもの）は、イエス・キリストが受けた5か所の傷を、真ん中にある3組の柱頭は、キリストを十字架に磔にした3本の釘を象徴している。（8倍、 表示画面幅10cm）

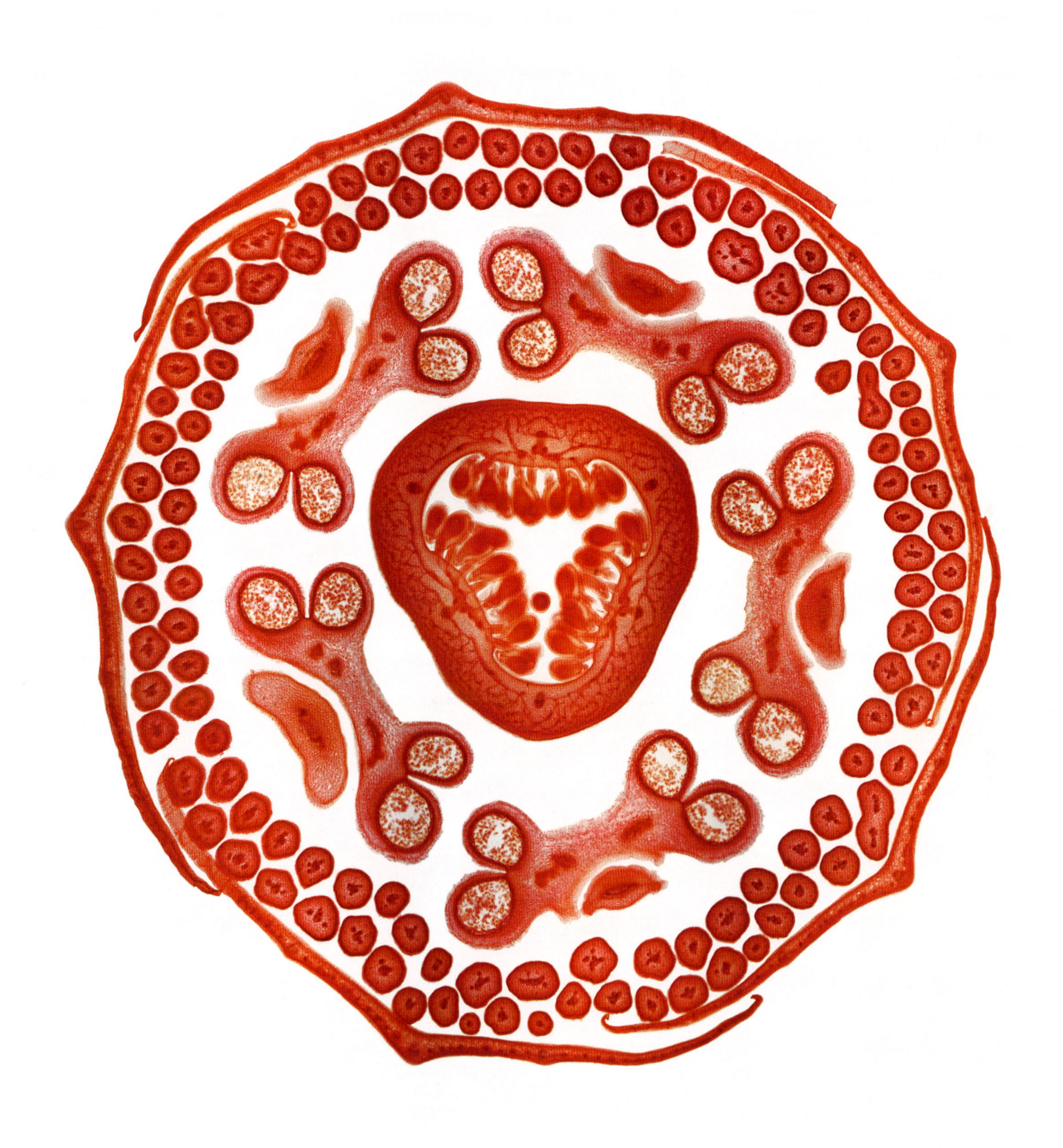

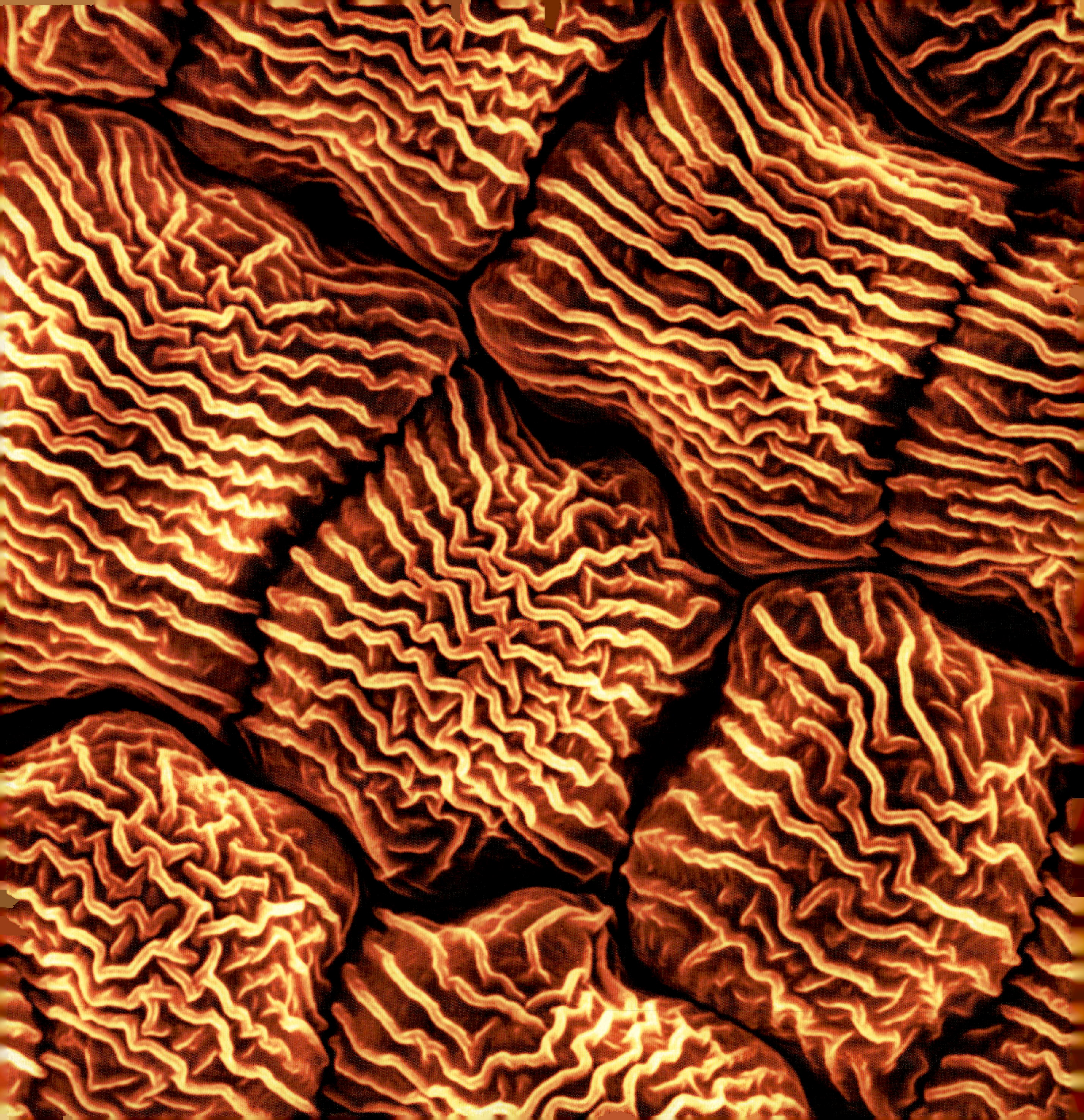

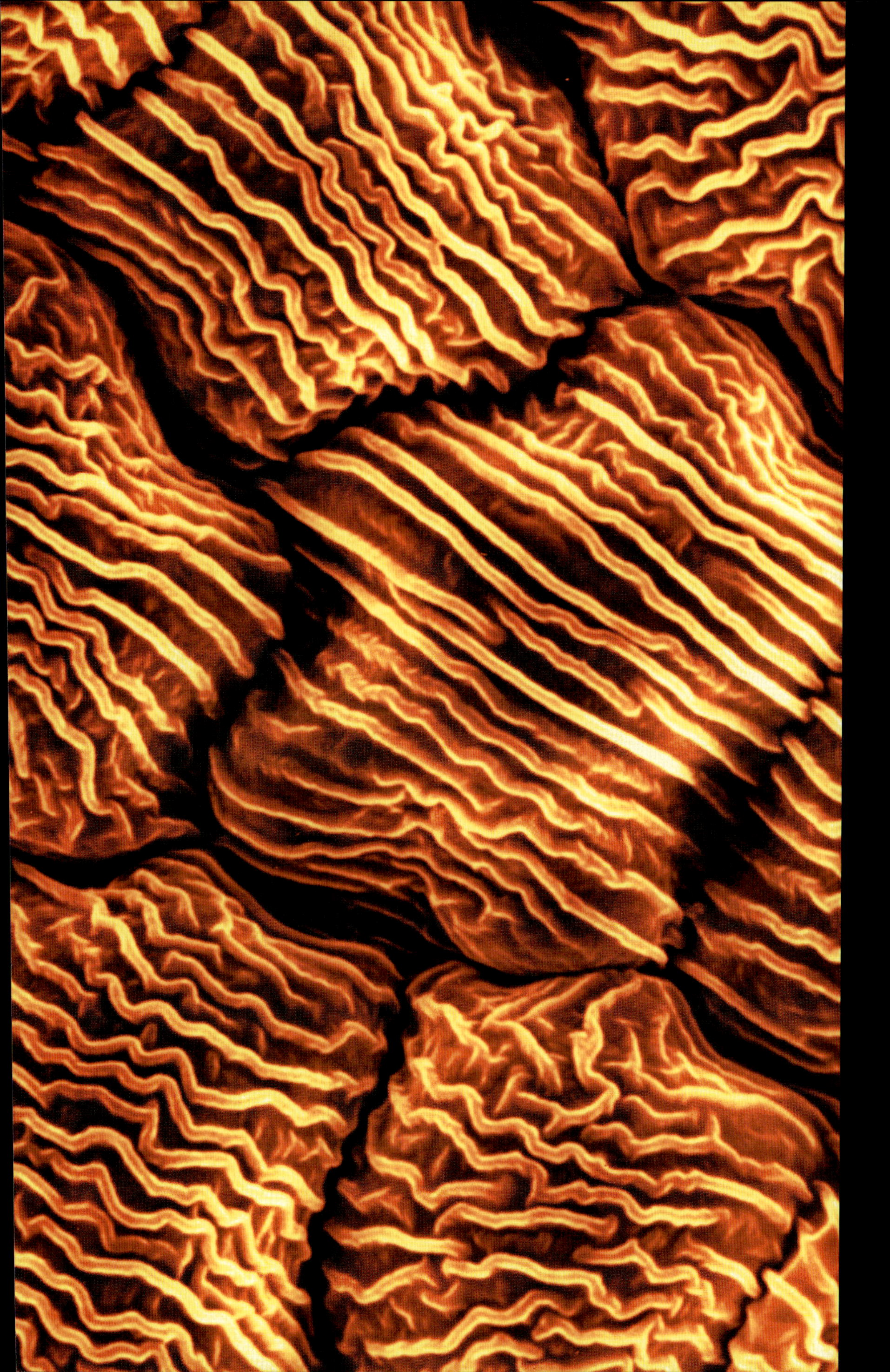

㊧ ノハラガラシの花
（走査型電子顕微鏡写真）

この色彩強調画像は、ノハラガラシの花の表面の複雑な構造の様子だ。区域に分かれたようになっているのは乳頭突起で、繊細な花が萎びる原因になる水分の損失を防いでいる。花は、花粉を媒介してくれるハチやハエを引きつけるために、これを飾りとして利用している。受粉すると細長い果実ができるが、これは哺乳類には有毒だが鳥には毒性がないので、種を撒いてくれるのは主に鳥ということになる。（470倍、表示画面の高さ2.5cm）

㊤ ヘクソカズラの花（走査型電子顕微鏡写真）

花は、外見と匂いで花粉媒介者を引きつける。この美しい花が取っているやり方では、ハエは引き寄せるが、人間はおそらく引きつけられない。学名は*Paederia foetida*で、*Paederia*の仲間は、英語では下水つる（sewer vine）というあだ名がつけられている。茎と葉は、押しつぶすと有害な硫黄の臭いを放つ。ところが、インド北東部ではスパイスとして、また慣用名（Chinese fever vine）が示すとおり中国では民間医療の薬として使われている。英語ではスカンクバイン（訳注：バイン（vine）はつる植物の意）とも呼ばれる。（倍率不明）

㊨ コメツブツメクサ（走査型電子顕微鏡写真）

花被は、花弁（花冠）と萼片（萼杯）からなる。花弁も萼片も葉が変化したものだ。これはクローバーの一種コメツブツメクサ（*Trifolium dubium*）の頭状花の画像で、実際は小花と呼ばれるたくさんの小さな花からできていることがわかる。先の尖ったクリーム色の花弁からなる花冠の一つ一つは、それぞれの萼杯の中に収まっている。シャジクソウ（和名）属（*Trifolium*）とは英語で「3枚の葉」という意味で、クローバーとも呼ばれ、アイルランドのシンボルでもある三つ葉のシャムロックのモデルとなっている。（倍率不明）

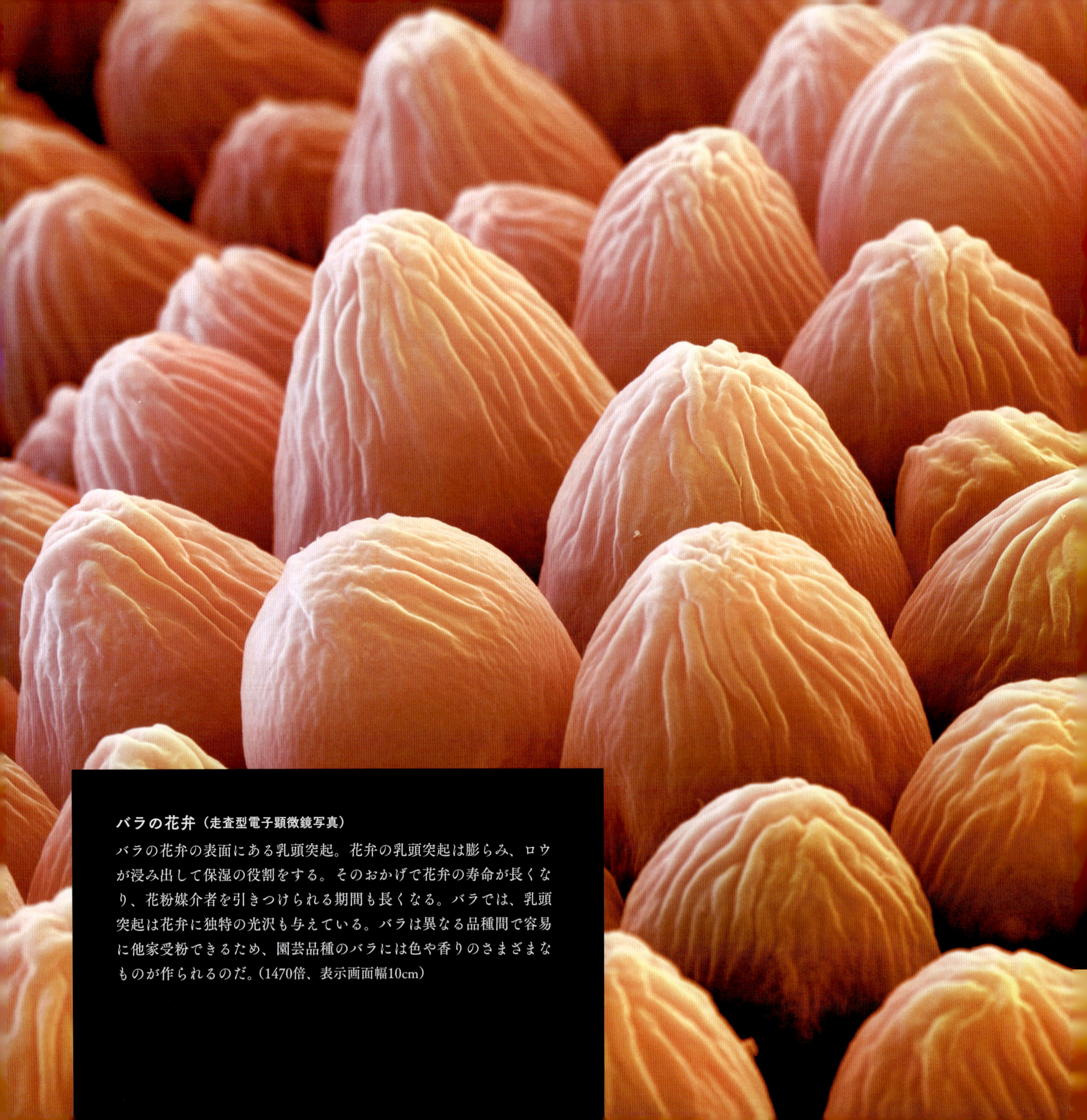

バラの花弁（走査型電子顕微鏡写真）

バラの花弁の表面にある乳頭突起。花弁の乳頭突起は膨らみ、ロウが浸み出して保湿の役割をする。そのおかげで花弁の寿命が長くなり、花粉媒介者を引きつけられる期間も長くなる。バラでは、乳頭突起は花弁に独特の光沢も与えている。バラは異なる品種間で容易に他家受粉できるため、園芸品種のバラには色や香りのさまざまなものが作られるのだ。（1470倍、表示画面幅10cm）

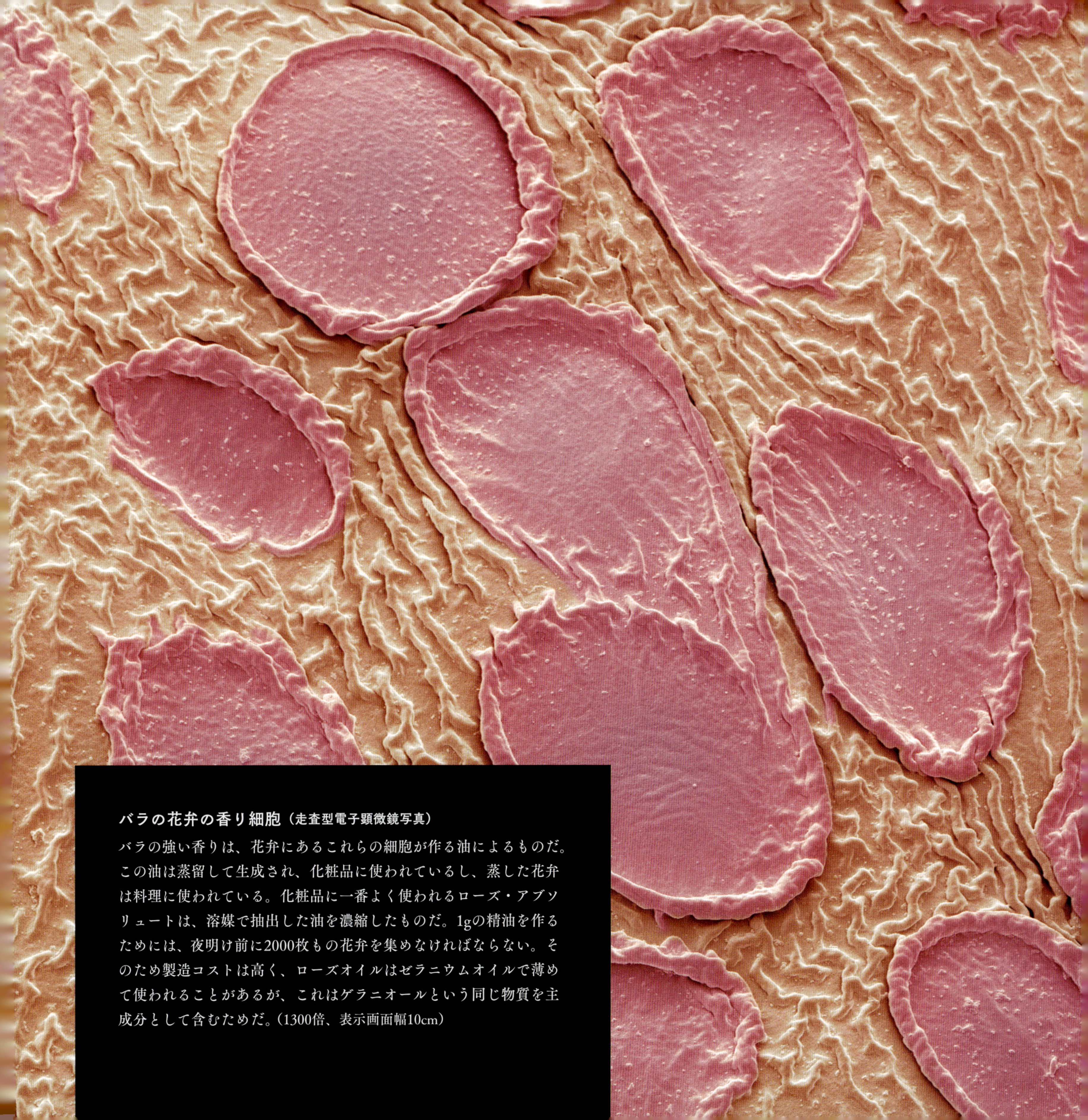

バラの花弁の香り細胞（走査型電子顕微鏡写真）

バラの強い香りは、花弁にあるこれらの細胞が作る油によるものだ。この油は蒸留して生成され、化粧品に使われているし、蒸した花弁は料理に使われている。化粧品に一番よく使われるローズ・アブソリュートは、溶媒で抽出した油を濃縮したものだ。1gの精油を作るためには、夜明け前に2000枚もの花弁を集めなければならない。そのため製造コストは高く、ローズオイルはゼラニウムオイルで薄めて使われることがあるが、これはゲラニオールという同じ物質を主成分として含むためだ。（1300倍、表示画面幅10cm）

ランの花弁（走査型電子顕微鏡写真）

コチョウラン属の仲間のランの花は、蛾が飛んでいる姿に似ているとされていて、英名はmoth-orchid（蛾のラン）であり、学名も「蛾のような」という意味だ。花弁を詳しく見たこの画像では、左側に、花の内部の水分と気体の濃度を調節するための開口部である小さな孔（気孔）がある。葉にあるよく似た構造と同じ役割をもち、花弁は光合成でなく生殖を担うために葉から変化して進化したとする説の証拠となっている。(425倍、表示画面幅7cm)

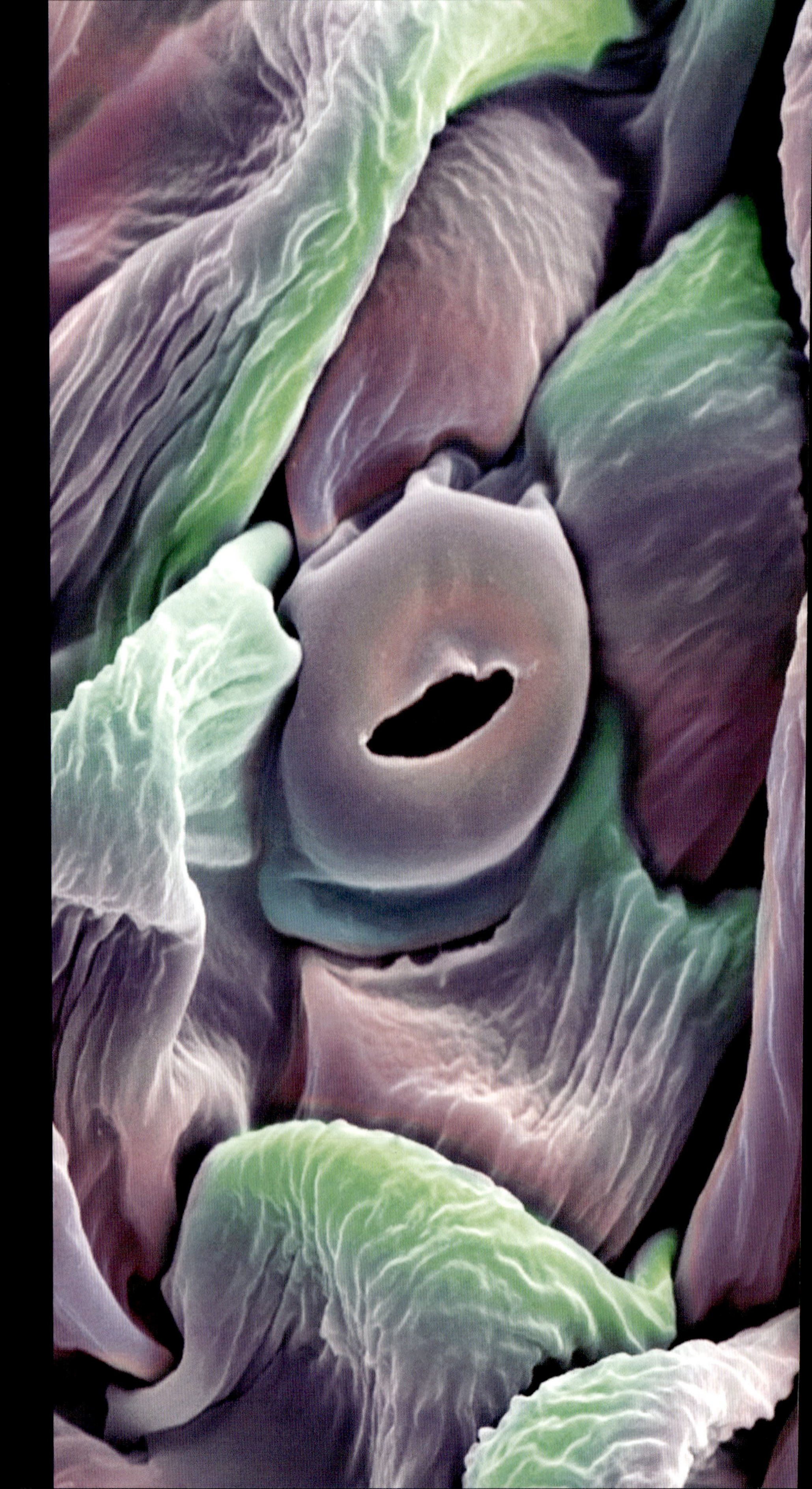

㊧ ヌマハッカの花の細胞
（走査型電子顕微鏡写真）

ヌマハッカの花弁の表面。小花がぎっしり詰まって半球形の頭状花を作っている、たくさんの花弁のうちの1枚だ。多くの植物は、自分の花粉媒介者として特殊化した特定の相手を引きつけるが、ヌマハッカはさまざまな昆虫に花粉を運んでもらう。特定の種の昆虫だと個体数の変動が大きくなりがちな地域生態系では、このような性質は有利かもしれない。1つの種だけに頼る植物は、花粉媒介者の数が減ると数年で危機に陥るからだ。（680倍、表示画面の高さ10cm）

㊨ バレリアン（和名セイヨウカノコソウ）の花弁 （走査型電子顕微鏡写真）

不規則な六角形の細胞は、バレリアンの花弁の表面にあるピンプル（乳頭突起）だ。野生のバレリアンはピンク色または白い花を咲かせ、赤い花の園芸品種とは、類縁関係はあるが近縁でない。ハーブ医療ではしばしば睡眠改善薬の成分とされ、気持ちを落ち着かせたり鎮静作用があるものとして、2500年以上前から使われている。治療に使われるのは根である。花は甘い香りがするので、昔は香水として使われていた。（300倍、表示画面幅10cm）

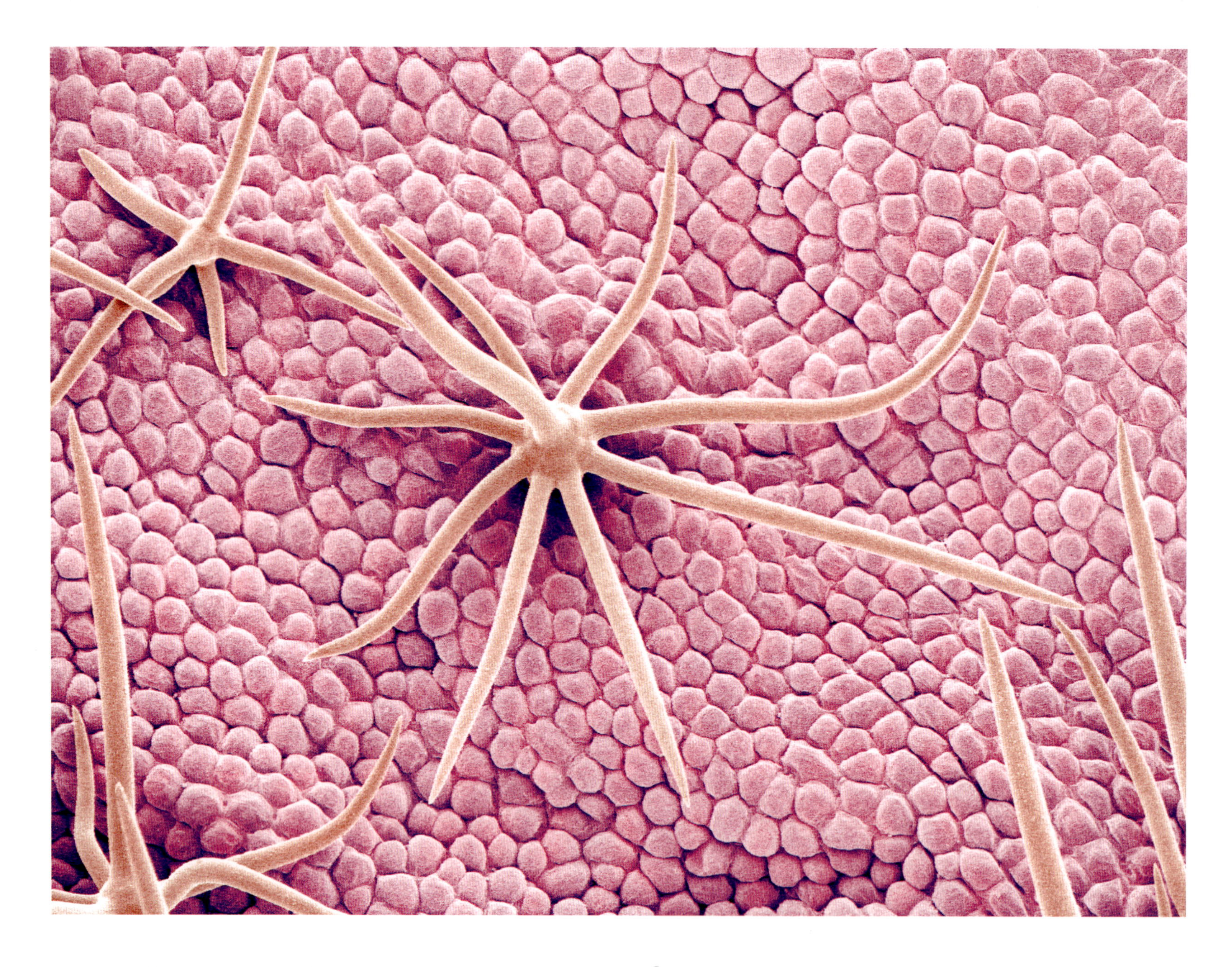

㊤ ナスの花弁（走査型電子顕微鏡写真）

ナスの花弁の表面で、毛のようなものが束になっているもの（毛状突起）は、陰を作って暖かい気候でも水分を失わないためだ。また、ナスが苦手とする霜に対する防御にもなっている。花、葉、根は自然の殺虫剤であるソラニンを含み、捕食者から身を守っているが、人間にも毒性がある。ナスの可食部は専門的にいえば漿果で、種子を含んでいる。種子はタバコの味がするが、ナスはタバコに近い種なのだ。（倍率不明）

㊨ ハコベの花の雌しべ（走査型電子顕微鏡写真）

このコンピューター強調画像は、ハコベの花の雌性生殖器官（雌しべ）で、蕊柱（花柱）を取り囲んでいる柱頭だ。柱頭がハコベの花粉をつかまえると、花粉は花柱に入り込み、卵室（子房）に向かって伸びていく。子房の内側に卵（胚珠）があり、受精すると成熟して種子となって、花がつくとすぐに散布される。種子は秋の終わりから冬にかけて発芽する。ハコベの葉は食用になり、サラダの素材に使われる。（倍率不明）

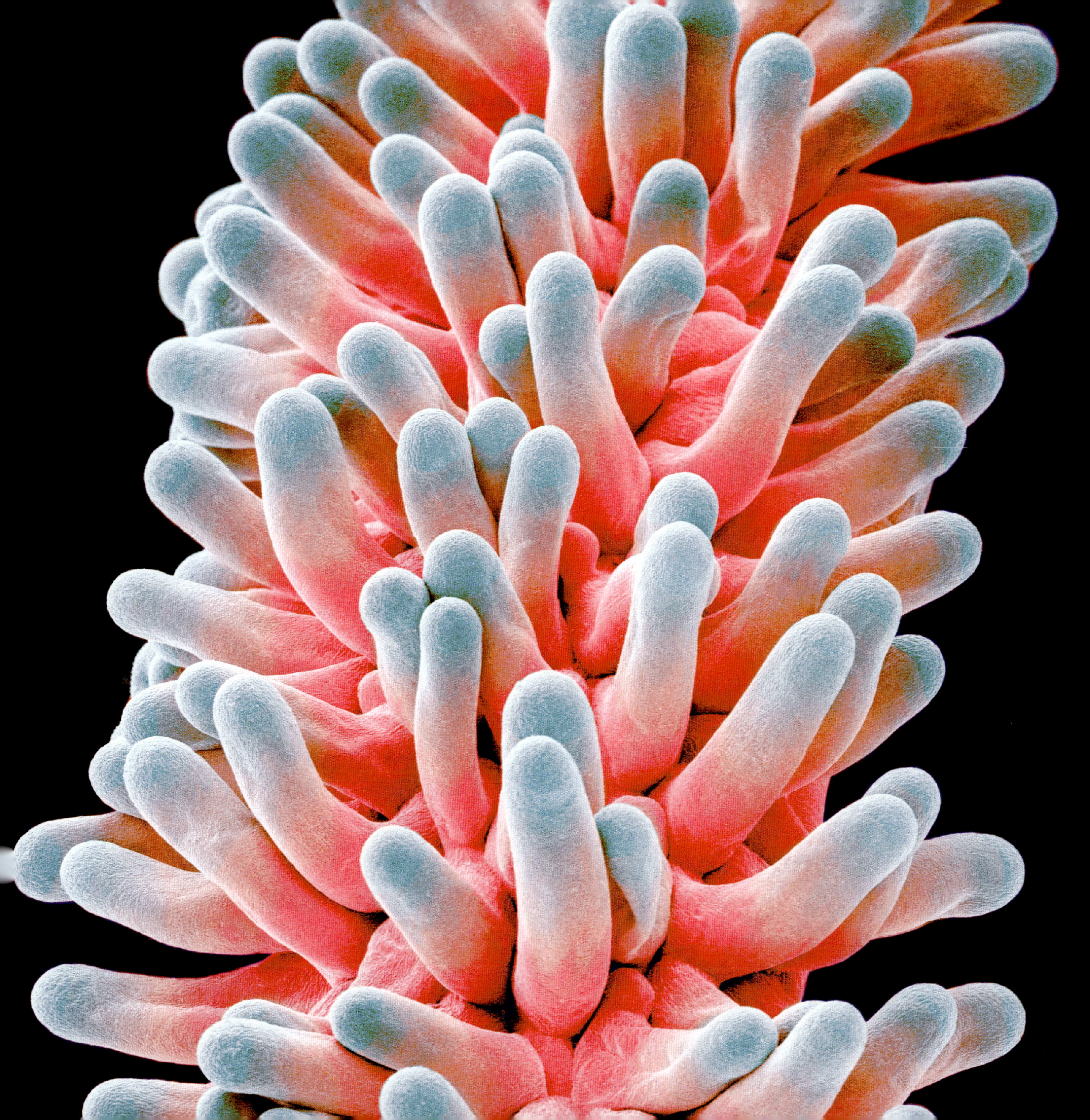

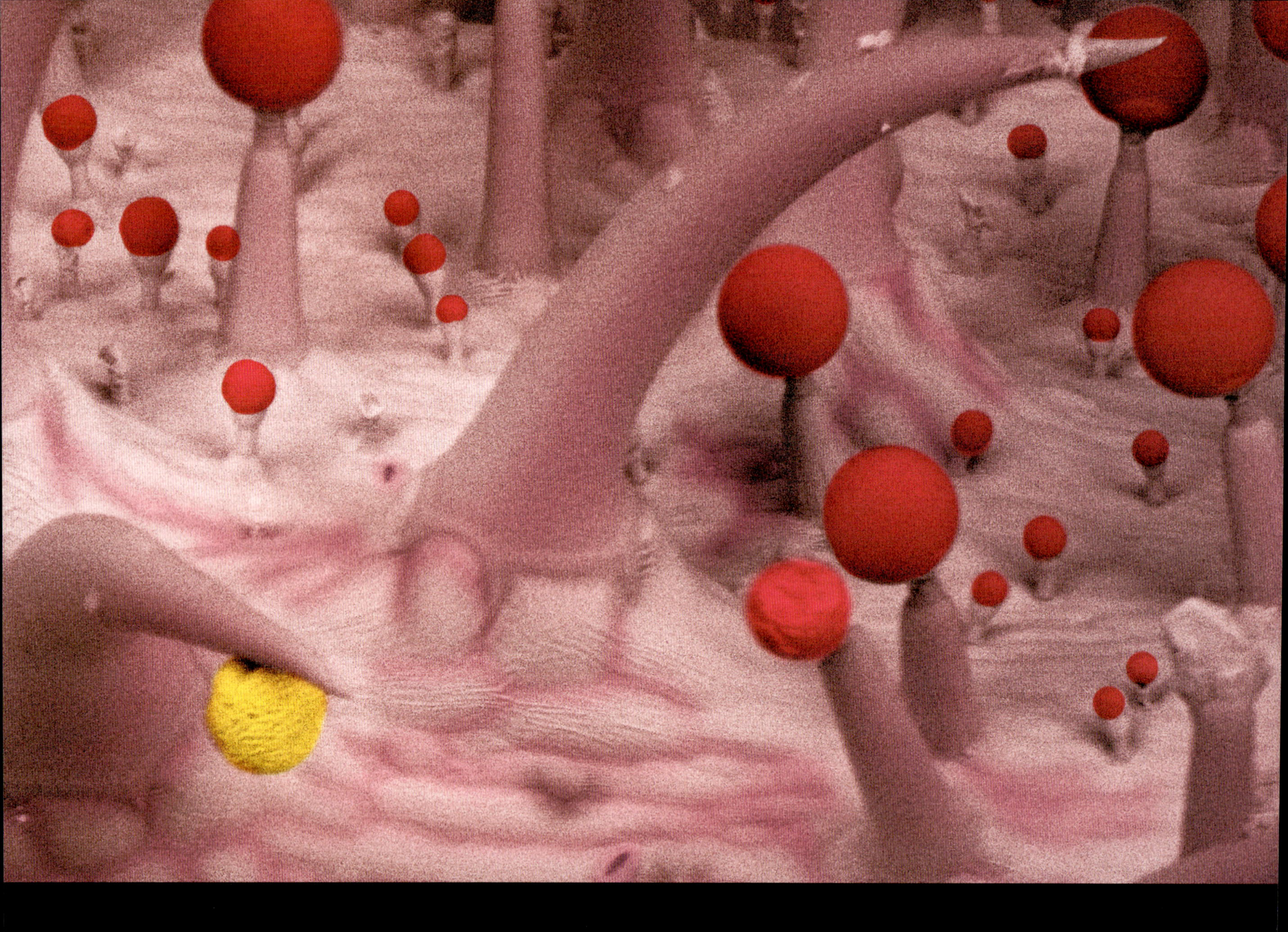

Ⓤ **ニオイゼラニウム**［園芸品種名由来の通称］（和名ニオイテンジクアオイ）**の葉**（走査型電子顕微鏡写真）

異なる種を交配することで、今ではいろいろなニオイゼラニウムが作られている。意外に思われるだろうが、ニオイゼラニウムはgeranium（フウロソウ）の仲間ではなくpelagonium（テンジクアオイ）で、これら2つのグループは、もともとはすべてゼラニウムとされていたが、18世紀に分類を改められた。これは、レモンの香りのするゼラニウムの葉の拡大写真だ。いくつかの毛（毛状突起）の上についている赤い球は、香油を分泌する腺である。この香りは家畜に食べられるのを防ぎ、花粉媒介者を引きつける。黄色の球は花粉粒だ。（136倍、表示画面幅10cm）

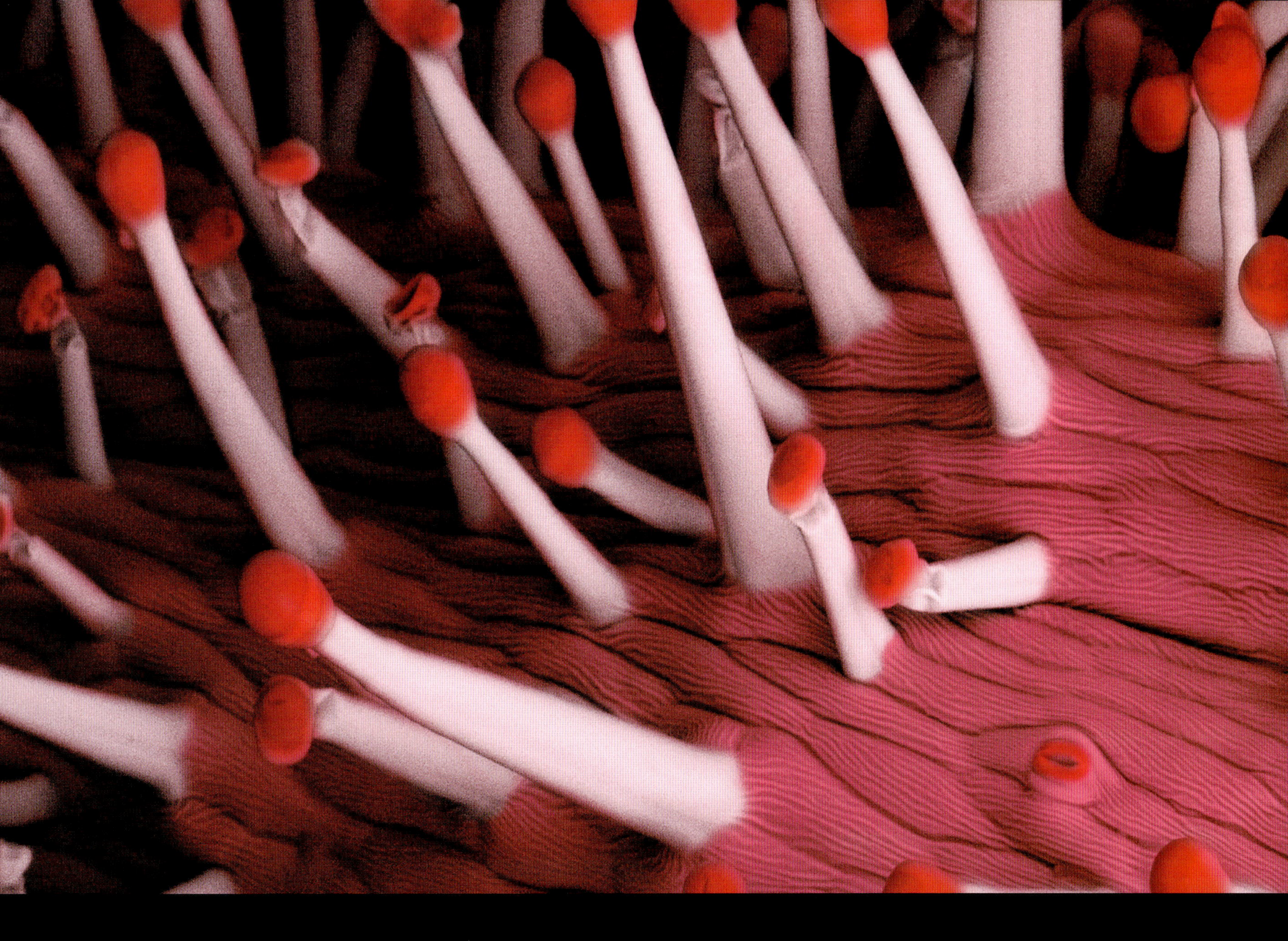

㊤ **ディアスキア** [園芸品種名由来の通称]（和名なし）（*Diascia vigilis*）（走査型電子顕微鏡写真）

ディアスキア（*Diascia*）の仲間は、庭でよく見かけられる。背丈の低い植物で、いろいろな場所の日陰にピンク色の花がクッションのように広がる。花には2色のものもあるが、それは写真のような油を作る球形の腺が花弁の上にあるためだ。花の後方が2本の拍車のような珍しい形に突き出した部分には、よりたくさんの油が蓄えられている（この特徴のため、英名はtwinspur（訳注：spurは拍車））。*Rediviva*の仲間のハチは、非常に長い前肢をもつことで、この油を集めることができるように進化している。ディアスキアの仲間は、種によってこの突起の長さが違うので、それぞれから油を集める*Rediviva*の種は、それに合ったものになっている。（149倍、表示画面幅10cm）

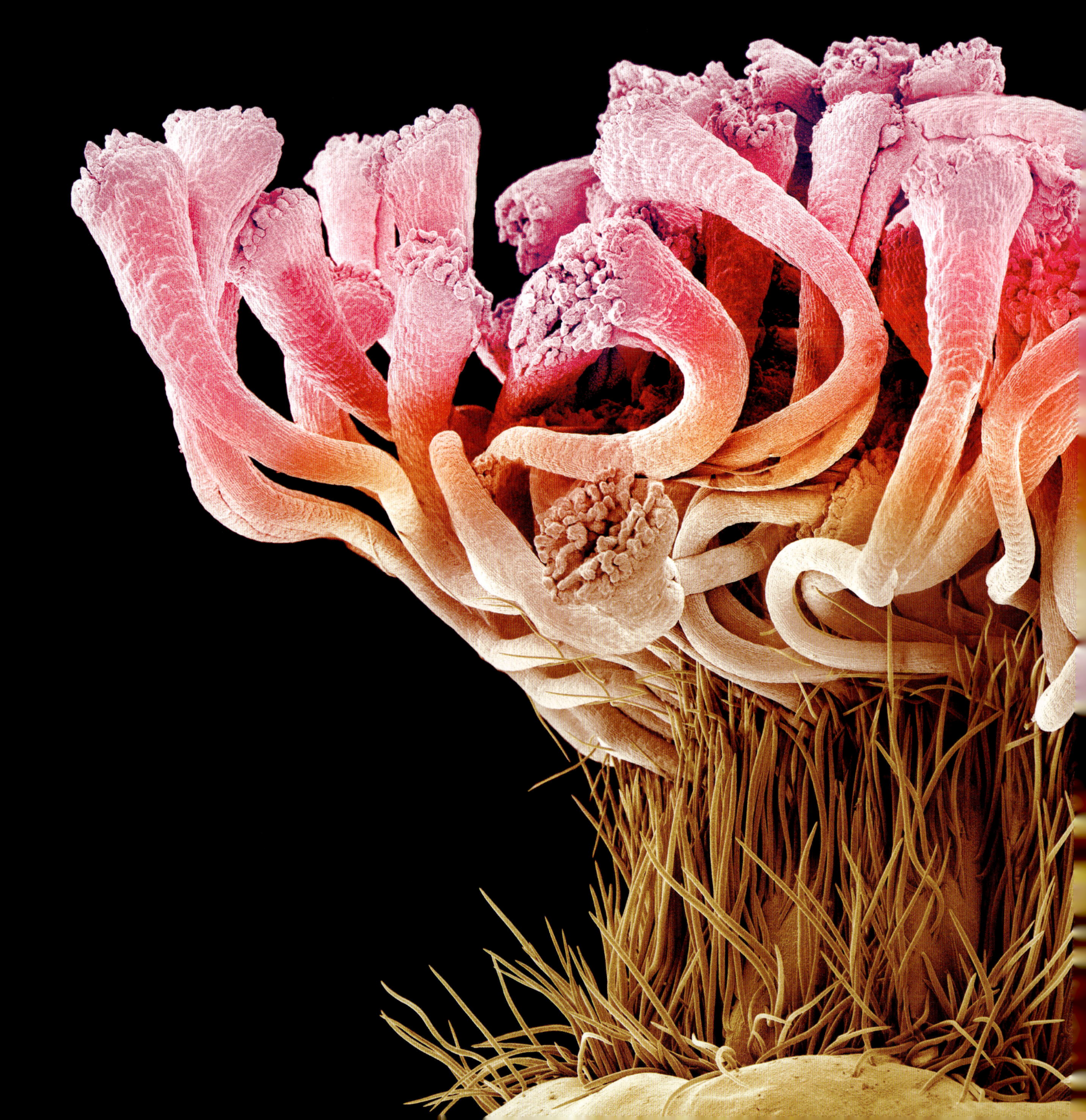

バラの雌しべ（走査型電子顕微鏡写真）

花弁と、環状に取り囲む雄性生殖器官（雄しべ）を取り除いて、バラの雌性生殖器官（雌しべ）がよく見えるようにした見事な画像だ。ここに見える柱頭の冠部は、精細胞を作る花粉が来るのを待っていて、その下にはたくさんの子房がある。受精すると、膨らんでできるのがローズヒップで、鳥の餌になり、中にある種子はやがてその糞に混じって散布される。園芸品種のバラのほとんどは、花弁をたくさん作るように品種改良されているので、花粉を媒介する昆虫が入る余地がなく、ローズヒップを作らなくなっている。（倍率不明）

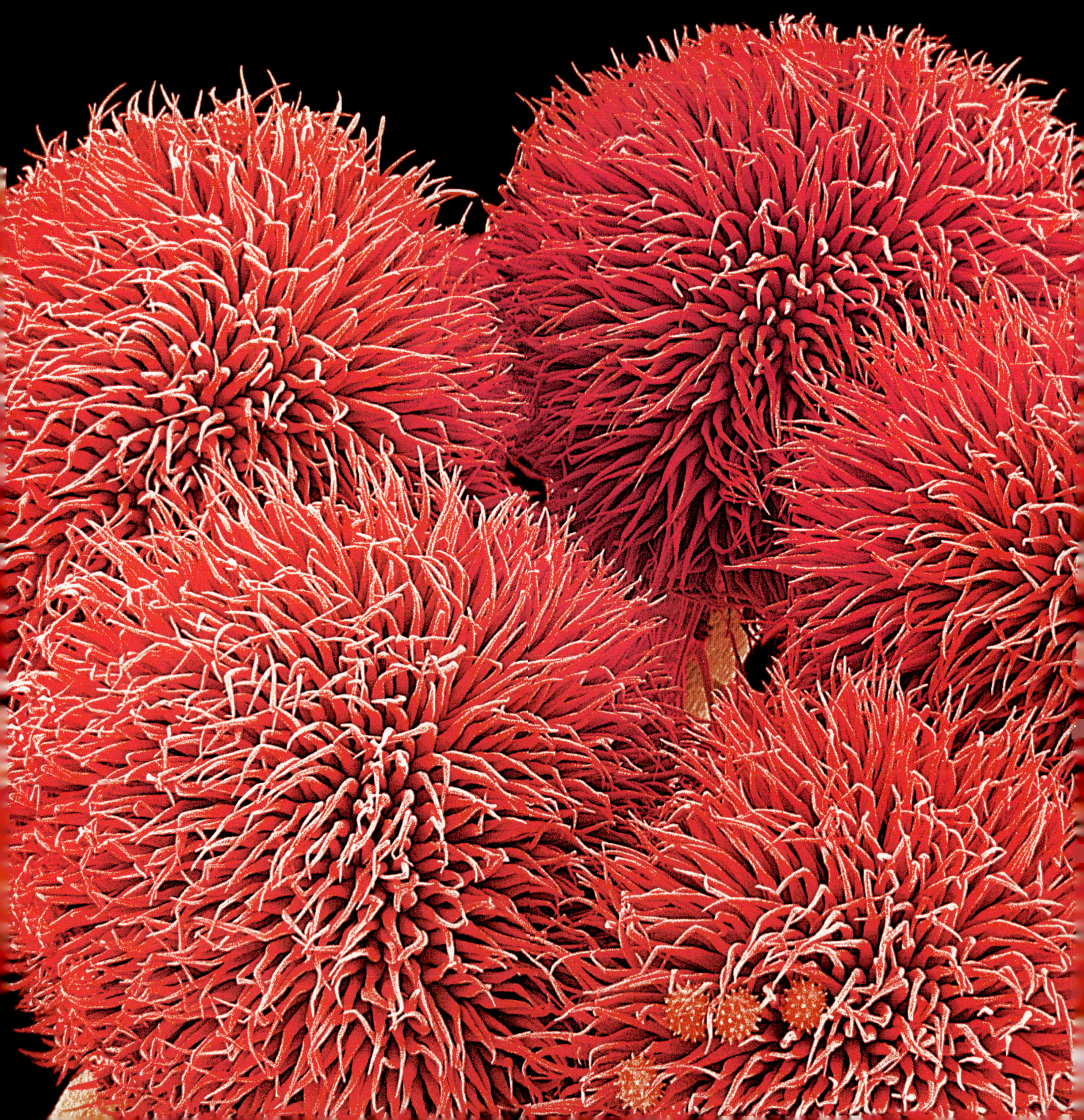

㊧ **ハイビスカスの花の受粉**（走査型電子顕微鏡写真）

ハイビスカスの花にある5組の柱頭の、玉房のような美しい画像。そのうちの1つ、右下の房はうまく花粉をつかまえているので、下の方にある卵室で受精するだろう。卵室は木質で五角形の果実になり、乾くと開いて種子が飛び出す。ハイビスカスの花は、紅茶にぴりっとした刺激をつけたり、さまざまな料理で酸味として使われたりする。フィリピンでは、子供たちが花や葉を押しつぶし、出てきた液体にストローで息を吹き込んで泡を作って遊ぶ。（倍率不明）

㊤ **ウマノアシガタ［別名キンポウゲ］の花の雌しべ**
（走査型電子顕微鏡写真）

ウマノアシガタの花の真ん中の画像で、ぎゅっと詰め込まれた小さな黄色い「丸パン」のようなものは、卵室（子房）だ。一つ一つの上で帯状になっている毛は柱頭で、やってきた花粉をつかまえる準備が整っている。キンポウゲ科の仲間の化石になった種子は、40億年も昔にさかのぼるといわれる。学名は*Ranunculus*で、「小さなカエル」という意味だ。家畜には有毒で、口や喉に水ぶくれができる。（21倍、表示画面幅7cm）

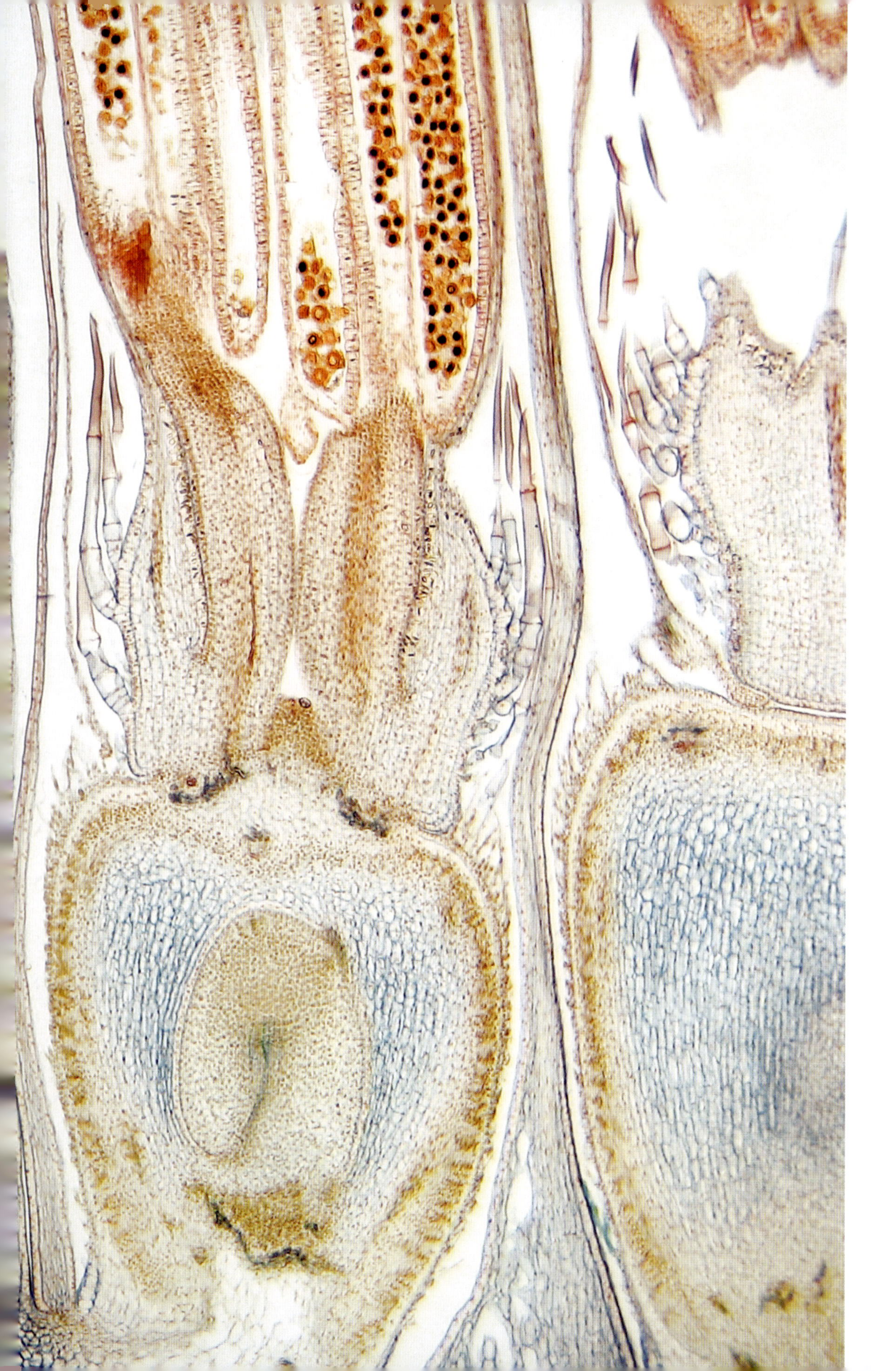

ヒマワリの子房（光学顕微鏡写真）

この画像では下の方に見えるほぼ三角形の小部屋が、ヒマワリの1つの卵（胚珠）だ。これらのほとんどは、中でヒマワリの種子ができつつあるのが見える。胚珠の上の真ん中あたりに見える軸（花柱）は、花粉を集める柱頭を支えている。それぞれの柱頭の周りで束になっているのは、花粉を作る部分（葯）が長く伸びたもので、中に花粉がはっきり見える。ヒマワリの花が、1日中太陽を追いかけて動くというのは、残念なことに事実ではない。（60倍、表示画面幅10cm）

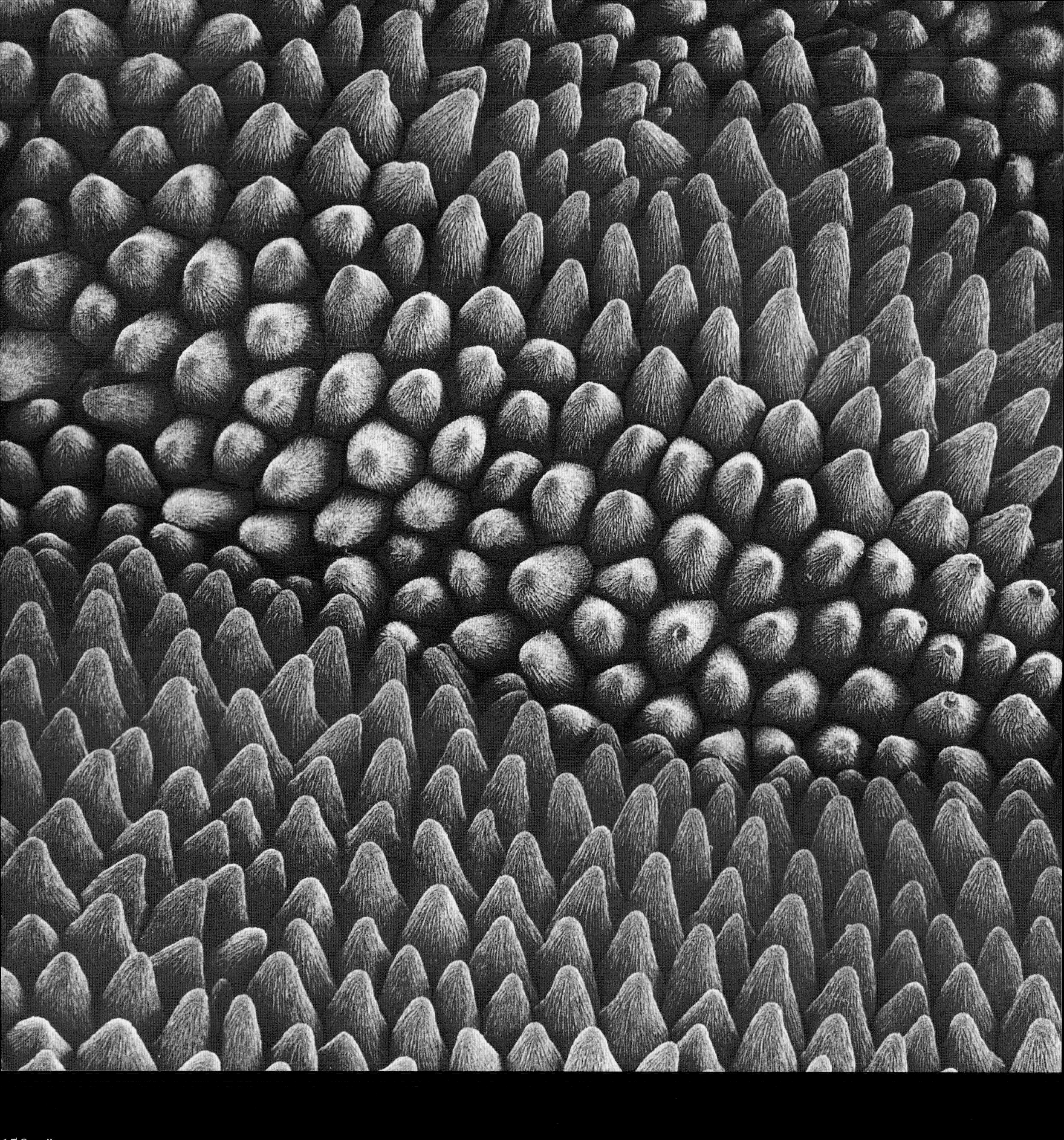

㊧ パンジーの花弁
（走査型電子顕微鏡写真）

パンジーの花弁の上にある毛（毛状突起）。昔から、パンジーは記憶を象徴するとされ、英名はフランス語で「思考」を意味する'pensée'に由来する。イタリア語の名前は「炎」という意味で、ハンガリー語では「小さな孤児」と呼ばれる。パンジーは、3本のまっすぐなシードヘッドが真ん中に集まって3つの突起のある星のような形になるので、シードヘッドがとても目立つ。それぞれのシードヘッドは、丸い種子が成熟すると破裂する。（360倍、表示画面幅7cm）

㊨ ニチニチソウの花弁の表面
（走査型電子顕微鏡写真）

ニチニチソウの花弁の表面には密に生えた細い毛（毛状突起）があって、滑らかで艶のある葉と好対照をなしている。園芸で人気があるのは、ツルニチニチソウ（*Vinca major*）とヒメツルニチニチソウ（*Vinca minor*）の2種だ。草丈の低い常緑の密集した絨毯となるが、花の季節にはこれが紫色の5枚の花弁をもつかわいらしい花の絨毯に変わる。グラウンドカバーにするには便利だが、他の植物の場所まで入り込んで枯らしてしまう。茎が地面に触れたが最後、そこから根を伸ばしてしまうからだ。（80倍、表示画面幅6cm）

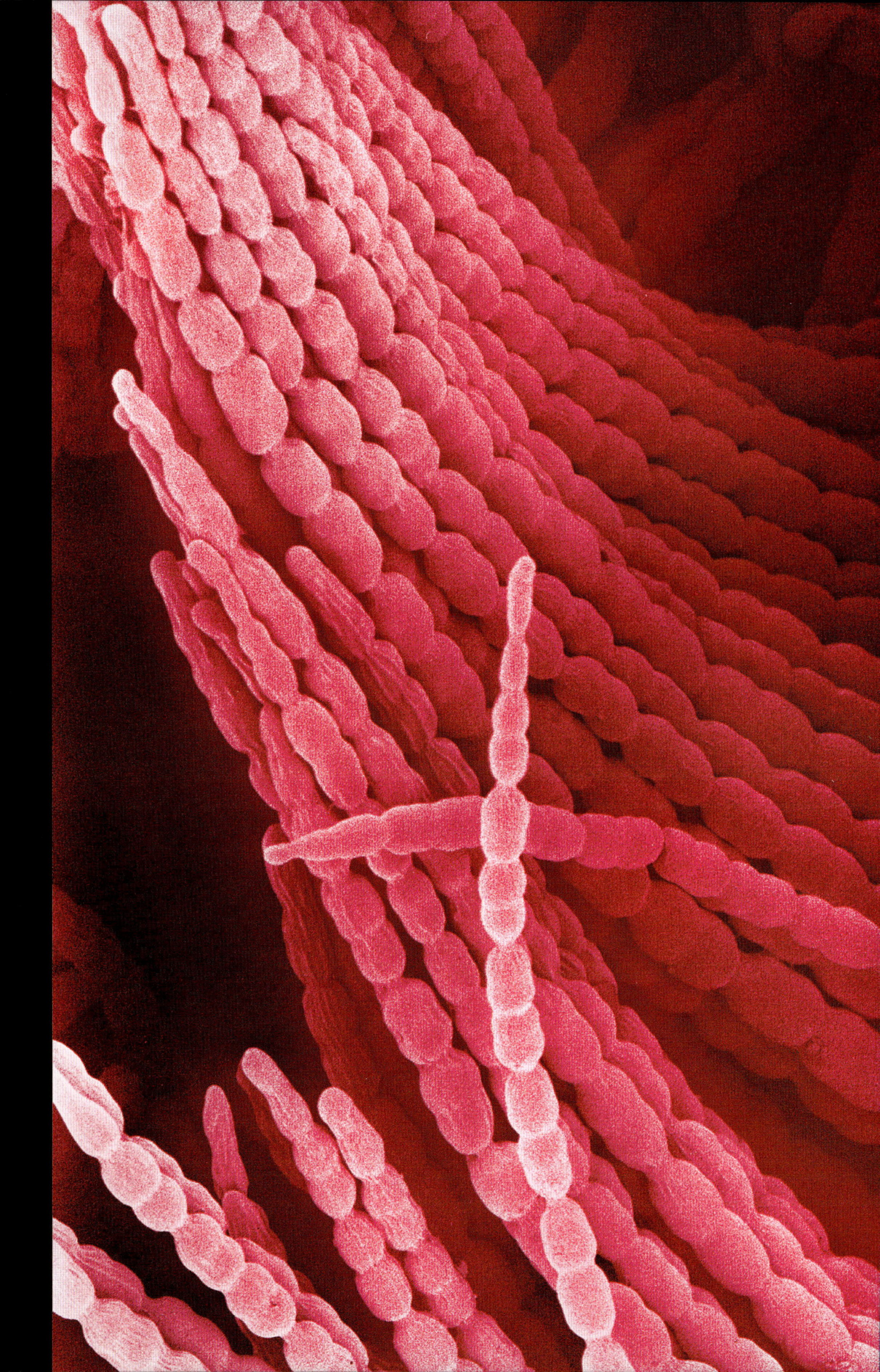

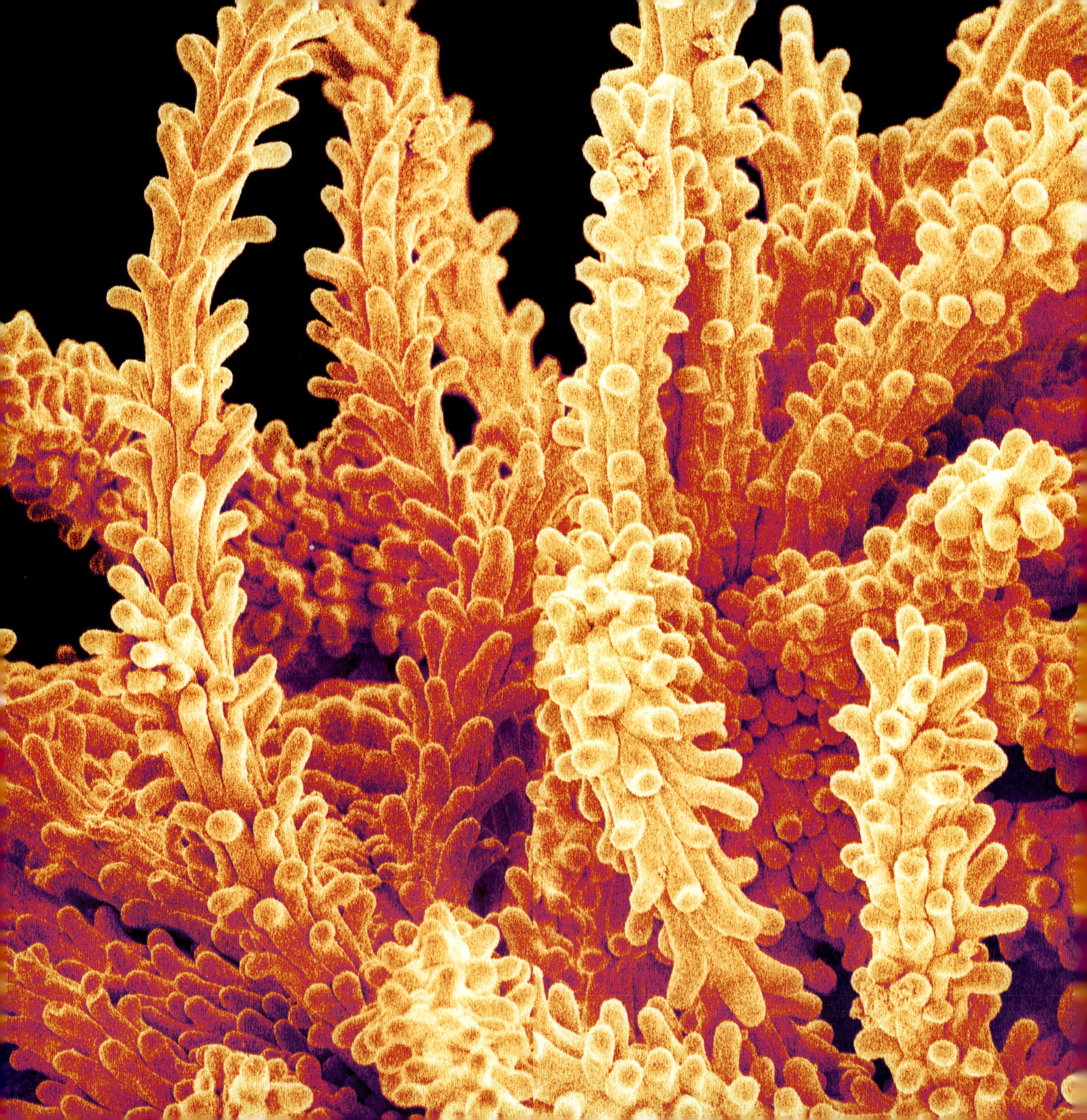

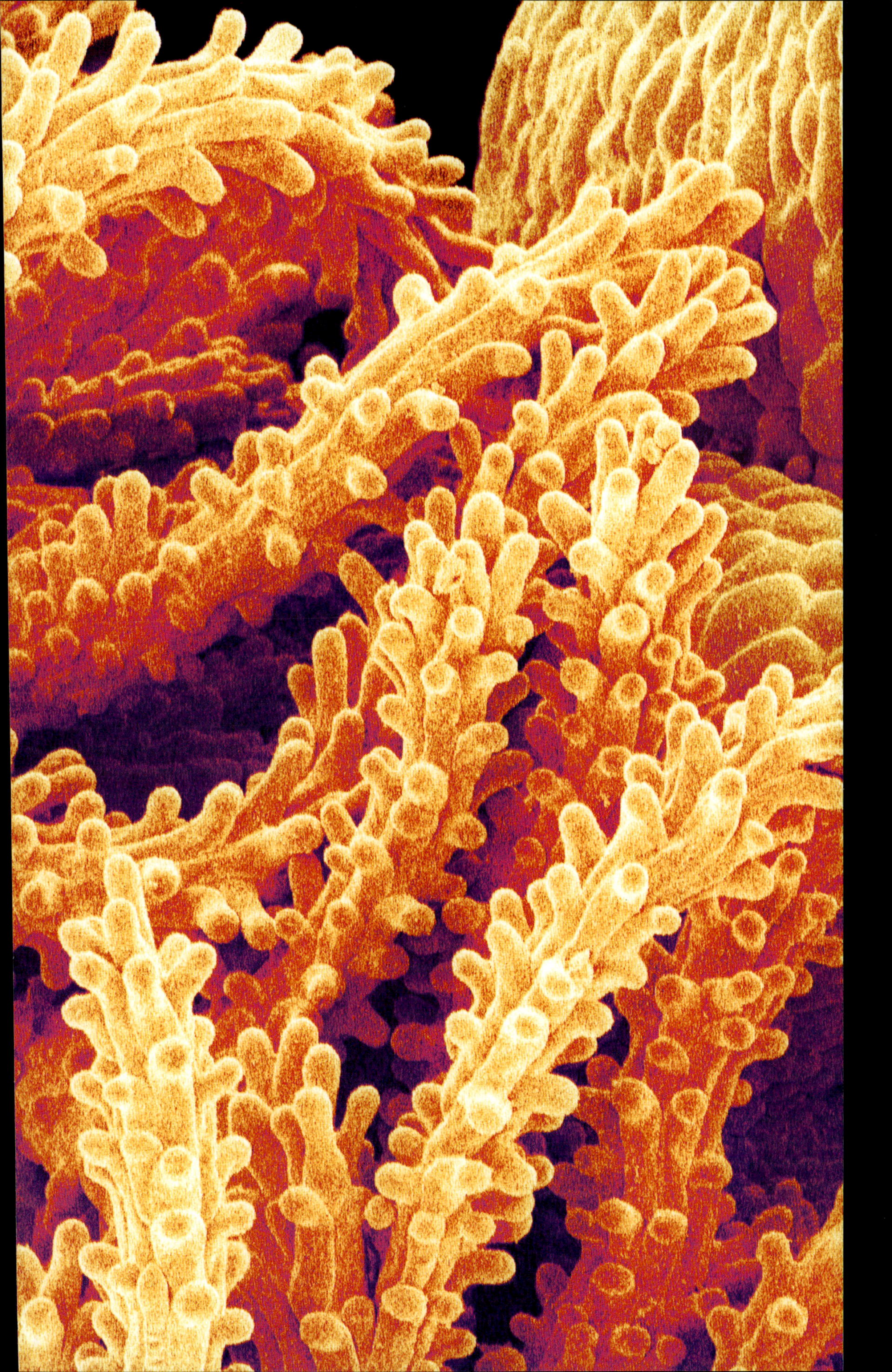

花の心皮（走査型電子顕微鏡写真）

花の雌性生殖部は雌しべと呼ばれる。単雌蕊は1つの心皮、つまり普通は先端にあり花粉が付く柱頭と、柱頭を子房と結びつけている茎の部分である花柱、そして胚珠が花粉と受精して種子ができる場所である子房そのものからなる。たくさんの心皮が基部で融合して、いくつかの花柱とその柱頭が1つの子房につながっていることもある。こうしてできたものは複合雌蕊と呼ばれる。（倍率不明）

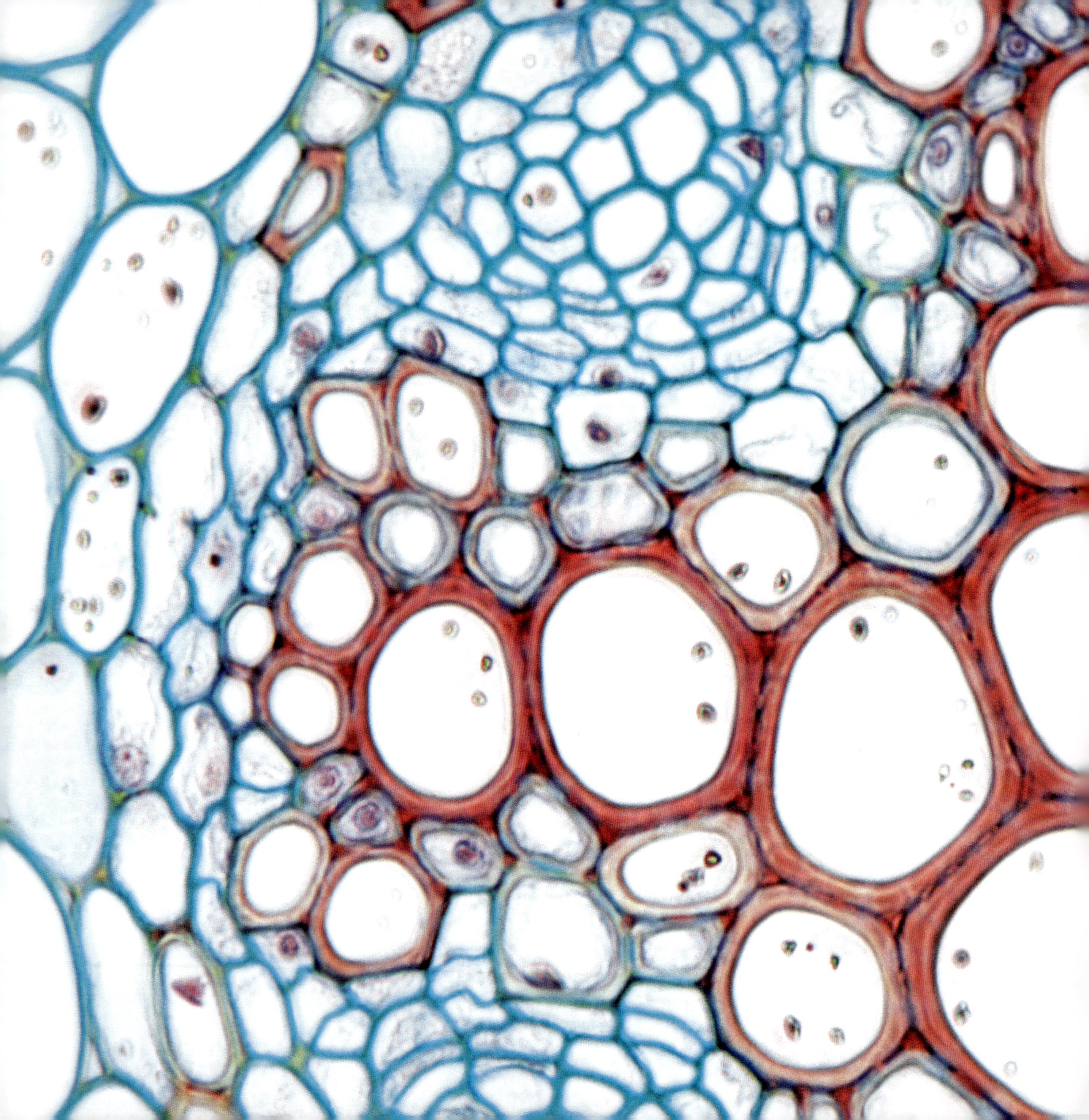

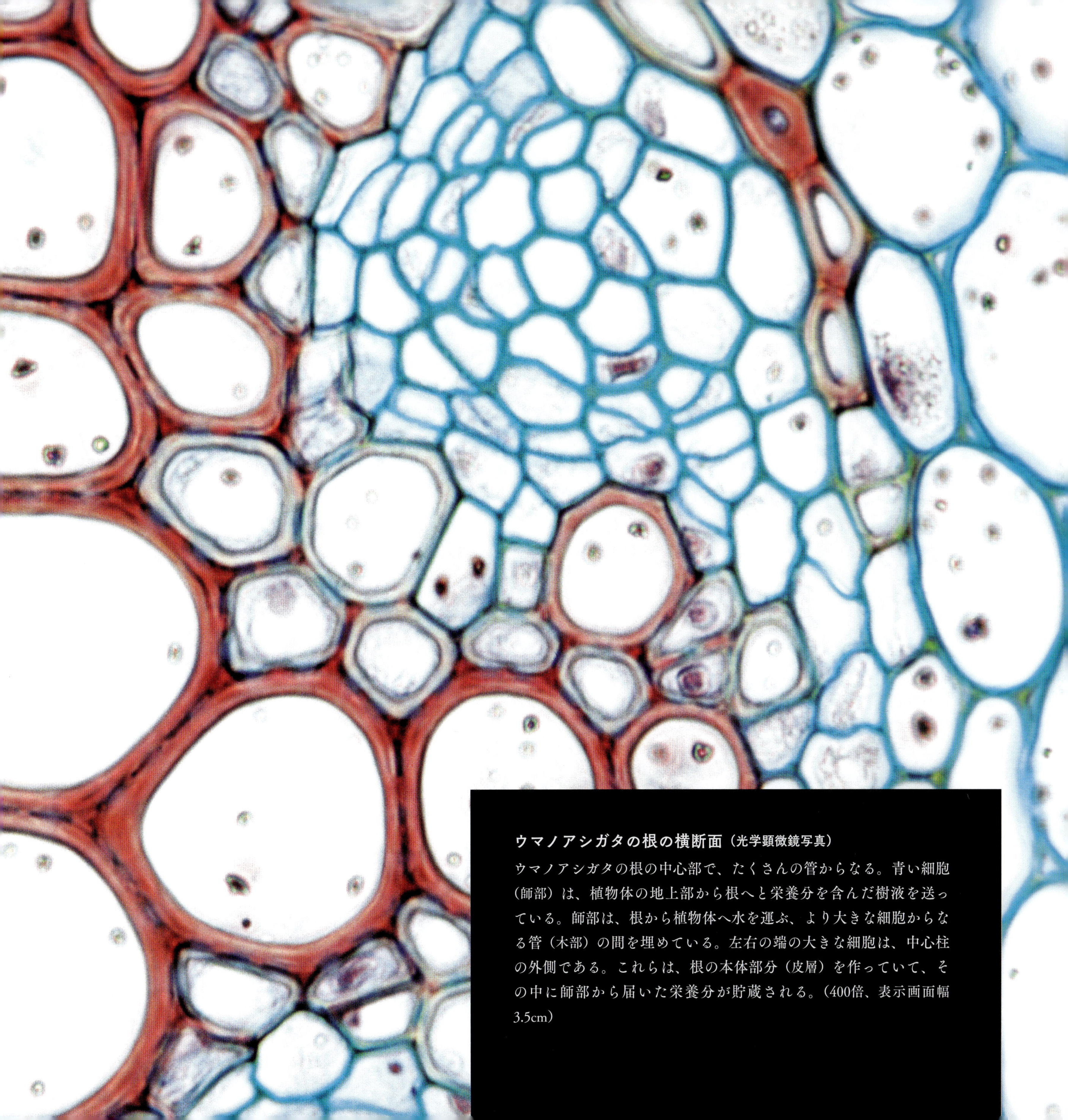

ウマノアシガタの根の横断面（光学顕微鏡写真）

ウマノアシガタの根の中心部で、たくさんの管からなる。青い細胞（師部）は、植物体の地上部から根へと栄養分を含んだ樹液を送っている。師部は、根から植物体へ水を運ぶ、より大きな細胞からなる管（木部）の間を埋めている。左右の端の大きな細胞は、中心柱の外側である。これらは、根の本体部分（皮層）を作っていて、その中に師部から届いた栄養分が貯蔵される。（400倍、表示画面幅3.5cm）

㊧ キツネノテブクロ［別名ジギタリス］の生殖器官（光学顕微鏡写真）

キツネノテブクロの多くは2年生植物で、紫色の花は成長の2年目しか咲かない。花の内側には、この画像のように、植物の生殖器官がある。真ん中の茎のような部分は雌の花柱で、先端の柱頭と、種子ができる子房（この画像では画面より下）をもつ。花柱の両側には、軸（花糸）の上に雄の葯が2対ある。葯には、成熟して花粉になる胞子が含まれる。（44倍、表示画面幅10cm）

㊨ ニオイアラセイトウの芽（光学顕微鏡写真）

ニオイアラセイトウの若芽の横断面で、でき始めたばかりの生殖器官が見える。真ん中の大きなピンク色の円盤は雌性生殖器官である雌しべで、柱頭、花柱、子房からなる。4つの突起のあるものが6つあり、周りを取り囲んでいるが、これらが雄の葯だ。突起は、葯にある4つの花粉のうで、この中で胞子が分裂し花粉粒になる。これらすべての器官をきっちりと取り巻いている層は、ニオイアラセイトウの花弁と萼片だ。（2.5倍、表示画面の高さ10cm）

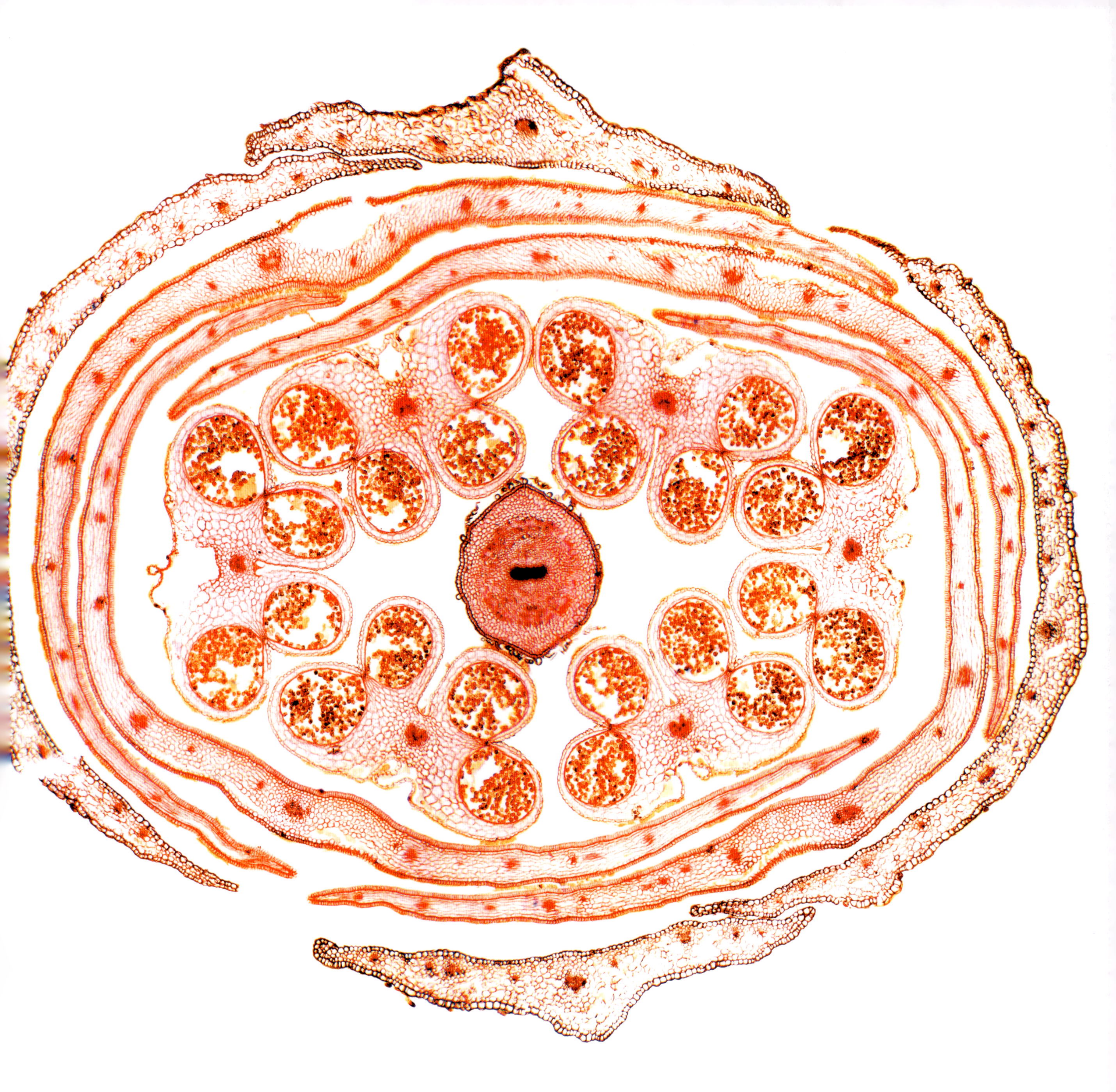

Vegetables
野菜

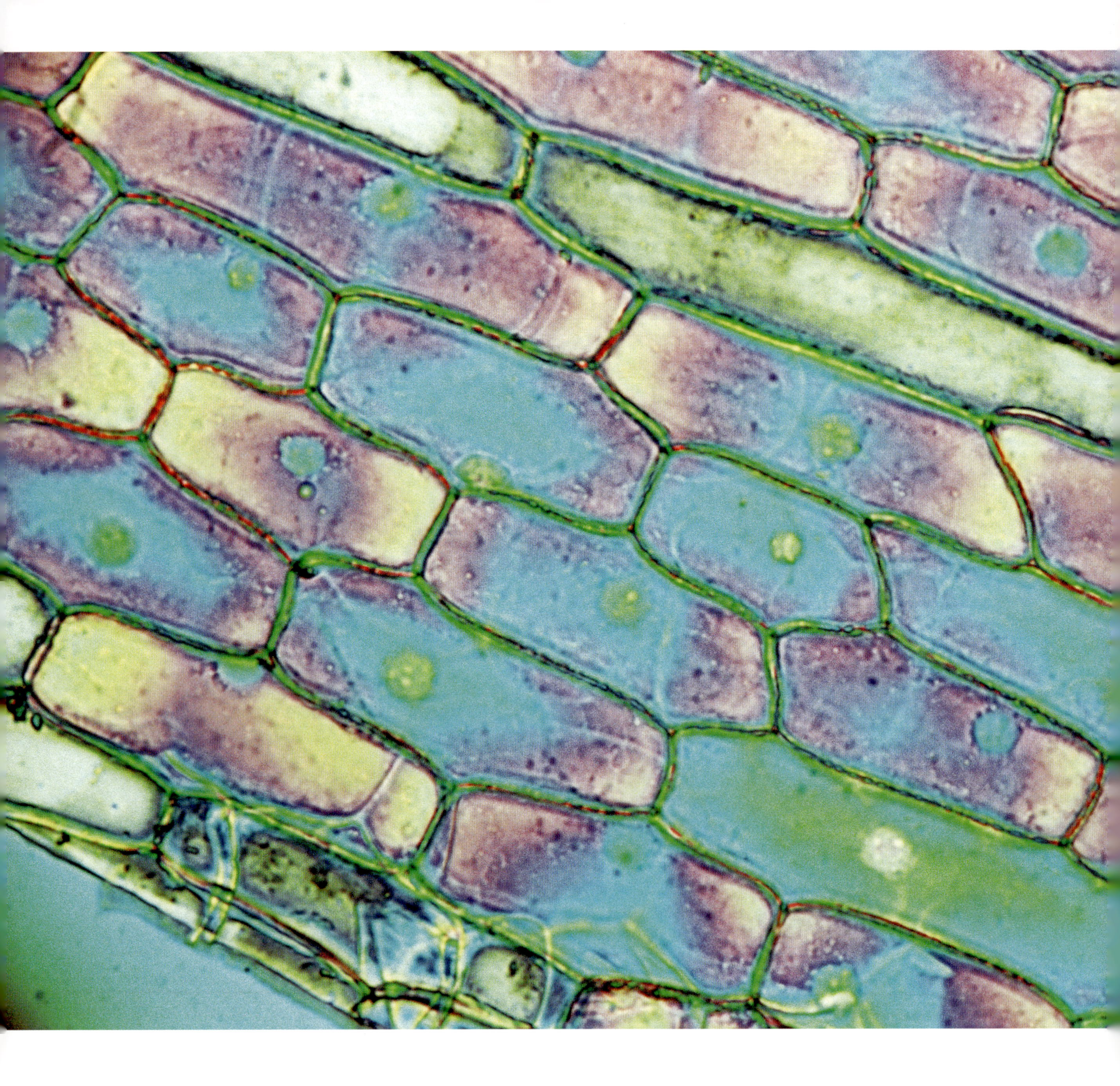

前ページ ジャガイモのデンプン粒
(光学顕微鏡写真)

ジャガイモはペルーとボリビアが原産で、1万年以上前から栽培されていた。ヨーロッパに伝わったのは16世紀後半、スペインが南米を征服してからのことだった。ここに見えるデンプン粒は、加工食品業界だけでなく、壁紙の糊材として、また初期のカラー写真では着色材としても使われた。(120倍、表示画面幅10cm)

左 タマネギ球根の表皮細胞 (光学顕微鏡写真)

タマネギは、大きなグループであるネギ属に属し、他にリーキ、ニンニク、チャイブなどもこの仲間だ。タマネギの層状になっている部分は鱗片と呼ばれ、葉が変化したものだ。この画像では、それぞれの鱗片細胞の真ん中に小さな丸いものが見えるが、これが核である。タマネギのもとになった野生種は知られていないが、少なくとも7000年前から栽培されていたと思われる。タマネギを切ると、気体状のsyn-プロパンチアール-s-オキシドという物質が出るので、目にしみて涙が出てしまう。(倍率不明)

右 トウガラシの葉 (走査型電子顕微鏡写真)

トウガラシ(pepper)を初めてヨーロッパに持ち込んだのは、1493年にアメリカから帰ってきたコロンブスだった。その頃、ヨーロッパにはすでにコショウ(peppercorn)が知られていたので、辛いスパイスはどれもペッパーとされてしまった結果、トウガラシもペッパーと呼ばれることになった。トウガラシには、品種によってさまざまな色があるが、赤トウガラシは大抵緑色のトウガラシが成熟したものだ。葉の様子が詳しくわかるこの画像では、気孔が見えている。目のように開いた部分で、植物体と大気との間で気体の吸収と放出を調節している。(757倍、表示画面幅10cm)

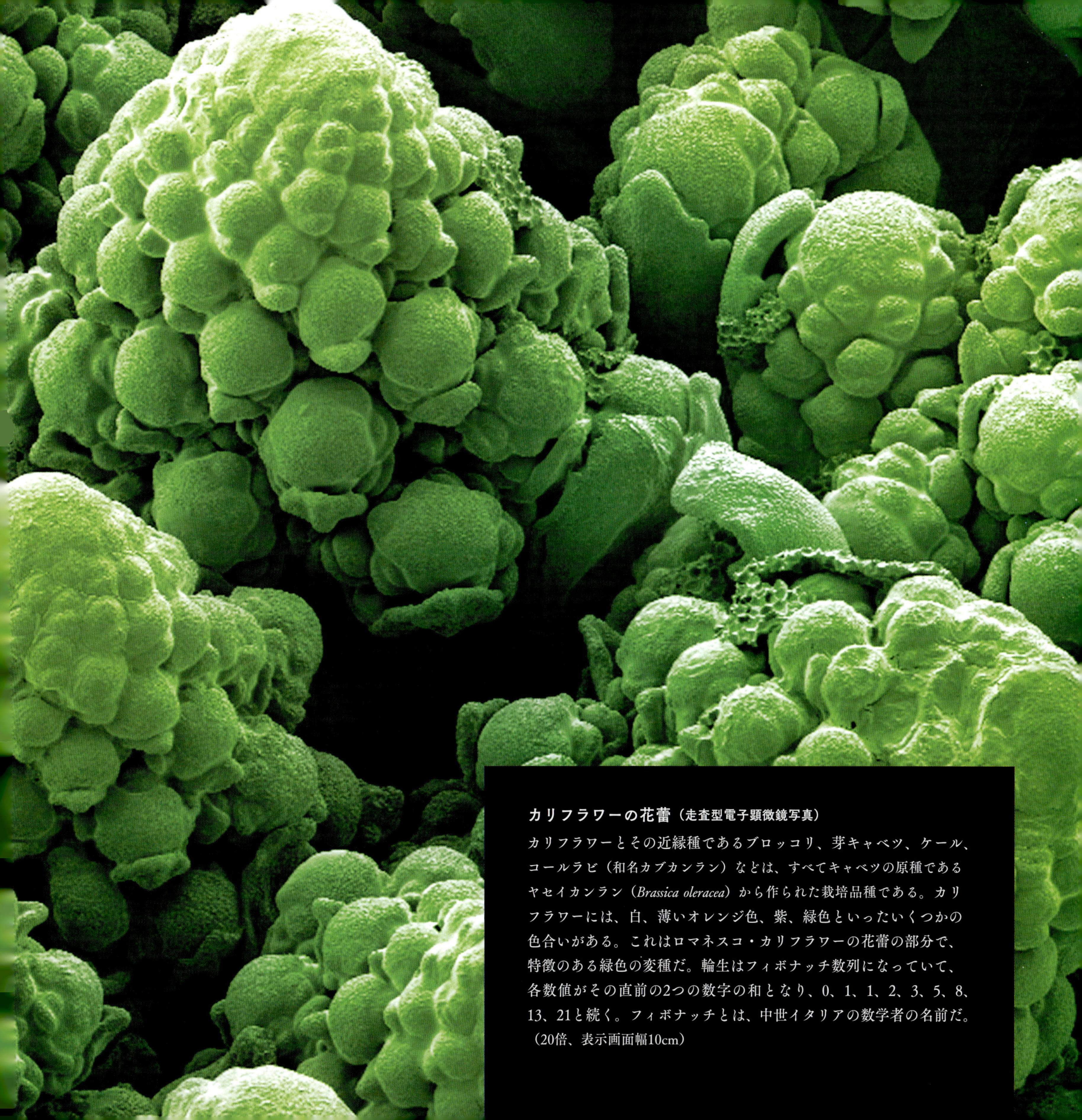

カリフラワーの花蕾（走査型電子顕微鏡写真）

カリフラワーとその近縁種であるブロッコリ、芽キャベツ、ケール、コールラビ（和名カブカンラン）などは、すべてキャベツの原種であるヤセイカンラン（*Brassica oleracea*）から作られた栽培品種である。カリフラワーには、白、薄いオレンジ色、紫、緑色といったいくつかの色合いがある。これはロマネスコ・カリフラワーの花蕾の部分で、特徴のある緑色の変種だ。輪生はフィボナッチ数列になっていて、各数値がその直前の2つの数字の和となり、0、1、1、2、3、5、8、13、21と続く。フィボナッチとは、中世イタリアの数学者の名前だ。（20倍、表示画面幅10cm）

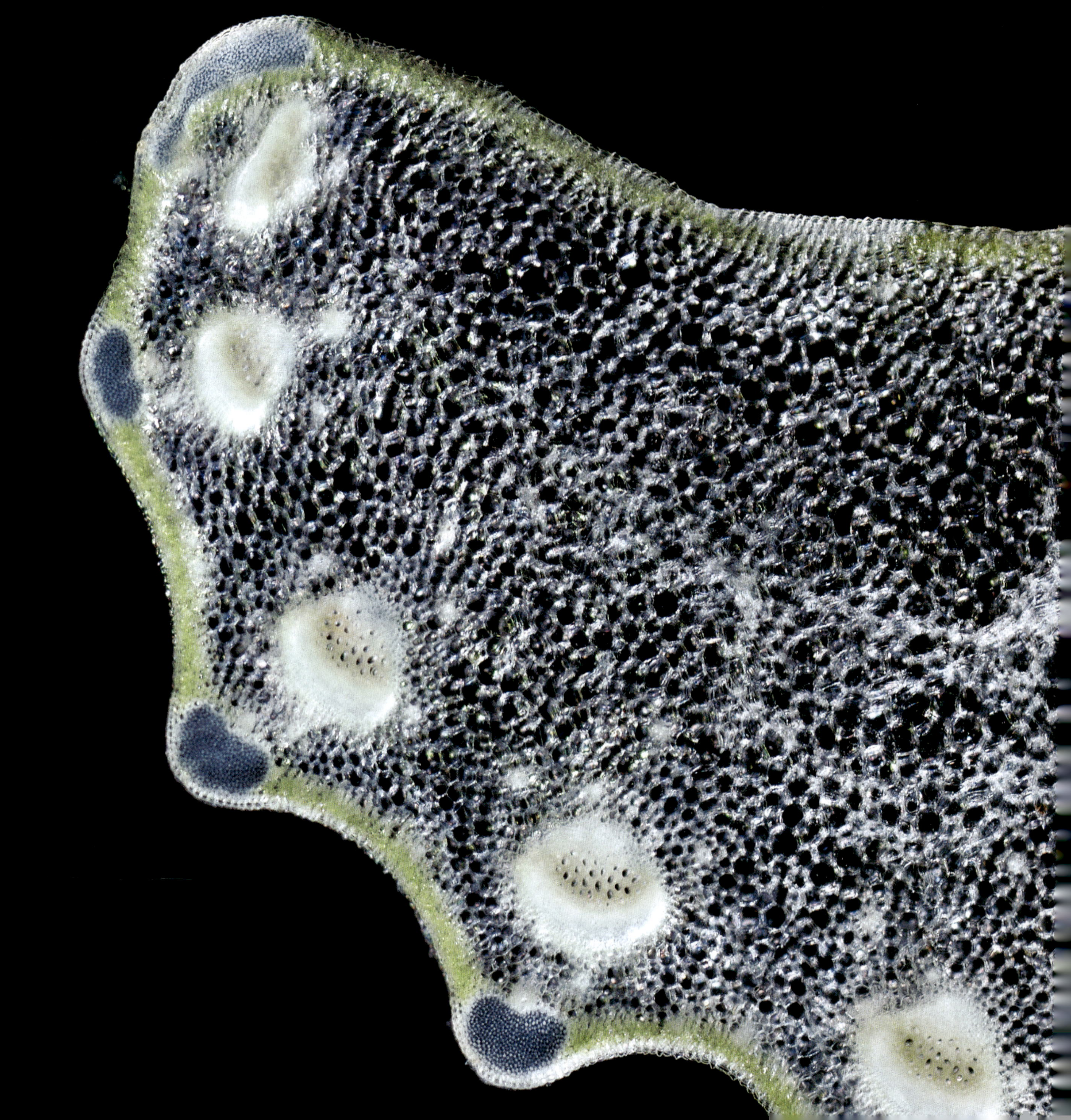

㊧ **セロリの茎**（光学顕微鏡写真）

セロリの茎の横断面。はっきりとした白色の環は、根と葉の間で糖を運んでいる師管細胞の束だ。師部の中には木部（緑色に見える組織の中の暗色の穴）があるが、これは水とミネラル分を運んでいる。セロリの筋ばった食感を作り出しているのは、この師部、木部と緑色の外側表面（表皮）である。セロリは加熱調理しても壊れないアレルギー物質を含み、この物質にアレルギーがある人にアナフィラキシーショック（訳注：全身の急性かつ重篤なアレルギー反応により引き起こされる、血圧低下などの危険な状態）を引き起こすことがある。（22倍、表示画面幅6cm）

㊨ **ノラニンジンの種子**
（走査型電子顕微鏡写真）

料理の素材になる栽培品種のニンジンは祖先の野生種の亜種で、この写真はその種子だ。鋭いフックは、通りがかった動物の毛をつかまえられるようになっていて、同時に動物に食べられないようにもしている。やがて、もとの場所から遠く離れたところで落ち、種を広めていく。野生種の根も若いときは食べられるが、すぐに固く木質化してしまう。さらに、地上部が成長すると、猛毒のドクニンジンととてもよく似る。
（45倍、表示画面幅10cm）

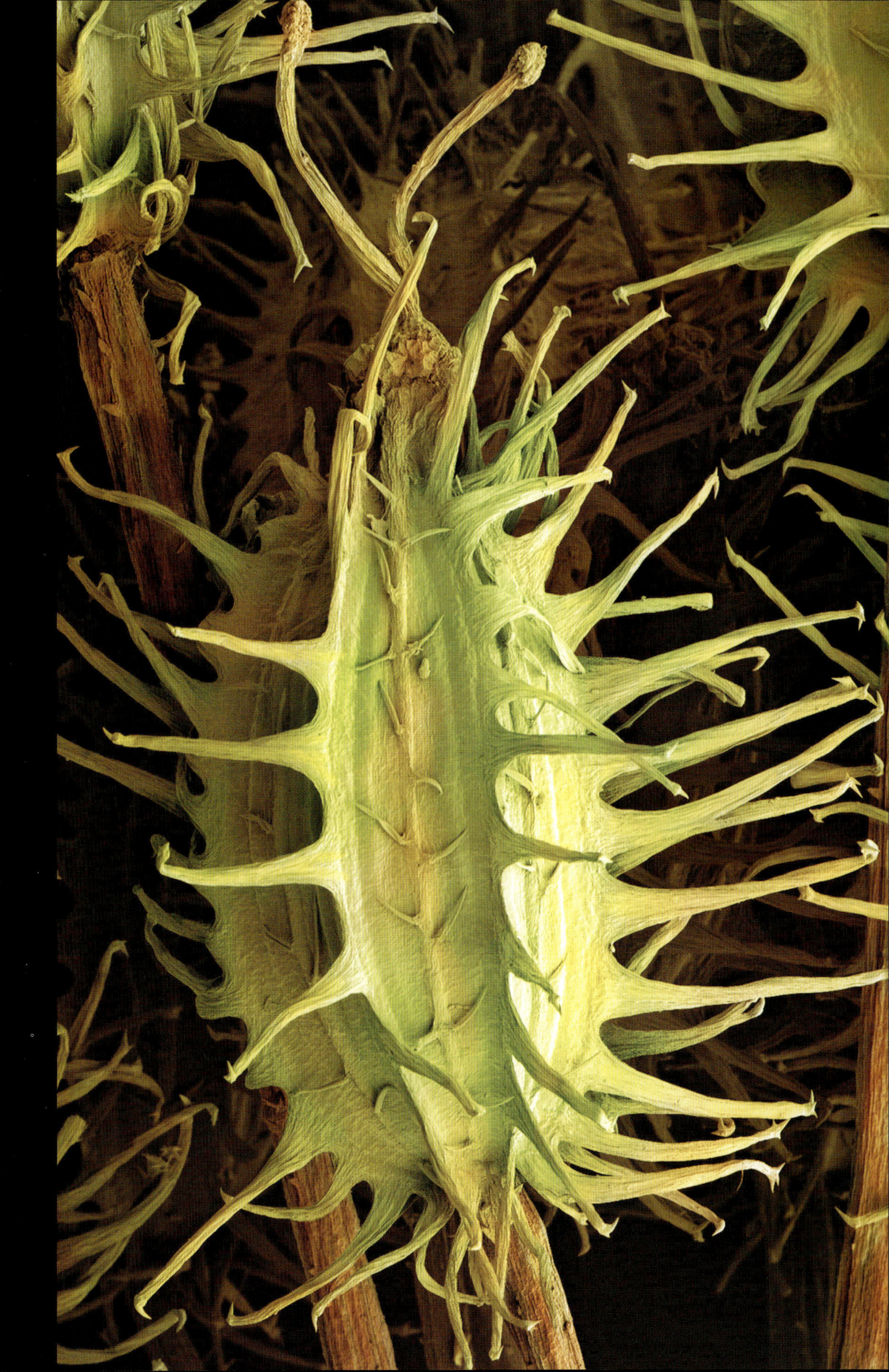

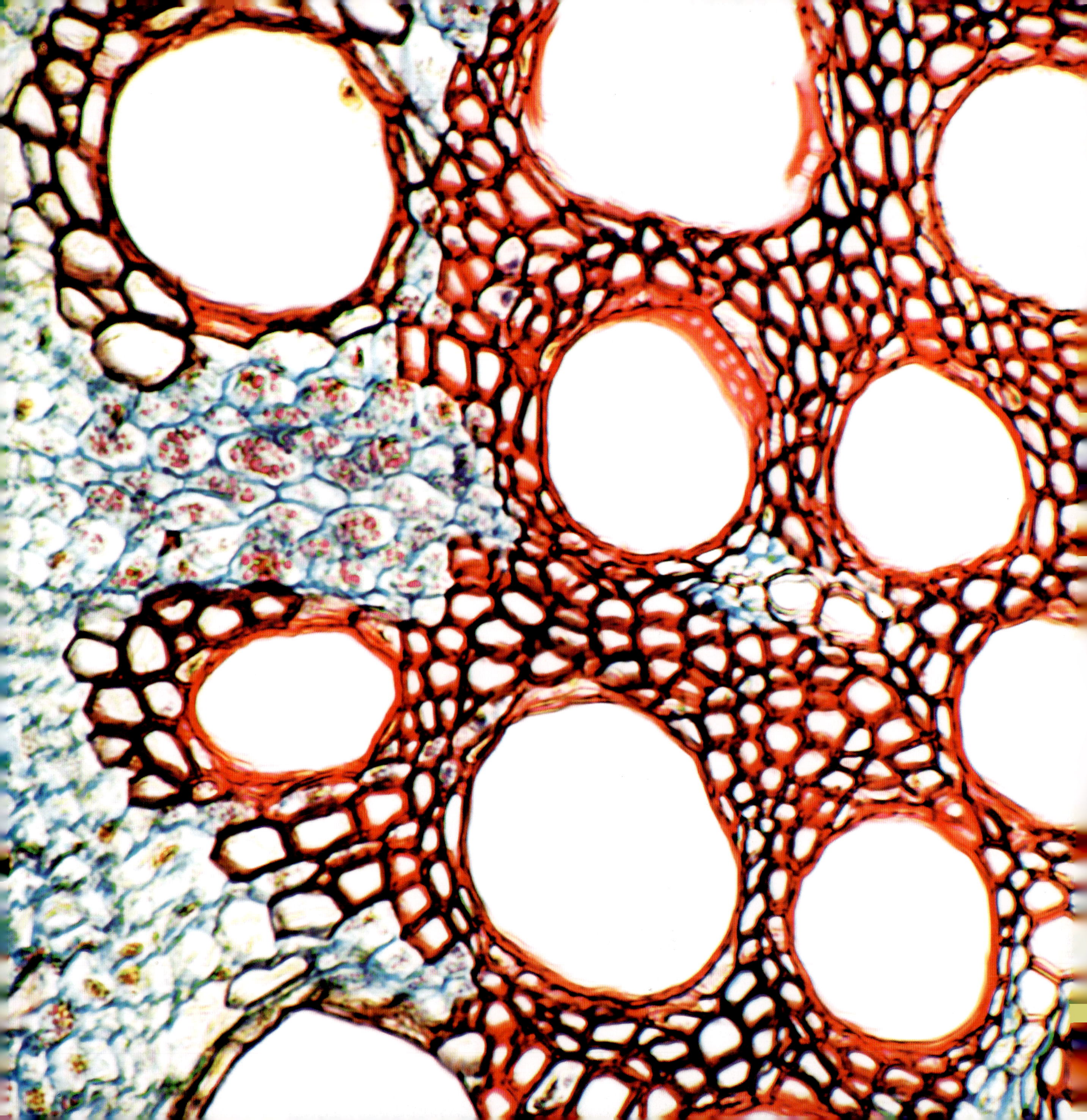

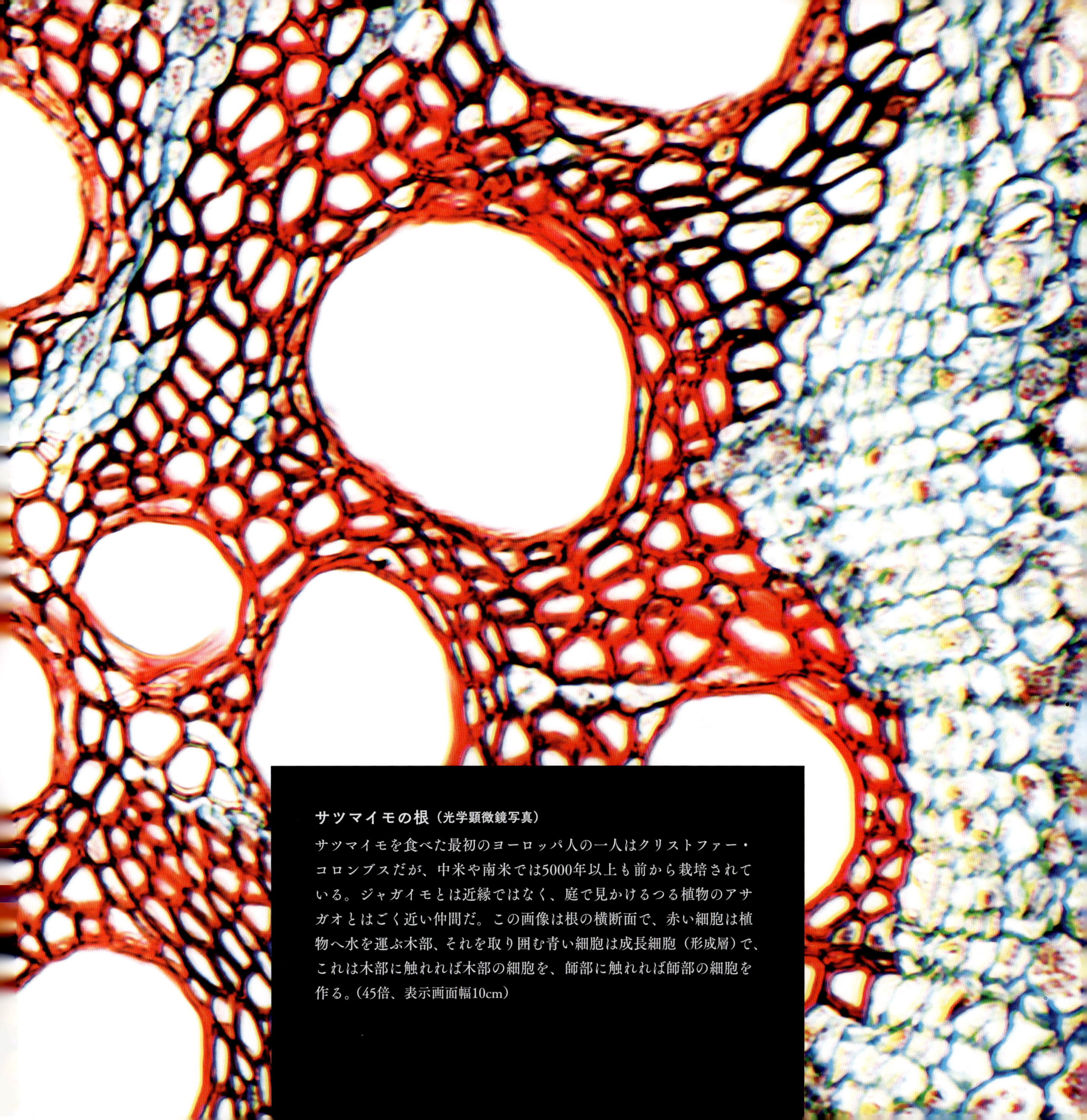

サツマイモの根（光学顕微鏡写真）

サツマイモを食べた最初のヨーロッパ人の一人はクリストファー・コロンブスだが、中米や南米では5000年以上も前から栽培されている。ジャガイモとは近縁ではなく、庭で見かけるつる植物のアサガオとはごく近い仲間だ。この画像は根の横断面で、赤い細胞は植物へ水を運ぶ木部、それを取り囲む青い細胞は成長細胞（形成層）で、これは木部に触れれば木部の細胞を、師部に触れれば師部の細胞を作る。（45倍、表示画面幅10cm）

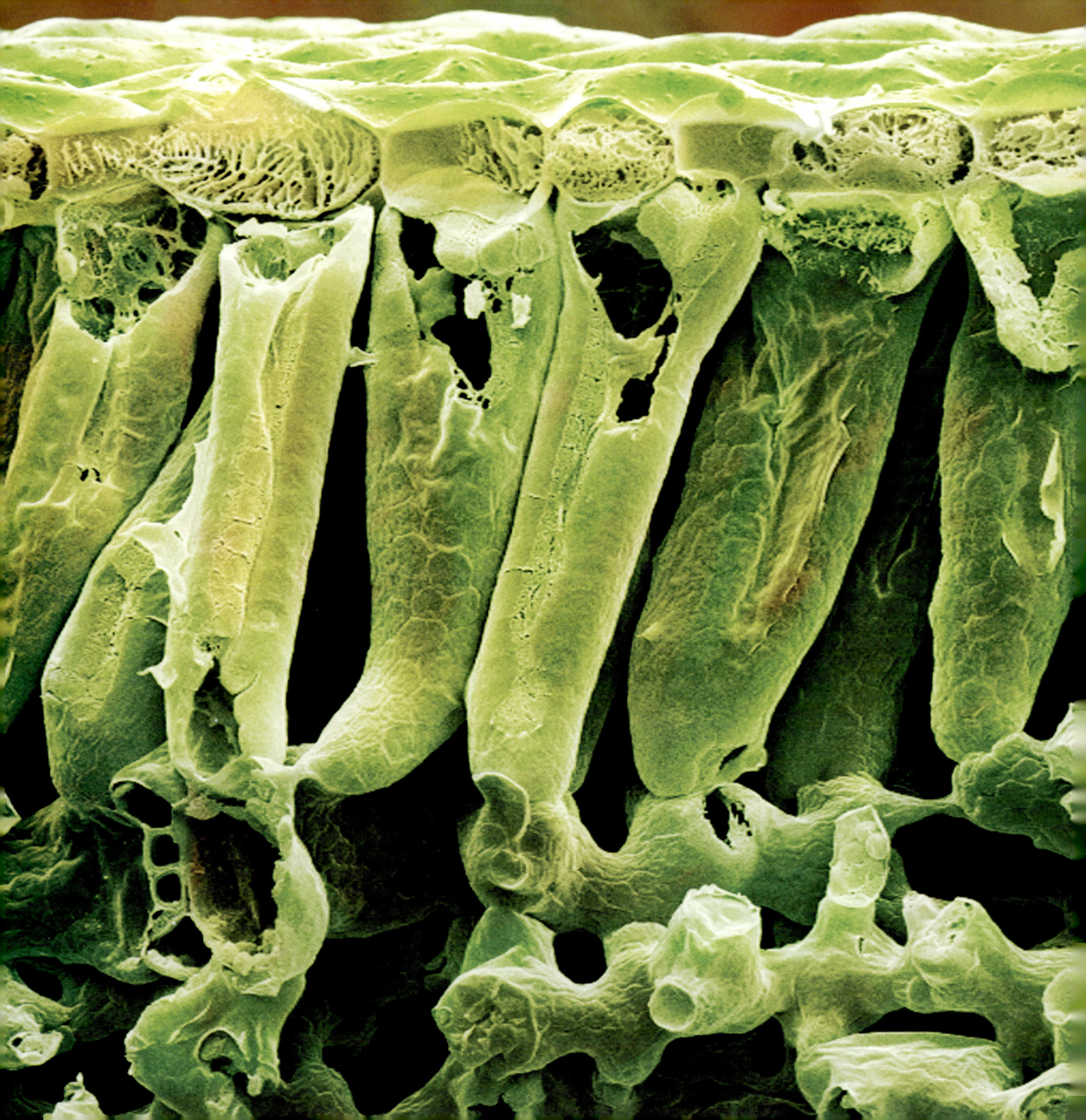

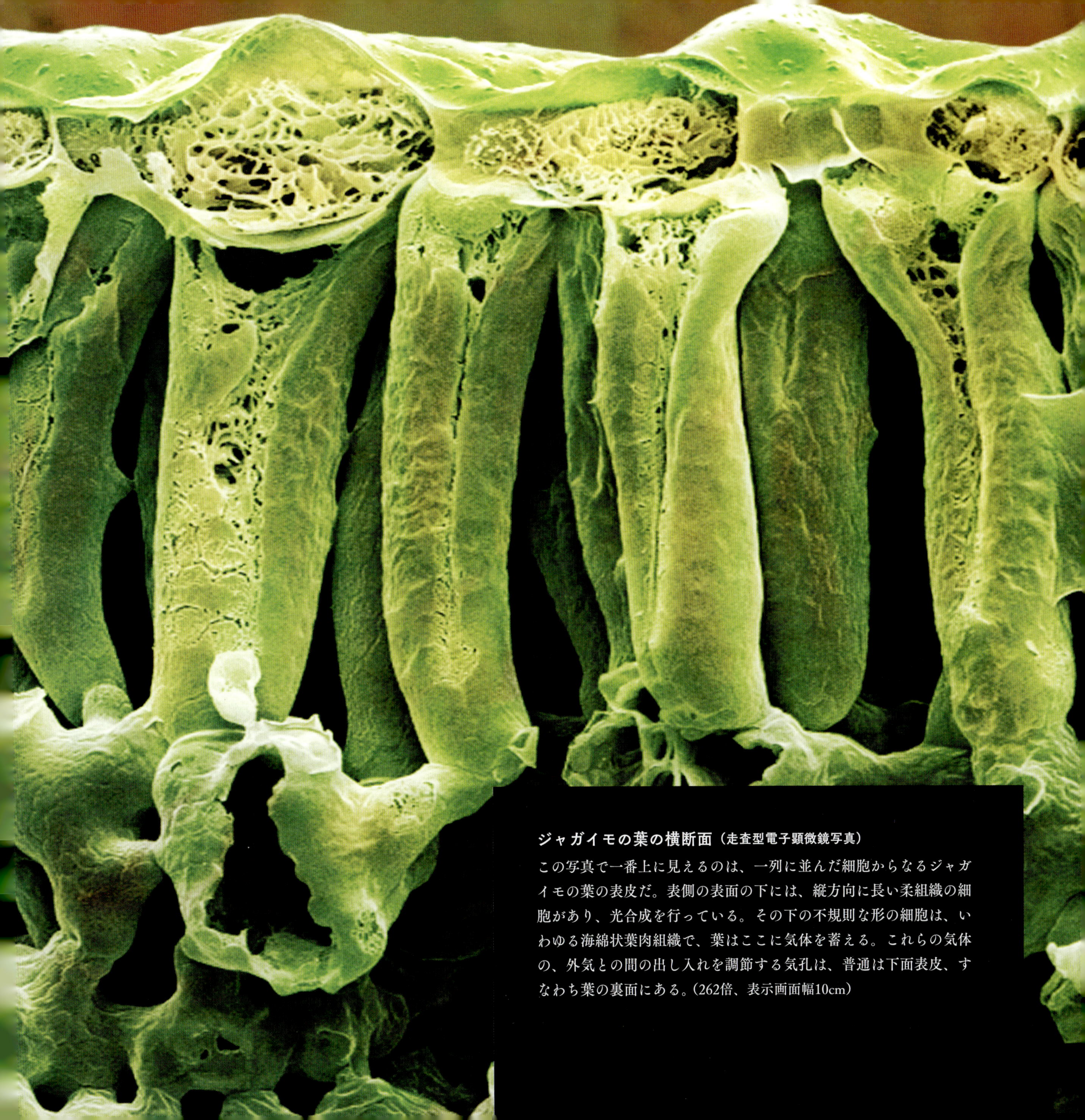

ジャガイモの葉の横断面（走査型電子顕微鏡写真）

この写真で一番上に見えるのは、一列に並んだ細胞からなるジャガイモの葉の表皮だ。表側の表面の下には、縦方向に長い柔組織の細胞があり、光合成を行っている。その下の不規則な形の細胞は、いわゆる海綿状葉肉組織で、葉はここに気体を蓄える。これらの気体の、外気との間の出し入れを調節する気孔は、普通は下面表皮、すなわち葉の裏面にある。（262倍、表示画面幅10cm）

㊧ 植物細胞の有糸分裂（光学顕微鏡写真）

水と塩酸で処理したタマネギの根の細胞を、顕微鏡用スライドガラスに載せて観察すると、分裂して新しい細胞ができる有糸分裂と呼ばれる過程を見ることができる。ひとまとまりになった丸いもの（核）があるのは、分裂していない細胞だ。核が、線が丸く集まったようになっているのは、分裂の準備をしている細胞である。線が2つの丸いものに分かれようとしているのが、分裂が進みつつある像だ。最後に、丸くまとまったものが2つ見えるのは、有糸分裂を終えたばかりの1対の核で、まもなく細胞壁ができて2つの細胞に仕切られる。（450倍、表示画面幅10cm）

㊤ ソラマメの若い根（光学顕微鏡写真）

ソラマメは、少なくとも8000年以上前から栽培されている。ソラマメの根の真ん中には、木部の細胞が環を作り（ここでは緑色）、師部の小さな細胞からなる円柱を取り囲んでいる。師部の方へ入り込んでいる部分は、木部細胞からできた4か所の部分的な仕切りで（黒色）、根の構造を丈夫にしている。大きな細胞（青色）は柔組織である根の貯蔵細胞で、細胞の大きさにしては細胞壁が薄い。（倍率不明）

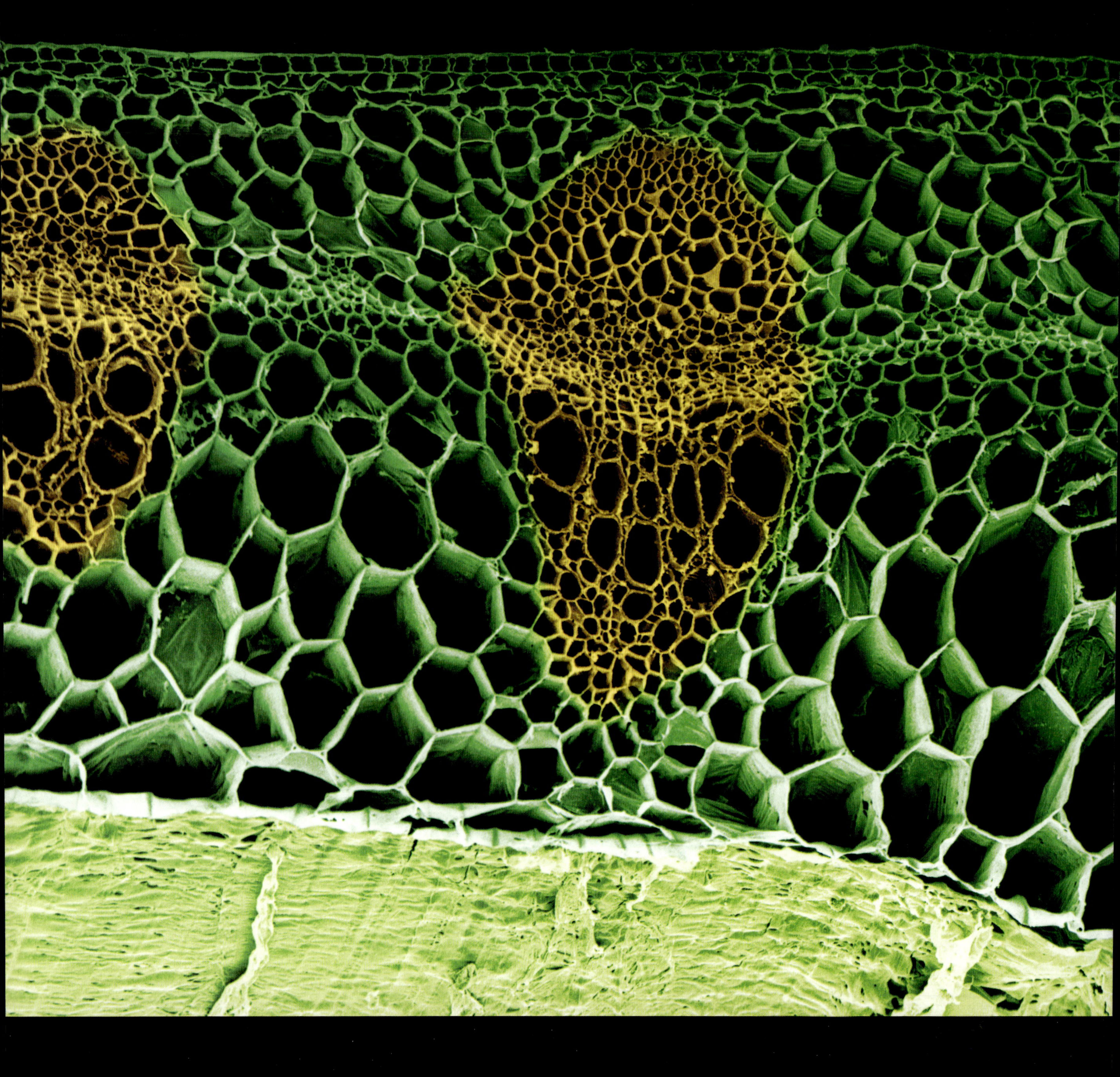

㊧ エンドウの茎（走査型電子顕微鏡写真）

外皮は、二層になった細胞（表皮、この画層では上端）がエンドウの茎を取り巻いている。組織の一様な層（下部）は、茎の髄だ。表皮と髄の間には、小さな細胞が波形に並んで、茎の貯蔵細胞（柔組織、波状の列の上側）と、構造を作る細胞（木化した細胞、波状の列の下側）に分けている。この列はまた、栄養を供給する卵形の細胞群（維管束、オレンジ色）も、表皮側の師部と茎の中心側の木部とに分けている。（90倍、表示画面幅10cm）

㊨ エンドウの細胞の葉緑体（透過型電子顕微鏡写真）

光合成とは、光の力によって、二酸化炭素を植物の栄養分となる炭水化物に変えることだ。葉緑体（ここでは緑色）は、葉の一部の細胞にある特殊な構造単位で、光合成はここで行われる。葉緑体の内部に、まっすぐな線のように見えるのは、グラナと呼ばれる、光に反応する平たい膜で、クロロフィルを含んでいる。植物が緑色に見えるのはこのためだ。葉緑体は活発に動き、自分のDNAをもっていて、分裂して数を増やす。葉緑体は、光合成を行う細菌の子孫である。植物細胞は、有糸分裂で葉緑体を受け継ぐことしかできず、自ら葉緑体を作り出すことはできない。（1680倍、表示画面幅4.5cm）

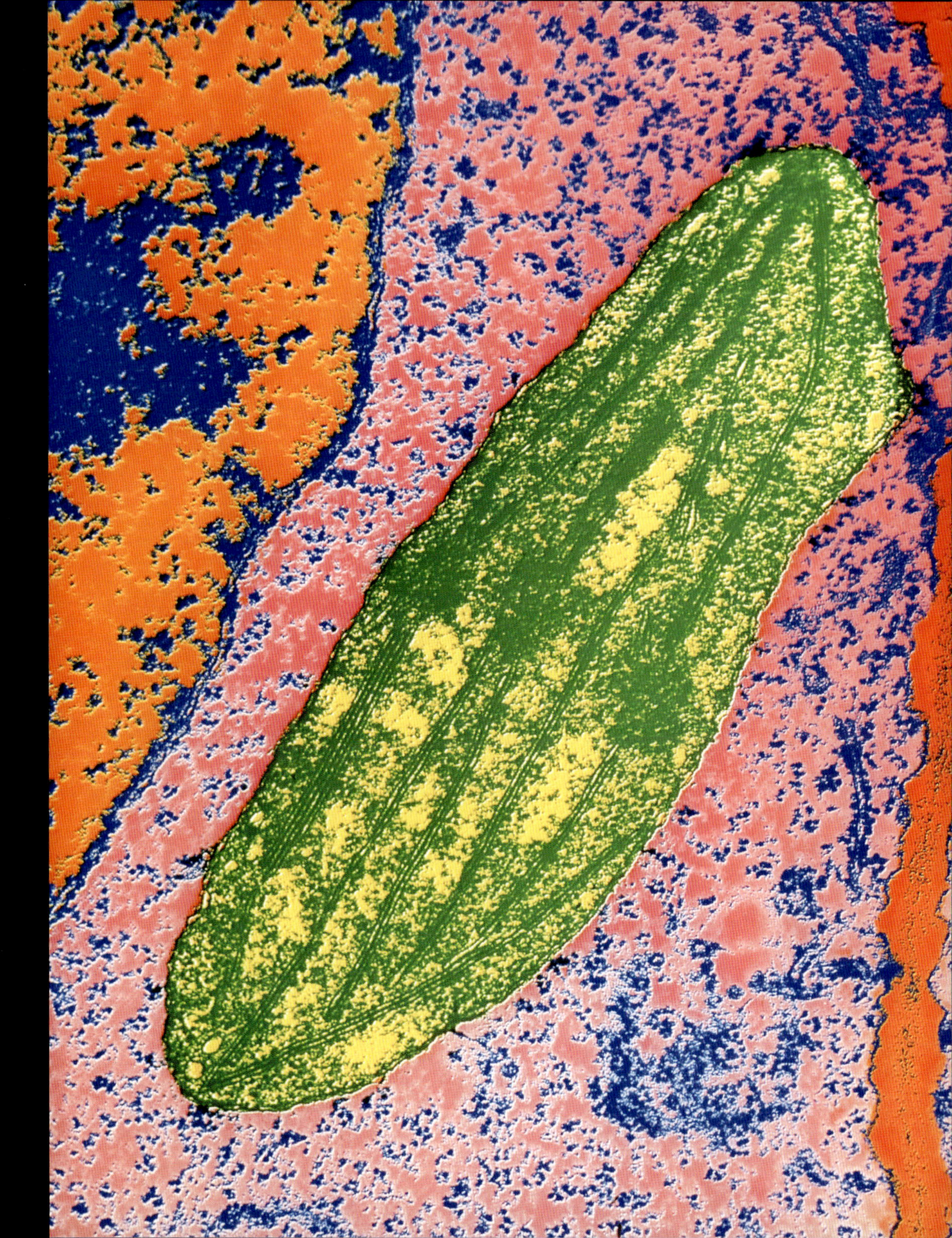

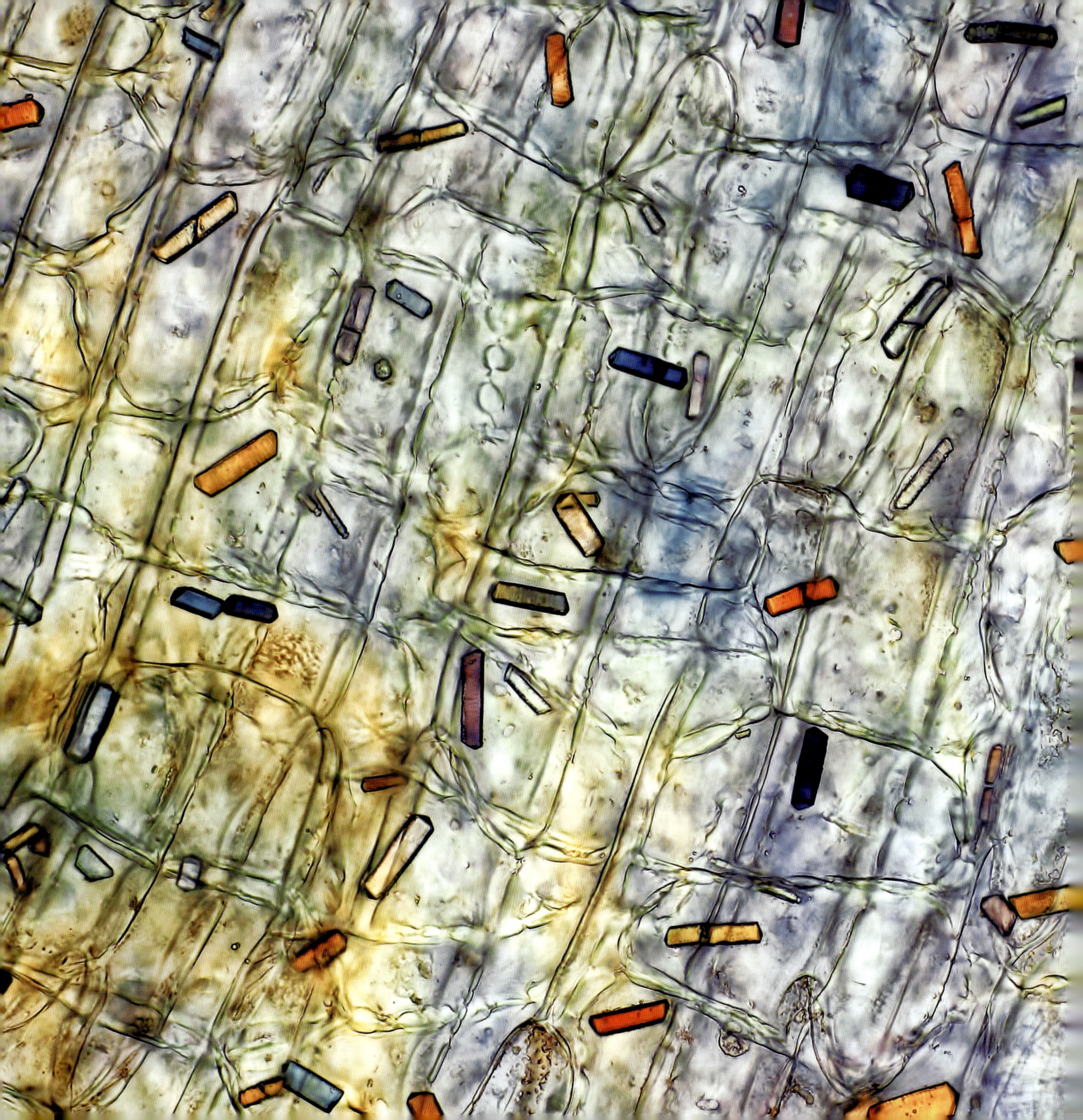

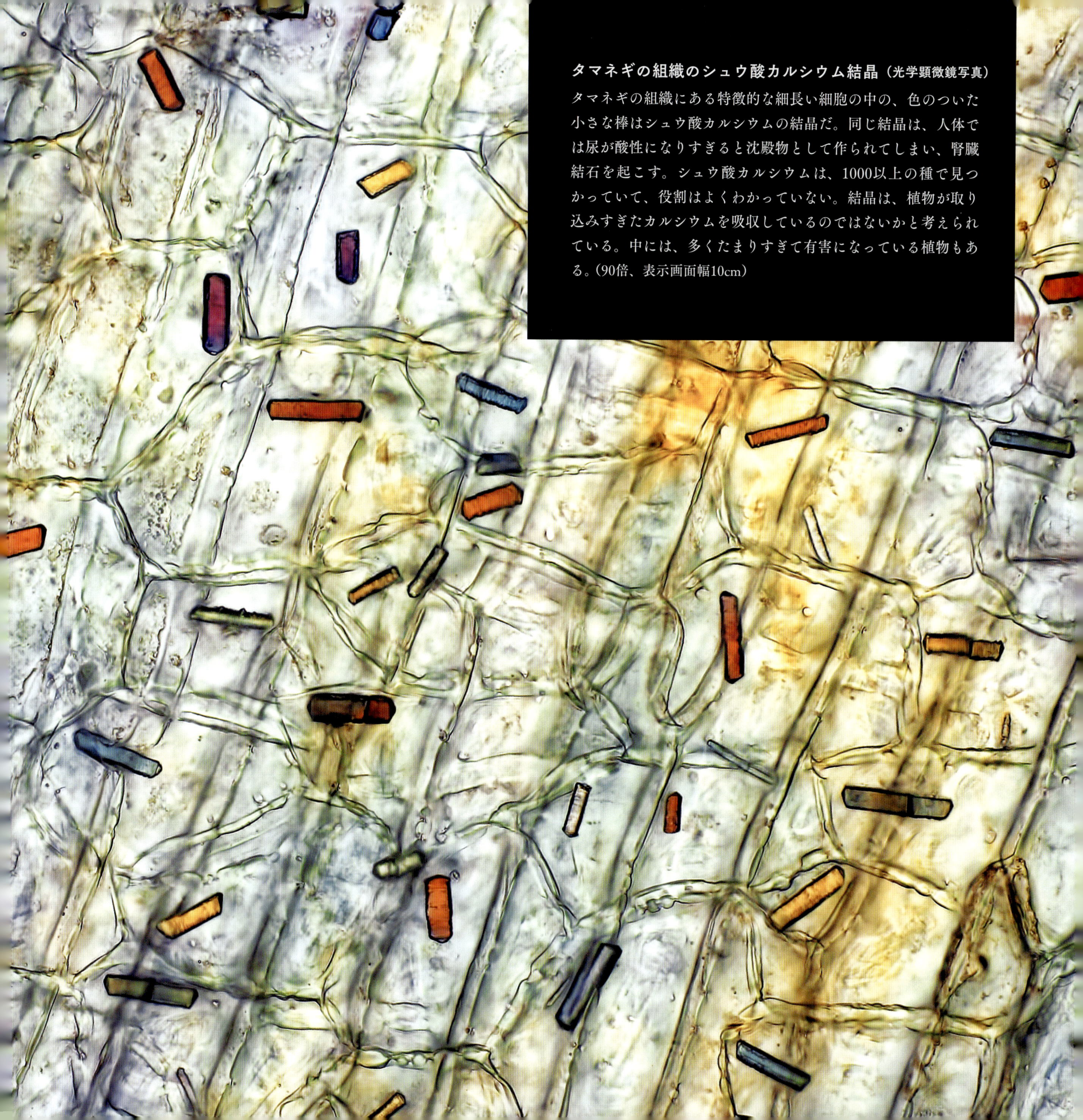

タマネギの組織のシュウ酸カルシウム結晶（光学顕微鏡写真）
タマネギの組織にある特徴的な細長い細胞の中の、色のついた小さな棒はシュウ酸カルシウムの結晶だ。同じ結晶は、人体では尿が酸性になりすぎると沈殿物として作られてしまい、腎臓結石を起こす。シュウ酸カルシウムは、1000以上の種で見つかっていて、役割はよくわかっていない。結晶は、植物が取り込みすぎたカルシウムを吸収しているのではないかと考えられている。中には、多くたまりすぎて有害になっている植物もある。（90倍、表示画面幅10cm）

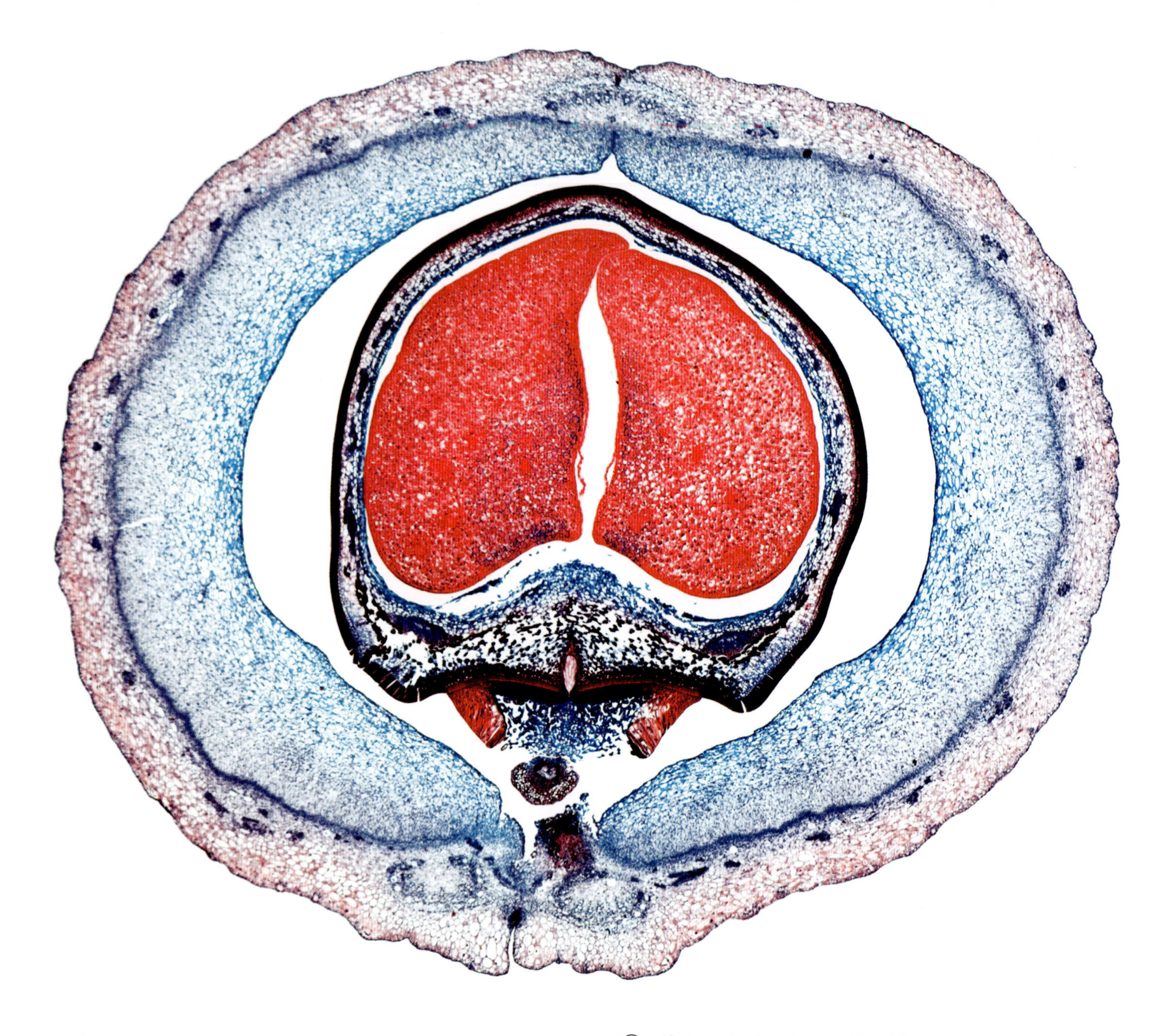

㊤ **インゲンマメ**（光学顕微鏡写真）

インゲンマメは、専門的には中に種子ができる果実で、種子は果実の壁の内側に軸（珠柄、ここでは下側）でくっついている。被っている部分（種皮、ここでは黒色）が2枚の単葉（子葉、赤色）を取り巻いている。子葉は、発芽すると真っ先に地上に現れる。果実を保護する壁は、果皮と呼ばれる。果皮は外層（外果皮）、内側面（内果皮、紫色）とその中間を構成している組織（中果皮、ピンク色）の3層からできている。(11倍、表示画面幅10cm）

㊨ **ダイズ**（走査型電子顕微鏡写真）

ダイズは、少なくとも9000年前から農作物として栽培されていて、栽培の最古の証拠は中国で発見されている。ダイズは約25%がデンプンで、この画像では滑らかな球体（黄色）として見られる。デンプンは発芽の栄養分となる。豆類はタンパク質やミネラル類をとても多く含み、人間の食材としては肉の替わりになる。家畜の餌にもされている。(470倍、表示画面幅10cm）

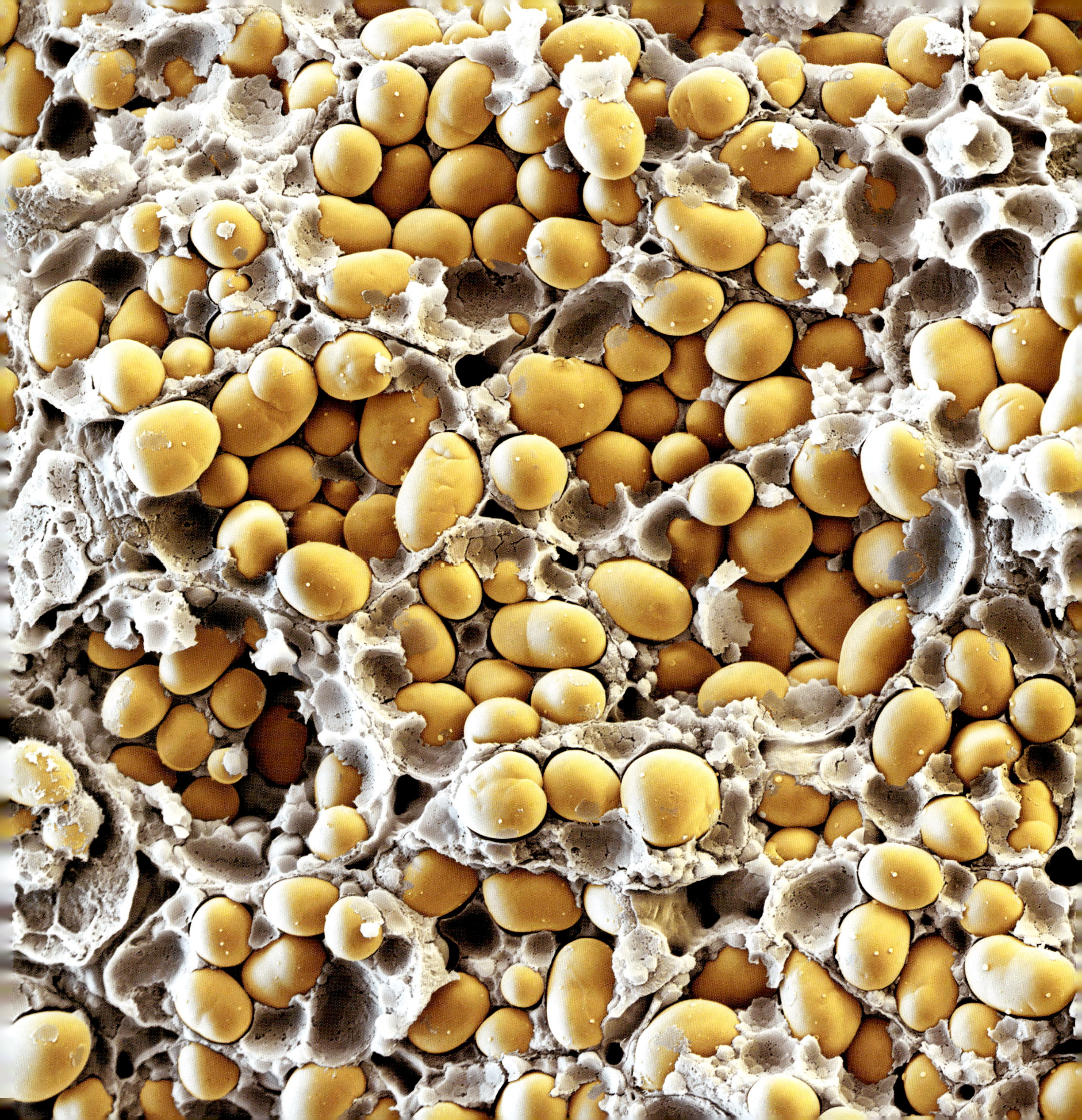

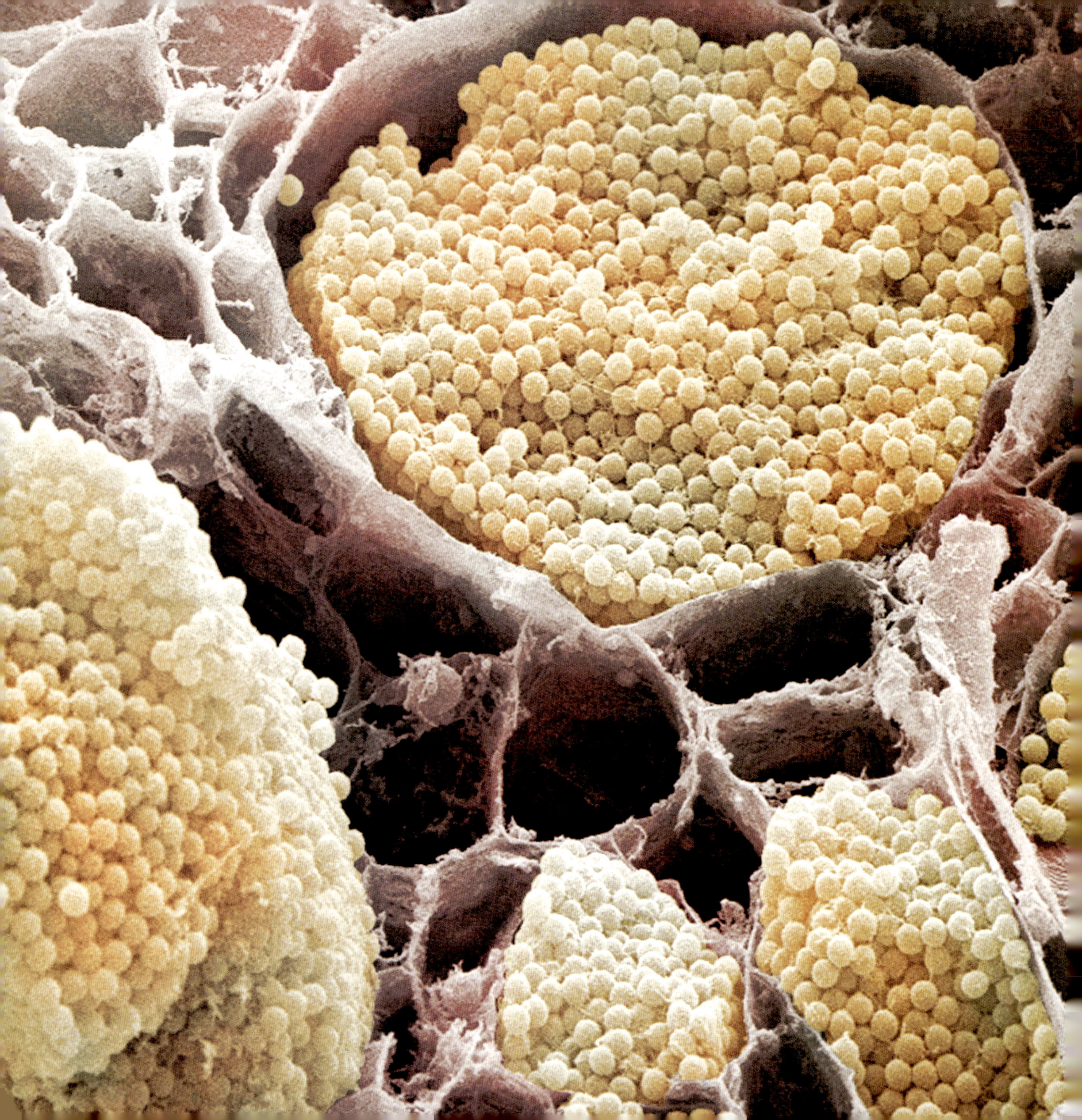

キャベツの根の感染症

（走査型電子顕微鏡写真）

キャベツの根に起きるこの感染症は、根が腫瘍のように成長し、キャベツの葉球が栄養不足になる「根こぶ病」を引き起こす。原因となるのはネコブカビ（*Plasmodiophora brassicae*）と呼ばれ、ここでは黄色く丸いものが木部の細胞に詰まっているのがわかる。この病原体は、変形菌と似た特徴が多い。寄生した病原体が細胞分裂を促進するため、根には異常なこぶができる。宿主となった植物が枯れると、胞子は土の中に戻り、次の宿主を探して泳ぎ回る。（510倍、表示画面幅10cm）

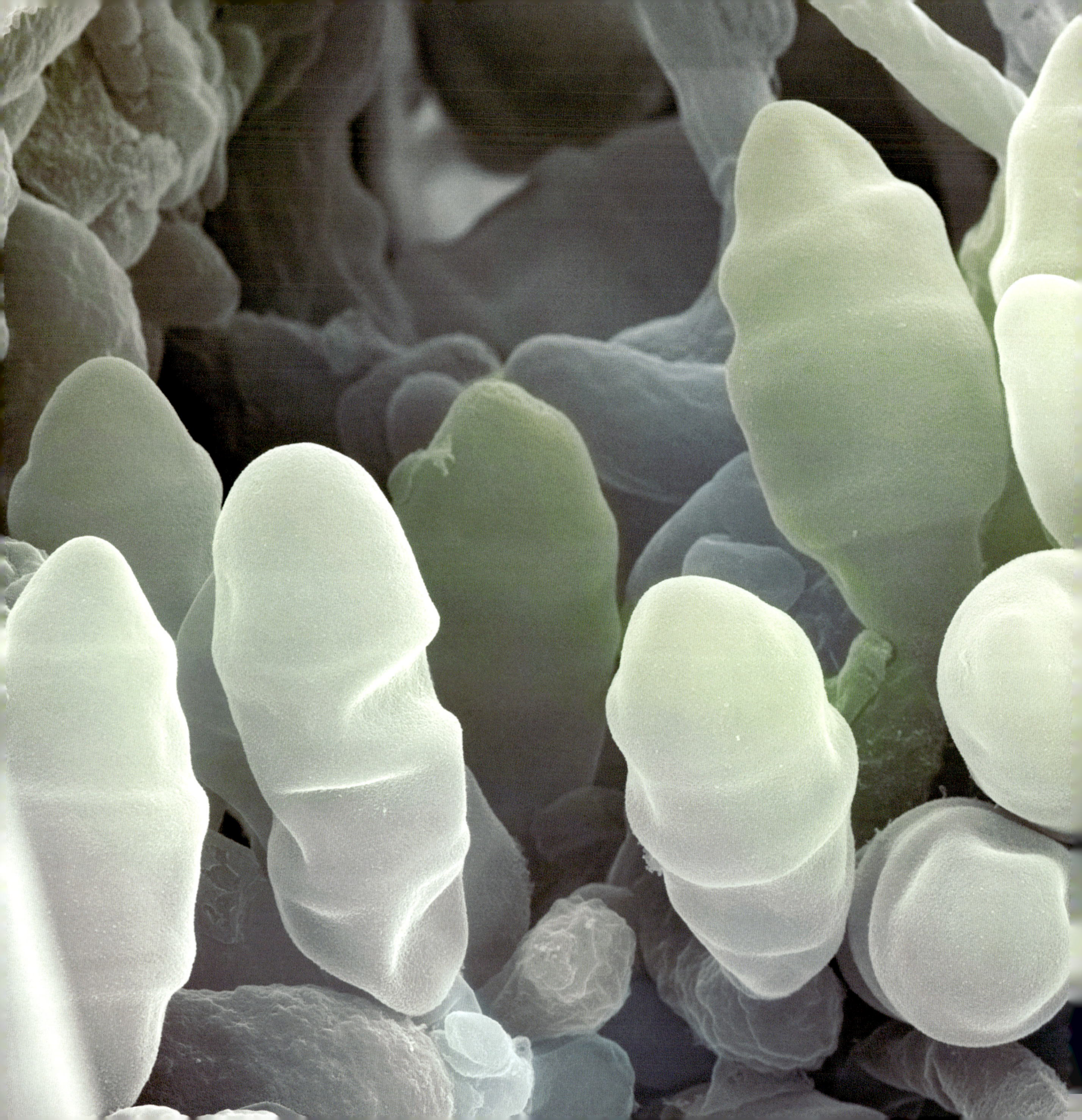

Fruit
果実

前ページ リンゴの木についた病原菌（走査型電子顕微鏡写真）

世界の人口が増えるにつれ、農業生産量をできる限り多くすることが必要になっている。生産量は、気候や病気への耐性に影響される。多くの作物は、特定の寄生生物による感染症にかかりやすい。リンゴの木の菌類感染もその一例で、ここでは葉の表面の切れ目から外へ弾け出そうとしている。感染した葉は光合成の能力が低下し、木や果実の成長に直接悪影響を及ぼす。（3200倍、表示画面幅10cm）

左 パイナップルの葉（走査型電子顕微鏡写真）

もともとパイナップルという言葉は、今では松かさと呼ばれているものを指していた。この果物が発見されたとき、ただの大きな松かさのようだと思われ、こう名付けられたのだ。この画像は、パイナップルの葉の下側の面だ。これらの繊維を絹、ポリエステルの糸と混ぜて、フォーマルな衣装やテーブルクロスなどを作っている国もある。葉は、紙を作るのにも使われる。（175倍、表示画面幅10cm）

右 白ブドウ（走査型電子顕微鏡写真）

この画像では、上の方に見える密な層をなした繊維がブドウの皮だ。ワインの「ノーズ」、つまり香りは、主に皮によるもので、ワイン醸造業者にとっては、皮の厚い品種の方が価値が高い。内部の、密に詰まった小さな細胞によって、ブドウは堅く弾力性のある構造となり、果汁を閉じ込める。交配によって、食べやすい種なしブドウも作られている。普通は挿し木が行われるので、種がなくてもワイン用ブドウには問題ない。（倍率不明）

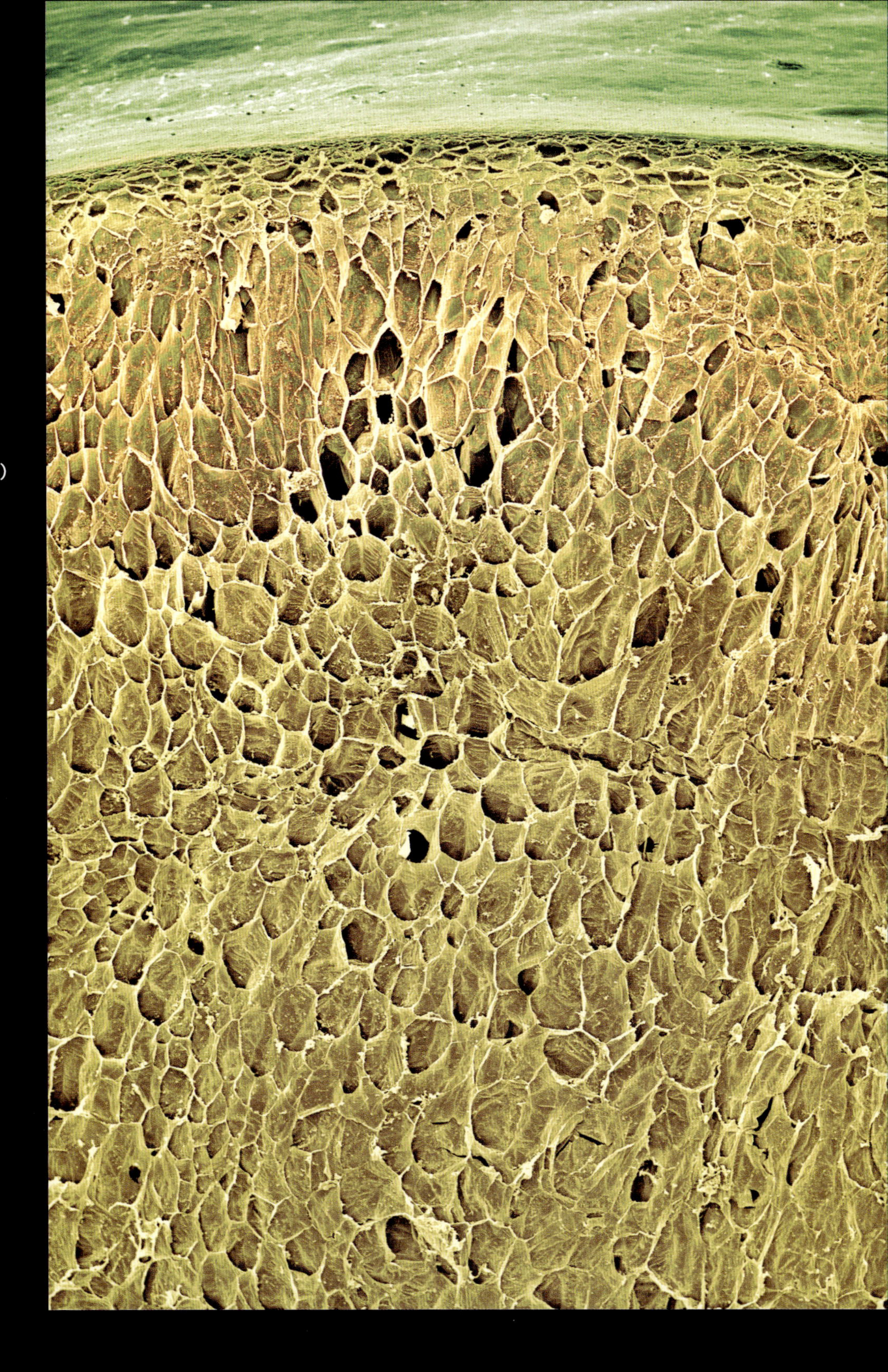

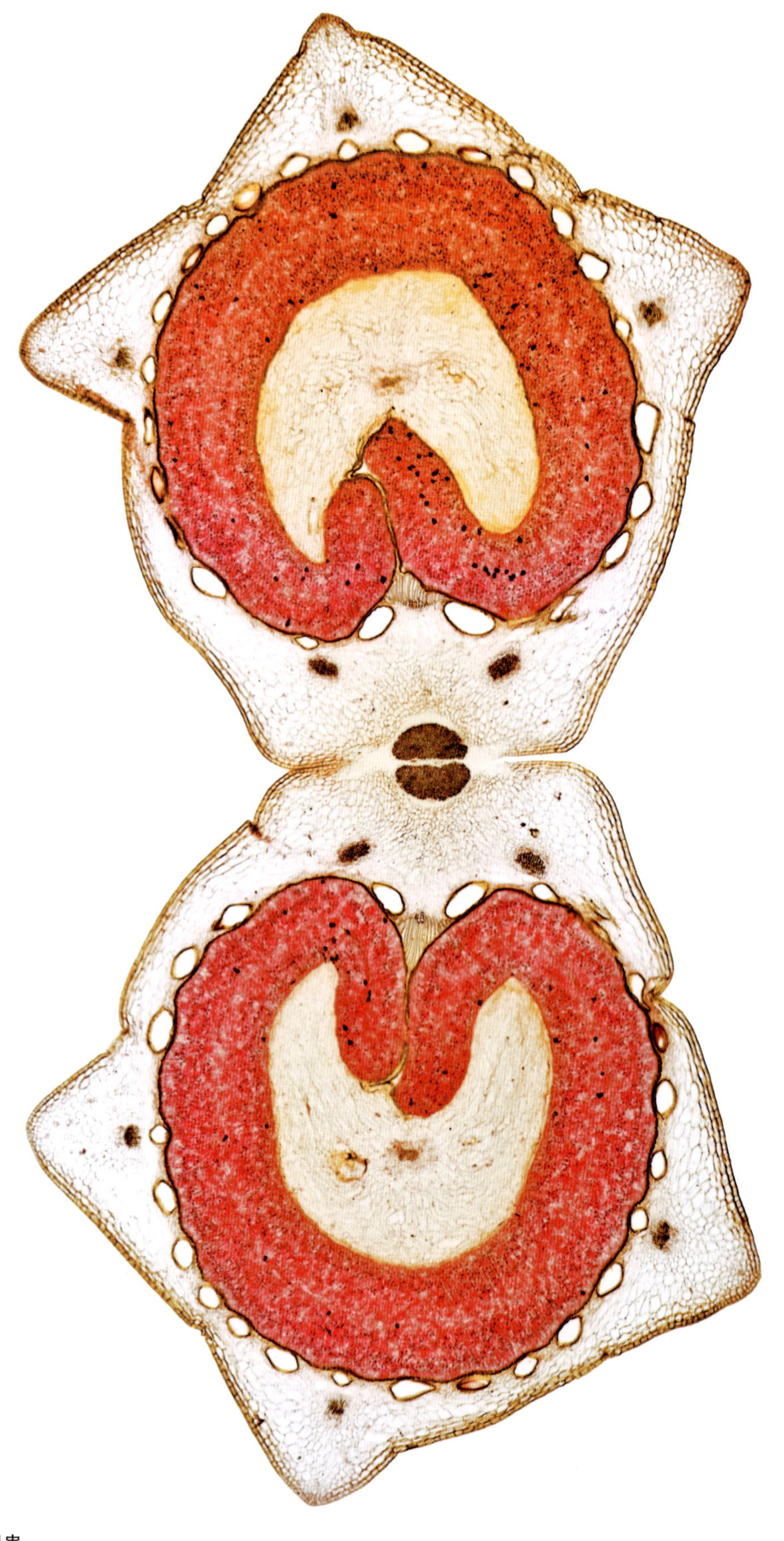

左 アレキサンダー・フルーツ（和名不明）（光学顕微鏡写真）

光を遮って軟白栽培したアレキサンダーの茎は、古代ローマの料理では人気のある食材だったので、ローマ帝国の隅々にまで広がった。味の似たセロリに取って代わられたのは比較的最近のことだ。成熟した果実を2つに割ると、2個の種子（ここでは赤色）が見え、珠柄（真ん中の茶色に見えるもの）にくっついているが、やがて風で飛ばされる。盛り上がった部分の内側にある5つの点は、油管だ。（5倍、表示画面の高さ10cm）

右 ナシの石細胞（光学顕微鏡写真）

石細胞（植物学的には厚膜細胞）は、リンゴの芯などで小さな集団をなしている堅い部分（種子ではない）だ。ナシの果肉にもあり、食べるとざらざらした感じがする。果実の構造を丈夫にするはたらきがある。石細胞（ここでは集まっている赤いもの）は、厚い木質の細胞壁が、細胞の大部分を占めている。柔らかい果肉になっている周囲の細胞（青色）が、緩くすき間があるのとは対照的だ。（37倍、表示画面の高さ10cm）

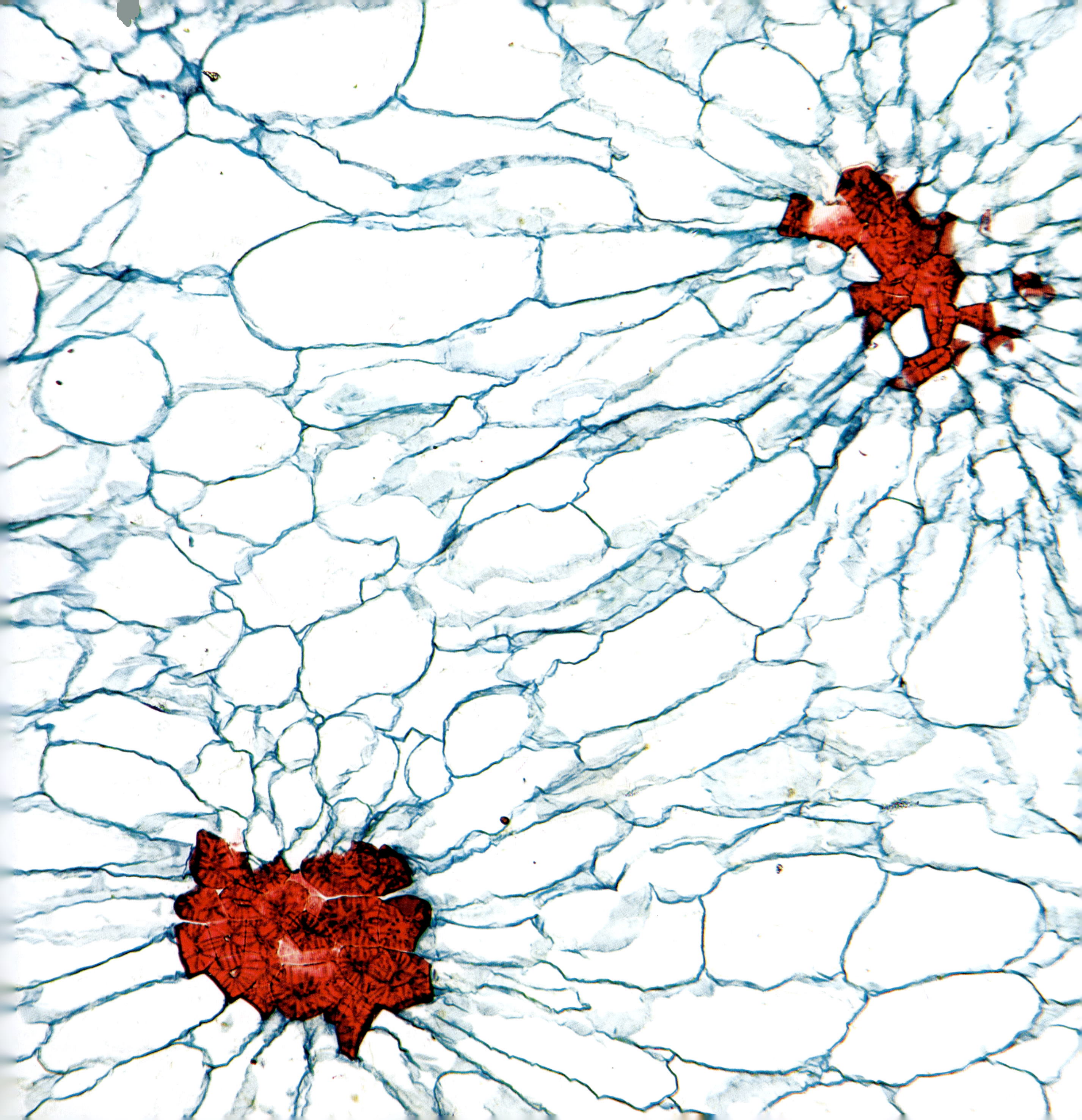

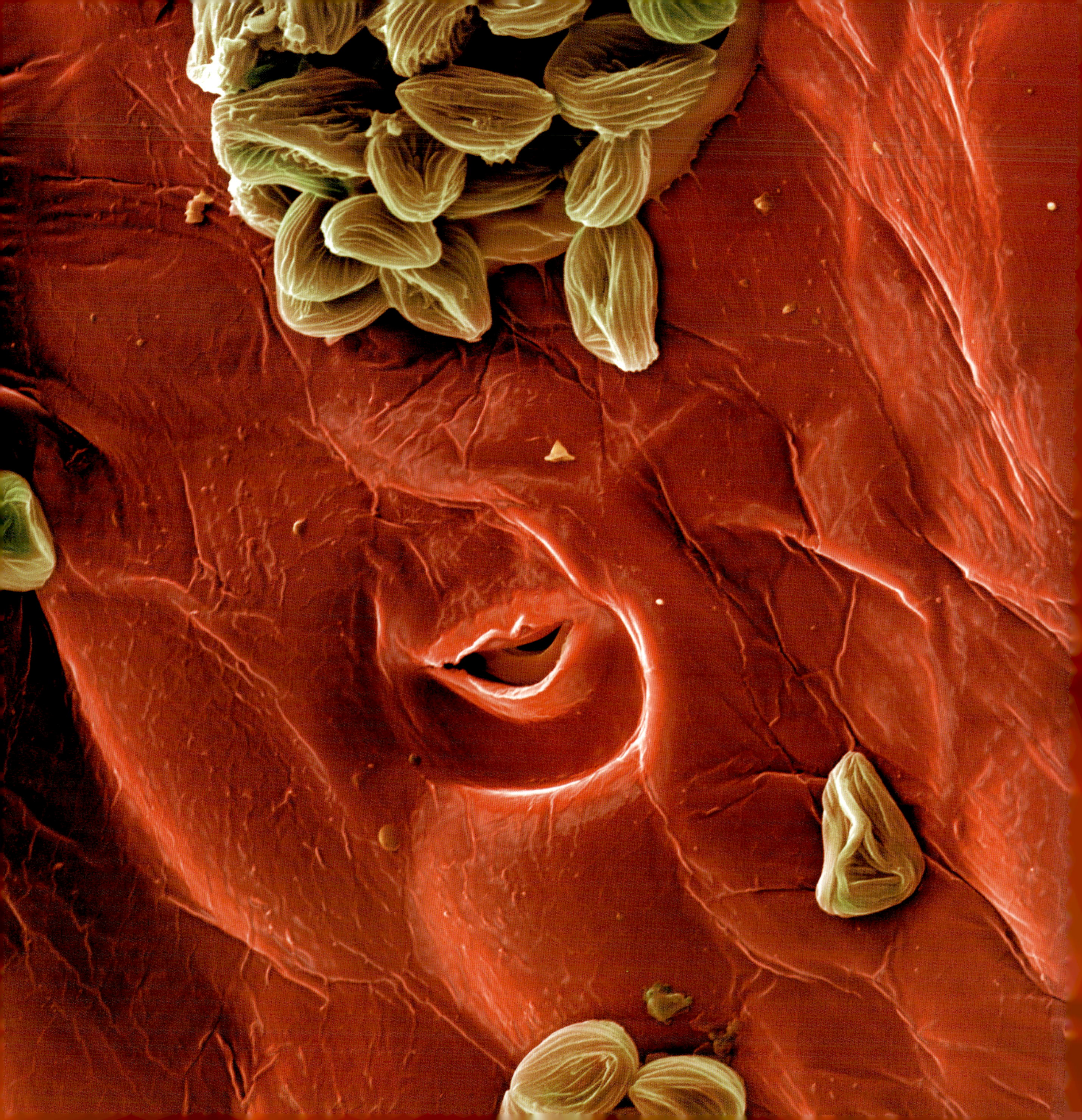

㊧ イチゴ（走査型電子顕微鏡写真）

イチゴは、見かけとは全く違っている。まず、果肉が子房ではなく、子房を含む花の一部である花托が肥大したものなので、専門的にはベリー（漿果）ではない。また、イチゴの表面にある小さな種のようなもの（ここでは黄色）は、実は種子ではなく、中に種子のある子房なのだ。現在栽培されているイチゴは、フランスで最初に栽培されたフランス原産ではなく、北米とチリの2種類の野生種を交配したものだ。（倍率不明）

㊨ トマト（走査型電子顕微鏡写真）

イチゴとは対照的に、トマトはベリー（漿果）だ。スペイン人が16世紀に南米を征服した後、旧世界にもたらした多くの新しい植物の1つである。すでにアステカの人々は、小さな在来種を、より大きな実をつけるものに栽培化することを始めていた。トマトの外側の壁の部分は、黄色い花の中にある子房からできていて、その中に種子の入った袋がたくさんあるのが、トマトを水平に切るとよくわかる。（倍率不明）

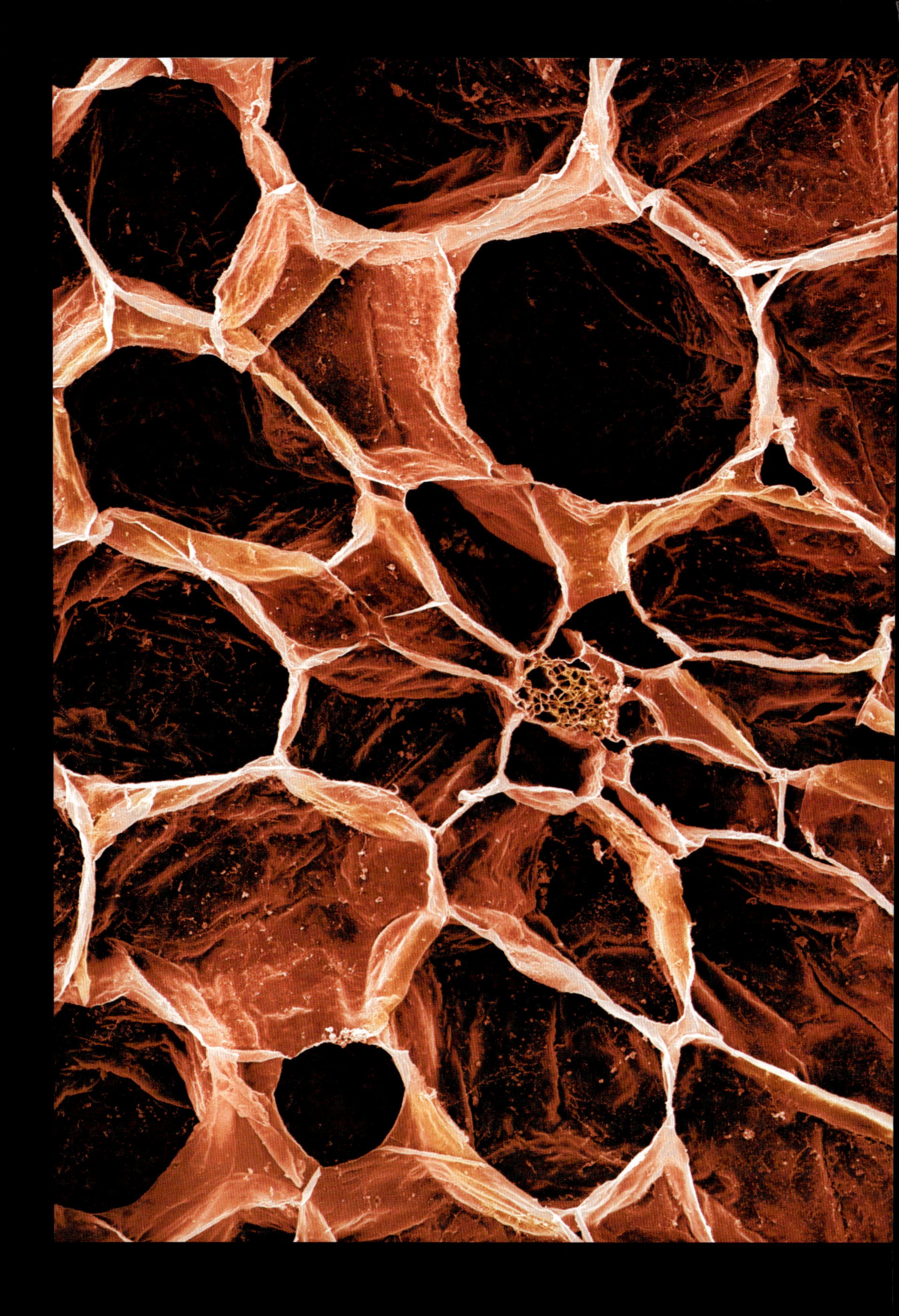

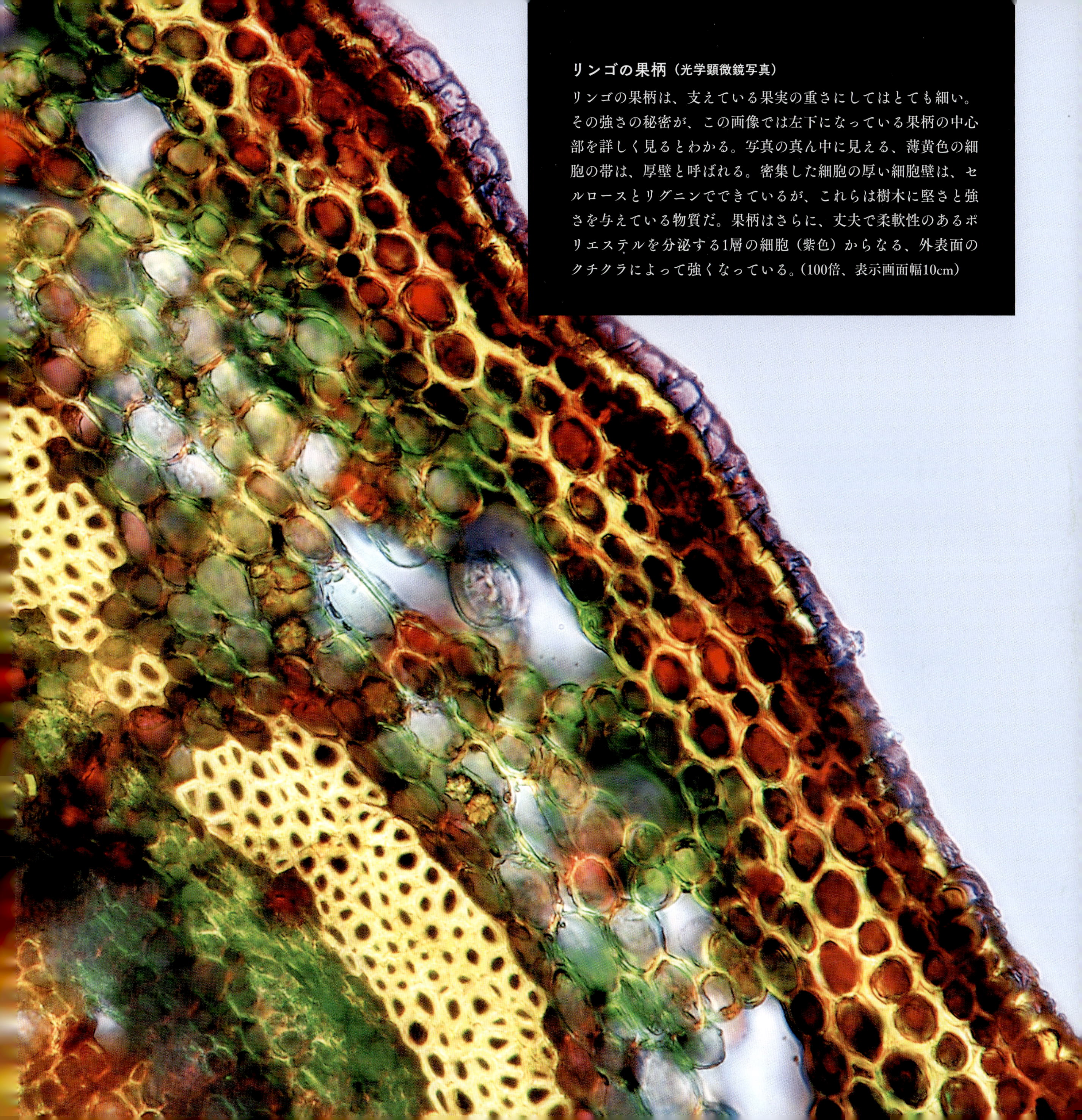

リンゴの果柄（光学顕微鏡写真）

リンゴの果柄は、支えている果実の重さにしてはとても細い。その強さの秘密が、この画像では左下になっている果柄の中心部を詳しく見るとわかる。写真の真ん中に見える、薄黄色の細胞の帯は、厚壁と呼ばれる。密集した細胞の厚い細胞壁は、セルロースとリグニンでできているが、これらは樹木に堅さと強さを与えている物質だ。果柄はさらに、丈夫で柔軟性のあるポリエステルを分泌する1層の細胞（紫色）からなる、外表面のクチクラによって強くなっている。（100倍、表示画面幅10cm）

Index

索引

ア

「アン女王のレース」の種子…36
アイリス　オランダアヤメ…76,128
アオカビ…80, 81
アカウキクサ属の水生シダ…2
アガリクス属のひだのある傘…96
アサガオの花粉…53, 54
アジアユリ…48-9
アスピリン…6
アブラナ…12
アレキサンダーフルーツ…184
イチゴ…186
遺伝子組み換え…7
インゲンマメ…176
うどんこ病、うどんこ病菌…93
ウマゴヤシの棘…13
ウマノアシガタ…147,154-5
エジプト綿…44
雄しべ…55, 144-5
オダマキ…59
オニタビラコの花粉…61
オニフスベ…91
オリーブの葉…105

カ

香り…132, 135, 142
萼片…128
化石木…116
カタバミ…22
果皮…176
カビ…80-3, 86-7
花粉…5, 46-77
カラシナ…12,130-1
カラマツ…98-9, 108-9
カリフラワー…162-3
冠毛…45
気孔…104, 136
キノコ…8, 78-9, 84-5, 92, 97
キャベツの根の感染症…178-9
キャベツヤシ…6, 101
球果、松かさ…40
菌類…
　アスペルギルス属…86, 87
　トリュフ…88-9
　リンゴの木…180-1
クスノキの葉…104
グラナ…173
クロコウジカビ…86
クロタネソウの種子…29
グロリオサの花粉…72-3
形成層…114, 166-7
ケシ…
　花粉…50-1
　果実…16-17
　子房…14-15
　種子…28
　柱頭…50-1
ケラチン…90
顕微鏡写真…8-9
光学顕微鏡…8
光合成…8, 115, 168-9, 173
孔辺細胞…104, 112
厚膜細胞…185
コケ類…118-19, 120
心皮…152-3
古生物学…5
成長環…106, 108-9
コチョウラン（胡蝶蘭）…136-7
コメツブツメクサ…133
コルク…117

サ

細毛体…83
ササクレヒトヨタケ…84-5
サツマイモ…166-7
サボテンの種子…19
酸化カルシウム…174-5
サンショウモ…107
自己消化…84-5
シダ…26-7、107
シダルケア…54
湿原…120
シトロネラゼラニウム…58
師部…103, 114, 115, 154-5, 164, 166-7, 171, 172
子房…14-15, 30-1
ジャガイモ…158-9, 168-9
柔組織…171, 172
樹液管…115
受粉…52, 146
子葉…43
小塊粒…97
小胞子のう…55, 157
水生シダ…2
スギタケ属の胞子…78-9
スミレの花粉…64
生殖官…156
セイヨウカジカエデ…117
石細胞…185
前葉体…27
セロリ…164
セントポーリアの花粉…64
双子葉類…46-7, 59, 77
ソラニン…140
ソラマメの根…171

タ

ダイズ…177
大麻…7, 125
タチアオイの花粉…54
タバコの葉…124
タペート組織…65
タマネギ…160,170, 174-5
単子葉植物…46-7, 72-3
弾糸…41
タンポポ…6
タンポポの冠毛…45
チコリの花粉…5
チャダイゴケ…8, 97
柱頭…53, 129, 141, 146, 152-3, 156, 157
チョウの翅…92
つる植物…53
ディアスキア…143

デイジー（和名ヒナギク）の花粉 …… 66
テルペノイド …… 124
テンジクアオイ（ゼラニウム） …… 55,142
電子顕微鏡写真 …… 8-9
デンプン …… 158-9, 177
トウ、ラタン（英語由来の別名） …… 6
トウガラシ（またはピーマン、パプリカ） 161
トウゴマの種子 …… 54
トウのつる …… 6
トウモロコシの種子 …… 16-17
トマト …… 187
トリュフ …… 88-9
トルコキキョウ …… 67

ナ

内皮 …… 115
ナガハシチョウチンゴケ …… 118-19
ナシ …… 172-3,185
ナス …… 77,140
ナズナの果実 …… 32-3
菜の花 …… 126-7
ナラの葉 …… 110-11
ナンヨウアブラギリ …… 24-5
ニオイアラセイトウの若芽 …… 157
ニオイゼラニウムの葉 …… 142
ニチニチソウ …… 151
乳頭突起 …… 130-1, 134, 139
ニレ …… 30-1、100
ニワトコの葉 …… 112
ニンジンの種子 …… 36, 165
ヌマハッカの花弁 …… 138
根 ……
　ウマノアシガタ …… 154-5
　サツマイモ …… 166-7
　ソラマメ …… 171
　根こぶ病 …… 178-9
ネコブカビ …… 178-9
根こぶ病 …… 178-9
年輪編年学 …… 109

ハ

バイオディーゼル …… 24
胚軸 …… 16-17
パイナップル …… 6, 182
胚乳 …… 17
ハイビスカスの花 …… 146
白癬菌 …… 90
ハコベ …… 23,141
ハシッシュ …… 125
ハチ …… 70, 71, 143
発芽 …… 42-3
パッションフラワー、トケイソウの芽 … 129
花柱 …… 148-9, 152-3, 156, 157
ハナビシソウ種子 …… 28
花弁 58, 75, 126-7, 130-1, 134-40, 143, 150-1
バラ …… 94-5,134-5,144-5
ハリエニシダの柱頭 …… 74
バレリアンの花弁 …… 139
パンジーの花弁 …… 150
ビーチグラス …… 121
被子植物 …… 10-11
ヒノキ …… 114
ヒマワリ …… 52,54,148-9
表皮、上皮 …… 115, 160, 164, 172
フィボナッチ …… 163
ブドウ …… 183
フランネルブラシ …… 122-3
分生胞子 …… 80, 81, 86-7
ヘクソカズラ …… 132
ベニハコベ …… 20-1
ベルクロ …… 13
変形菌 …… 82-3
胞子 ……
　アスペルギルス属 …… 86-7
　うどんこ病、うどんこ病菌 …… 93
　オニフスベ …… 91
　キノコ …… 8, 78-9, 84-5, 92, 97
　サビキン …… 94-5
　シダ …… 26-7
　トクサ …… 40, 41
　トリュフ …… 88-9
　白癬菌 …… 90
ホトトギスの花粉 …… 68-9

マ

マウンテンゴールド種子の毛 …… 38-9
マツの針葉 …… 115
マツヨイグサの花粉 …… 54, 62-3
マルバアサガオ …… 54
マルメロの花粉 …… 60
ミズゴケ …… 120
水虫 …… 90
ミツバチ …… 70, 71
芽、若芽 …… 128, 129, 157
雌しべ … 74, 141, 144-5, 147, 152-3, 157
芽生え、実生 …… 42-3
綿糸 …… 44
毛状突起 … 52, 107, 122-3, 124, 125, 140, 142, 150-1
木部 …… 103, 106, 114, 115, 154-5, 164, 166-7, 171, 172
モクレンの材 …… 106

ヤ

葯 …… 55, 65, 128, 129, 148-9, 156, 157
ヤナギタンポポ …… 56-7
ヤナギの木 …… 6
有糸分裂 …… 170, 173
ユリ ……
　アジアの …… 48, 49
　グロリオサ …… 72-3
　ホトトギス …… 68-9
　葯 …… 65
　ヤマユリ …… 54
幼芽 …… 43
幼根 …… 16-17, 42
葉肉 …… 115, 168-9
葉緑体 …… 8, 173
翼果 …… 31, 117

ラ

裸子植物 …… 12
ラベンダーの花粉 …… 75
ランの花弁 …… 136-7
リアナ（通称） …… 113
リンゴの病原菌 …… 180-1
ルリジサの種子 …… 18
ルリハコベの種子鞘 …… 20-1
レッドウッド …… 37
ロマネスコ・カリフラワー …… 162-3

A-Z

Aspergillus fumigatus …… 87
Aurinia montanum の種子の毛 …… 38-9
Callixylon newberryi …… 116

Picture Credits

写真クレジット

Page2 ©Martin Oeggerli/Science Photo Library; 10–11, 13, 16–17, 18, 19, 28, 29, 59, 60, 61, 62–63, 68–69, 72–73, 77, 78–79, 80, 91, 94–95, 122–123, 135, 136–137, 162–163, 170 © Steve Gschmeissner/Science Photo Library; 12 © Asa Thoresen/Science Photo Library; 14–15, 17, 40, 84–85, 88–89, 96, 100, 101, 113, 114, 115, 117, 120–121, 157, 166–167, 176, 184, 185 © Dr Keith Wheeler/Science Photo Library; 20–21, 23, 36 © Gerd Guenther/Science Photo Library; 22, 41, 49, 52, 53, 55, 70, 71, 126–127, 132, 133, 140, 141, 144–145, 146, 147, 150, 151, 152–153 © Susumu Nishinaga/Science Photo Library; 24–25, 42–43, 48, 75, 107, 108–109, 112, 165, 168-169, 178–179, 182 ©Power and Syred/Science Photo Library; 26–27, 174–175 ©Rogelio Moreno/Science Photo Library; 30–31 ©Viktor Sykora/Science Photo Library; 32–33, 38–39, 98–99, 128, 129 © Steve Lowry/Science Photo Library; 34–35, 130–131 © Dennis Kunkel Microscopy/Science Photo Library; 37, 125 © Thierry Berrod, Mona Lisa Production/Science Photo Library; 44 ©Astrid & Hanns-Frieder Michler/Science Photo Library; 45, 74 © Peter Bond, EM Centre, University of Plymouth/Science Photo Library; 46–47, 97 © Biodisc, Visuals Unlimited/Science Photo Library; 50–51, 173 ©Dr Jeremy Burgess/Science Photo Library; 54, 81, 124, 180–181 ©AMI Images/Science Photo Library; 56–57, 58, 142, 143, 156 ©Karl Gaff/Science Photo Library; 64, 65, 106, 172 ©Biophoto Associates/Science Photo Library; 66, 67, 76 © Louise Hughes/Science Photo Library; 82, 83, 104, 105, 134, 139, 164, 177 ©Eye of Science/Science Photo Library; 86 ©Juergen Berger/Science Photo Library; 87 ©David Scharf/Science Photo Library; 90 ©Dr Kari Lounatmaa/Science Photo Library; 92 © Science Photo Library/Science Photo Library; 93 © Dr Tony Brain/Science Photo Library; 102–103 © James Bell/Science Photo Library; 110–111 © Jerzy Gubernator/Science Photo Library; 116 © Sinclair Stammers/Science Photo Library; 118–119 © John Durham/Science Photo Library; 120 © Marek MIS/Science Photo Library; 138, 161 © Stefan Diller/Science Photo Library; 148–149, 171 ©Garry Delong/Science Photo Library; 154–155 ©Dr Brad Mogan, Visuals Unlimited/Science Photo Library; 158–159 © Jerzy Gubernator/Science Photo Library; 160 © M.I. Walker/Science Photo Library; 183, 186, 187 ©Natural History Museum, London/Science Photo Library; 188–189 © Marek MIS, London/Science Photo Library.

【著者】
コリン・ソルター
サイエンス・歴史ライター。本シリーズの『世界で一番美しい病原体と薬のミクロ図鑑』をはじめ、著書多数。

世界で一番美しい
植物のミクロ図鑑

2019年3月31日　初版第1刷発行

著者　コリン・ソルター
訳者　世波貴子
発行者　澤井聖一
発行所　株式会社エクスナレッジ
〒106-0032 東京都港区六本木7-2-26
http://www.xknowledge.co.jp/
編集　Tel:03-3403-5898
mail:info@xknowledge.co.jp
販売　Tel:03-3403-1321／Fax:03-3403-1829